ものと人間の文化史 97

鰹節

宮下章

法政大学出版局

目次

第一章　日本的なる魚——カツオ

1　母なる潮流、黒潮

伊良湖崎に鰹釣り舟並び浮きて　はがちの波に浮かびつゝぞ寄る　　西行

遠州灘に面した渥美半島の突端、伊良湖岬は、今では全くカツオ船を見ることのない、カツオに無縁の地となっているが、平安末期の歌人西行はこの岬に立って、荒海の沖に並び浮くカツオ船のいくつかを望見したのであった。

それより約八百年後、詩人島崎藤村は、〝名も知らぬ遠き島より流れ寄る椰子《やし》の実一つ……〟に深い関心を寄せた。実はこのヤシの実は、友人である民俗学者柳田国男が東大生時代の明治三十一年、この岬を訪れて過ごした夏の二か月間に、三度も漂着を目撃したものである。

「どの辺の沖の小島から海に泛《うか》んだものかは今でも判らぬが、ともかくも遥《はる》かな波路を越えて、まだ新しい姿でこんな浜辺まで、渡って来て居ることが私には大きな驚きであった。この話を東京に還って来て、島崎藤村君にしたことが私にはよい記念である」と柳田国男はその著書『海上の道』に書き残している。

藤村もまた柳田と感慨は同じで、まさかと思われる遠い南の小島からヤシの実がそれぞれに独り旅を続けてきた話に夢をはせ、〝故郷の岸を離れて、汝《なれ》はそも波に幾月〟と続く、名詩を生みだしたのである。

ヤシの実のふるさと、南方赤道海域は、カツオの生まれ故郷でもある。黒潮に乗ってヤシの実が漂着するくらいなら、黒潮により育てられるカツオも近づいたはずである。事実伊良湖岬の西方一〇キロメートルの位置にある菅島、答志島は古くから最近までカツオ漁を営む島であって、西行の見たカツオ船の出港地と考えられる。西行の歌と藤村の詩は、八百年の時の流れを隔ててもなお、黒潮によって結ばれているのである。

伊良湖岬は黒潮の本流からかけ離れているが、遠州沖で反転する分流の押し寄せる位置にあり、ヤシの実が漂着してもふしぎではない。まして黒潮の洋上に向け突き出ている伊豆半島や三浦半島は、はるか北方にありながら漂着がみられる。南の海により近い九州や南西諸島方面ともなると、ヤシの実の数も増えるが、それだけではなく名も知らぬ遠い島の人たちが使った数々の木製生活具や南国産のヤシの木々の根こそぎにされたのまでが漂流してくる（南国からではないが、黒潮に包まれる三宅島には薬師堂と本尊の薬師如来が高麗から漂着した記録まである）。

黒潮の源は北赤道海流にある、といわれている。南太平洋の海水が膨張してあふれ、風圧を受けると、生じた暖流はフィリピン群島の東方海上から流路を北方に定め、バシー海峡から台湾の東方沖合を北上する。そしてまず日本列島の最南端、与那国島に激突する（この島の人々こそ最初にカツオになじんだ日本人だが、鰹節製造の古い歴史は認められない）。

この島を取り囲んだ黒潮は、西進して東シナ海に入り、琉球列島の西方沖合を東北方に向けて進路をとる。その後奄美大島の西北方約二五〇キロメートル、東経一二五度のあたりで二派に分かれる。分流は北

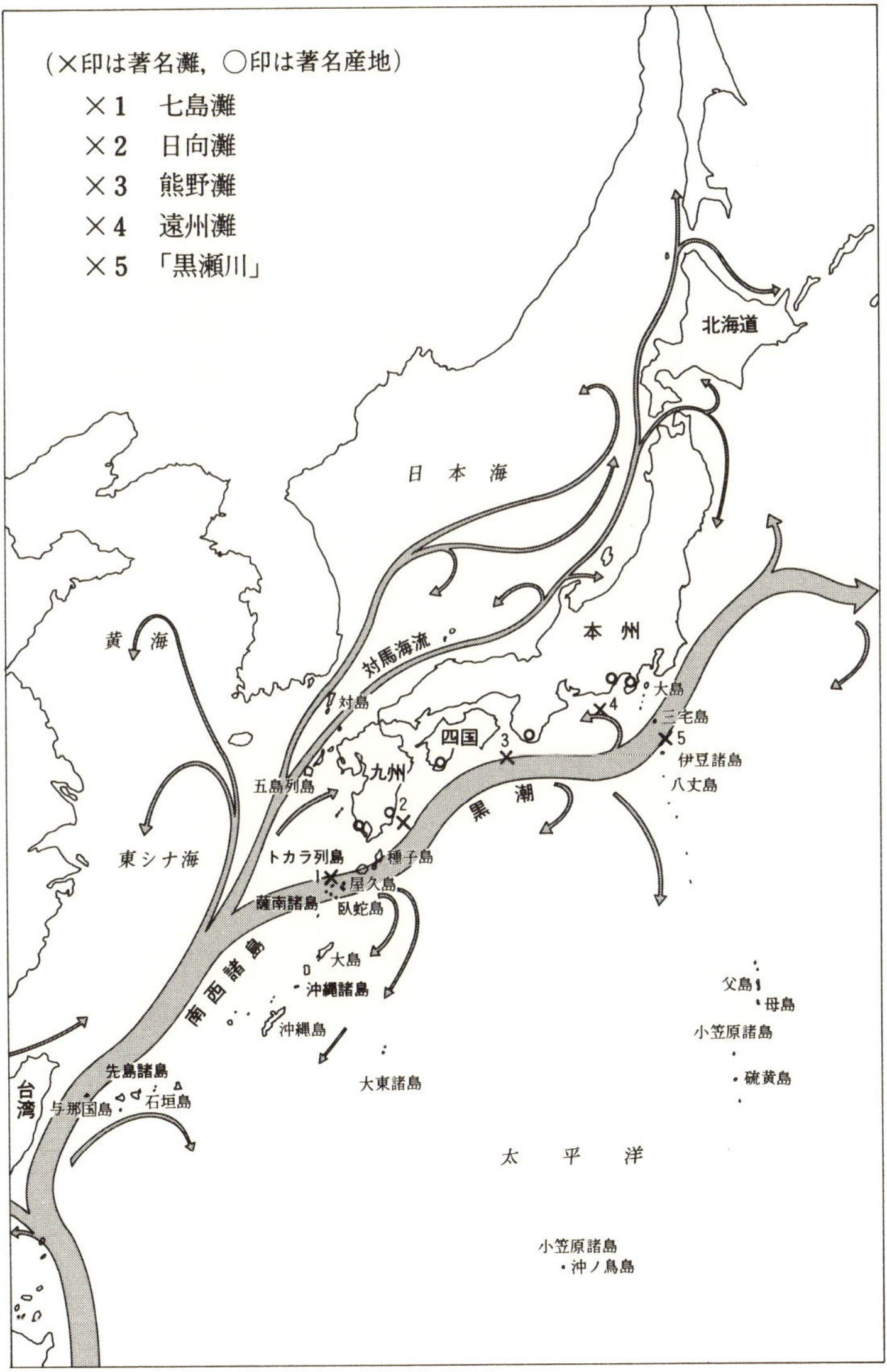

日本列島をめぐる黒潮流路図

方に向かって五島列島辺、男女群島を包むようにして玄海灘を過ぎて対馬海流となり、北海道西岸をなお北上する。

本流はこれまでの一日八〇キロメートルの速力から一二〇キロ（時速五キロ）メートルに増し、進路を東に変え、七島（トカラ列島）を横断して太平洋に出る、ここに激流が発生し、

〝一に玄海、二に日向灘《ひゅうがなだ》、三に薩摩の七島灘〟

と称される、西国航路の三大難所の一として昔から知られてきた（日本の三大灘については「一に玄海二に遠江《とうとうみ》三に日向の赤江灘」ともいわれる）。黒潮が他の海流と激しくぶつかるときに生ずる激浪逆巻く海が灘《なだ》で、ここを通過するカツオ群は、激しく潮にもまれて身が引き締まり、良質の鰹節原料となるといわれる。例えば鰹節の古くからの著名産地は、左のとおりその付近の灘の恩恵に浴している。

七島灘　七島、坊津、枕崎、山川（以上鹿児島県）
日向灘　土佐（高知県足摺岬周辺等）、日向（宮崎県）
熊野灘　潮岬周辺（和歌山県）、志摩半島（三重県）
遠州灘　伊豆、焼津（静岡県）

とくに注目したいのは、幅広い黒潮の激流にすっぽり包まれる七島――トカラ列島である。ここには遅くも室町末期に「かつほぶし」と書かれた（判明している限りでは）最古の記録が残されている。すでに奈良、平安朝以前には「堅魚」と書かれる製品が、伊豆、土佐、紀伊等一〇か国から朝廷へ貢納されていたが、それが単なるカツオの素干し品なのに対し、「鰹節」は燻《いぶ》し工程を加えた乾燥品という差異がある。この製法が黒潮に乗って北上していくのである。

七島から屋久島南方を経て、南九州、四国沖を北上して紀伊半島へ向かい、潮岬辺で速力はぐんと増す。

流速は一般的に時速にして五〜九キロメートル、秒速にして二〜三メートルだが、この付近では五メートル以上にもなる。潮岬周辺は本州では最も南へ突き出て黒潮にもろにぶつかる位置にあるから、漁場としては最高に優れていた。近くにクジラ捕獲で日本一とうたわれた太地港のあることでも分かるように、クジラ、カツオ共通のえさであるイワシ群の宝庫であり続けた（現在は漁況に変化が生じている）。

潮岬周辺の漁師はあらかじめ餌イワシを捕っておき、カツオ群の中へ船が突入したとき、いっせいにばらまき、カツオ群を興奮状態におとしいれてから行う一本釣り漁法（江戸時代にこの地方では、これを「釣り溜法」と呼んだ）や、製造小屋を設けて行う、進歩した鰹節燻乾法を共に開発している。この地の熊野節の名声は江戸初期に早くも天下に鳴り響いた。釣り溜法と熊野節製法は各地に伝播され、土佐節、薩摩節、伊豆節など、江戸時代の三大名産品はみなこの影響を受けている。

黒潮はそのまま東海地方の沖合を伊豆諸島方面へ進むが、そのさい随所に反転流を生んだ。本流とは逆に南（西）進する分流であり、沿岸に近づくもので、例えば遠州沖で生じた反転流は西進して伊良湖岬沖を通過し、さらに西進して前記した菅島、答志島を洗い、志摩半島沿岸に達する。本流と分流に加え、周辺の海流がぶつかり合うので、熊野灘、遠州灘、相模灘等が出現するが、各灘の周辺には、熊野浦や志摩半島、伊豆、駿河、遠江、房総半島の随所にカツオ漁の盛んな浦々を生んだ。

黒潮は通常幅が約一〇〇キロメートルほどだが、伊豆の島々にぶち当たり、いくつかの海峡を形成する辺りで急変する。このうち三宅島とその南方、御蔵島の間の約二〇キロメートルは「海暗《うみくら》」といわれる急流となる。さらに御蔵島と八丈島の間、八〇キロメートルは黒潮本流が通過し、「黒瀬川」と呼ばれる時速一二、三キロメートルの激流となる。昔から〝鳥も通わぬ八丈島〟とうたわれ、船の難所として恐れられたのは、この黒瀬川の故である。

滝沢馬琴の『椿説弓張月』に鎮西八郎源為朝が三宅島に渡って逗留し、島の長《おさ》にこれより南に島があるかとたずねると、「これより海上百里ばかり隔て、女護島、鬼が島など呼《よば》るゝいとおどろ〳〵しき嶋山ありと聞伝《ききつたえ》たれど其処へ渡りたるものあらねば、慥《たしか》にありとは申さぬなり」。また二つの潮がぶつかり合っており、「潮のはやきこと滝川のごとく、水底の巌《いわお》に堰《せか》れて鳴瀆《なりほとばし》ること雷霆《いかずち》にも勝れり。これを黒潮とも山潮とも称《となえ》てもののおそろしき譬《たとえ》にも申すなる。もしこの潮にあふ船あれば、瞬《またたき》の中に数千里を押し流され、活《いき》てふたたび帰るものなし」との答が返った、とある。

黒瀬川のおそろしさは、滝沢馬琴の耳にもずっしり入っていたのである、伊豆、駿河は古代大和朝廷へカツオの製品三種を貢納している（他には三種を貢納した記録はない）が、中でも三宅島はその製造が盛んであった。後掲三島大明神のカツオ神話もこの島に発している。この島と周辺にはカツオの寄せる魚礁が多いので、帆船時代の明治三十年代まで伊豆半島や焼津のカツオ船がカツオ釣りに来ているが、三宅島、神津島以南へはまだ行けなかった。

黒潮は房総半島沖を過ぎるころから、南下してくる親潮（寒流）に行く手をはばまれ、さらに北上して金華山沖までくると日本列島からしだいに遠ざかり、進路を大きく東方に変える。その後に勢力はしだいに衰え、ついには流勢を失ってしまう。一方、北上する対馬暖流の一派は津軽海峡を通過して、親潮の西側を三陸海岸沿いに南下し、北上する黒潮の分流と合流する。

このように日本列島全沿岸は、北海道の一部（東、北岸）を除いて黒潮の影響を受けているのである。今はすっかり遠ざかってしまったカツオ群も、その昔は……明治初年以前にさかのぼれば確実に、各地の海岸の近くで遊泳する姿が望見できたはずである。

黒潮は親潮にくらべれば栄養分は多くはない。けれども浮遊するプランクトンの種類は多く、それを餌とする稚魚の種類も多い。ブリ、イワシ、トビウオ、アジ、サバなど、日本人にとってなじみの深い魚の群れが、九州の近海で黒潮に乗る浮き藻の中に産卵し、それが孵《ふ》化すると黒潮中のプランクトンを漁りながら幼魚となり、北上していく。その後を追ってカツオ群が、さらにクジラ、ジンベエザメ、メカジキ、マグロ、それに浦島太郎にかかわりのある亀までが賑やかにシーソーゲームさながらに進む。

日本列島に住む人々は、黒潮がもたらす無数の魚群や、もろもろの海産資源によって多くの恩恵を受けてきた。それればかりか日本人の心情から気候風土にまで与えてきた影響には計り知れないものがある。日本列島にとって、黒潮はまさに母なる海、恵みの海流である。そしてカツオは、黒潮が日本人に与えてくれた代表的な贈り物のひとつといえる。

2 黒潮からの贈り物、カツオ

〝日本的なる魚――カツオ〟と銘打ったが、海に国境があるはずもなく、むろん日本固有の魚という意味に用いたわけではない。モルジブ共和国のように、カツオが総漁獲高の九割にも達し、「モルジブフィッシュ」の愛称を与えている国でこそ、「国魚」といってもよいが、わが国ではそこまでは至っていない。

だが、わが国の食生活史をさかのぼってみると、有史以前から私たちの祖先もまたモルジブ人に迫るくらい、カツオを愛してきた一面のあることが明らかとなる。古代を迎えたころには、神々への供物として、あるいは海産物貢納品としてアワビと並ぶ最高品目と見なしており、江戸時代に入ってからは、初鰹礼讃の熱狂的雰囲気が盛り上がった一時期もあった。

それよりもわが国独特といってもよい、うま味を基調とする料理に、鰹節味を欠かせぬものとする食習

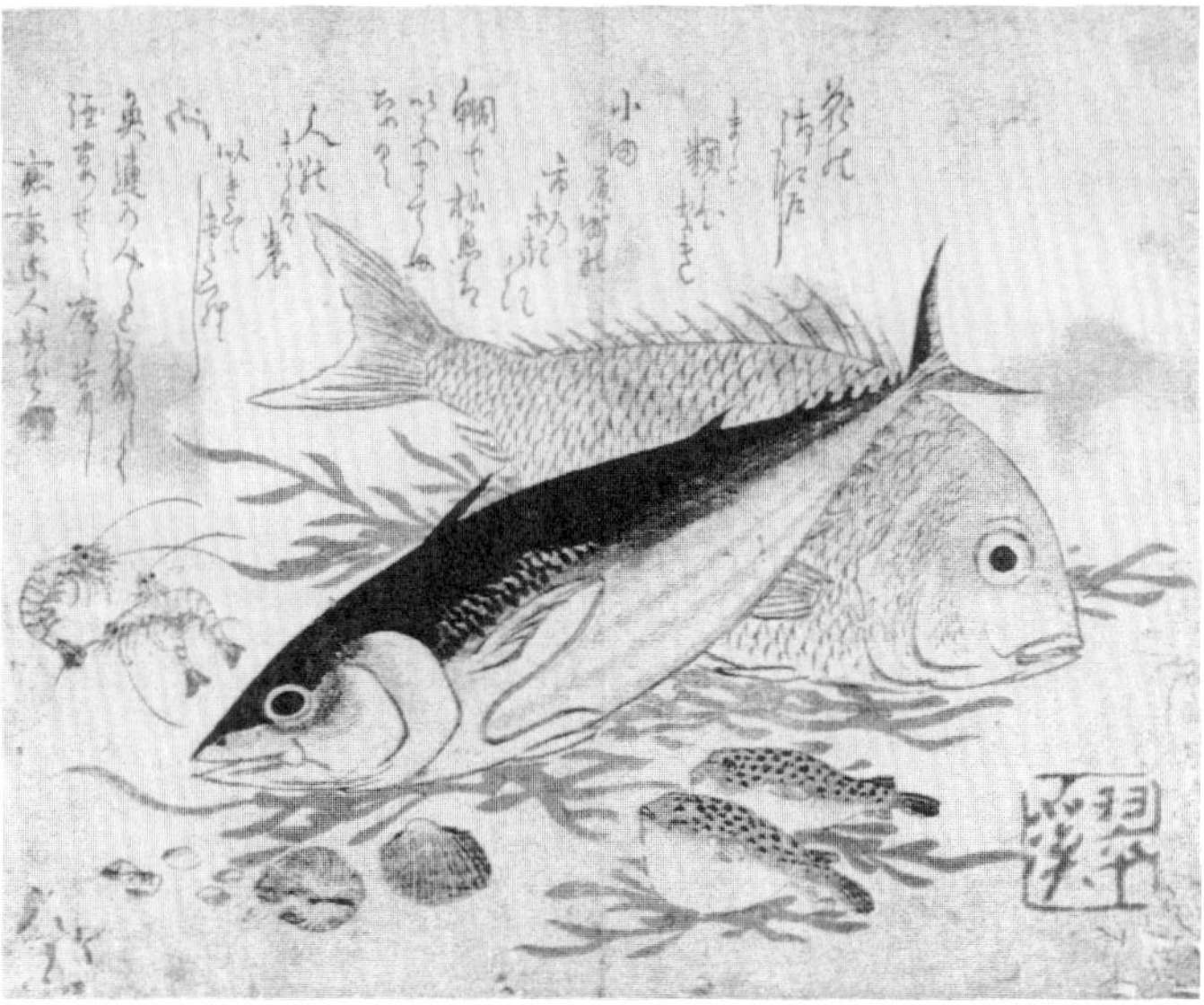

マガツオ（鯛と共に大きく描かれている。江戸小田原町の魚市）㈱にんべん提供

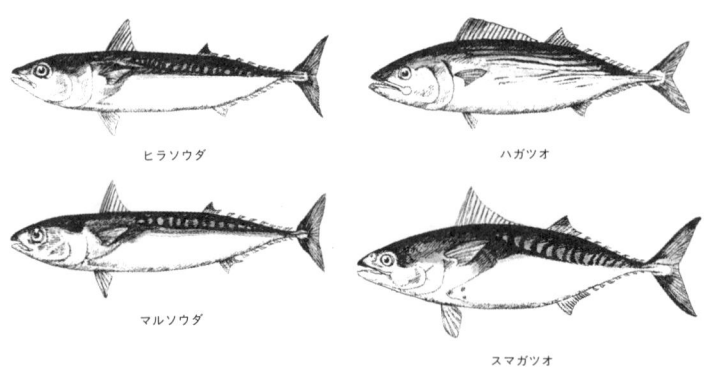

ヒラソウダ

ハガツオ

マルソウダ

スマガツオ

や、それに関連して鰹節を祝儀の引出物とする習慣も生まれている。味の良さを認めるのはモルジブと変わりはないが、神秘性を見出して神饌（神への供物）の必須品目としたり、縁起物として重んじるなど、物心両分野に及ぶ、多面的な価値の開発されたことに対して、〝日本的なる魚――カツオ〟と呼んだのである。他の魚類にはこれに追随する、歴史的評価をもつものは見当たらない。

それらについての詳細は後に譲るとして、まずカツオの全体像のあらましを紹介しよう。

カツオはサバ科に属する。サバ、マグロなどとは親戚関係にある。回遊性の魚でうろこがなく（少なく）、赤身がきわ立っている、五種類に分かれ、マガツオのほか、スマガツオ（ヤイトガツオ）、ハガツオ（キツネガツオ）、ヒラソウダ、マルソウダがそれである。スマガツオ、ハガツオは体長が大きいものでは一メートルもあり、マガツオ（約九〇センチメートル）よりやや大型であるが、共にマガツオより味は少々劣る。ヒラソウダは体長約四〇センチメートルで、カツオよりかなり小さく、秋には美味となるが、血合が多く、臭気がある。マルソウダは、ヒラソウダより不味である。

味が最も優れているのはマガツオである。遠洋性回遊魚で、広範囲に分布しており、カツオ漁業の主要対象とされ、鰹節の絶好の原料となる。体形は太めで、大きなものは一八～一九キログラムに達する。腹側に黒味を帯びた濃青色の数本の線が側面にそってある。それは生きているときには、はっきりしないのだが、釣り上げられるとたちまちに息を引きとる習性をもつマガツオには、その直前に側線がくっきりとあらわれる。

カツオはほとんど全世界の暖海を回遊する。日本列島沿岸へ向かうのは春になると南太平洋方面から黒潮に乗り、餌を求めて北上し、夏になるまでには北海道沖に達する。サバの適温水域が一〇～二〇度、マグロが一五～二〇度に対し、カツオは二〇～二三度で比較的に温暖な海を好む。つねに集団で遊泳し、小イワシの類を追いかけて俊敏である。

私たちの祖先のカツオに対する知識は、あまり高度だったとはいえない。製品に対する評価は古代からきわめて高かったが、生魚に関する科学的解明は、多くの他の魚類同様に、江戸末期になってもなお行われなかった。したがって正確なカツオ種の分類は、できていなかったといえよう。

江戸期の書物によるカツオの種類別名称を例示すれば、筋《すじ》（縷）鰹、横輪《よこわ》鰹、餅《もち》鰹、宇津輪《うづわ》鰹、ヒラ鰹（『日本山海名産図会』）などがあり、『魚鑑』はこのほか、「そうだがつを、めじかがつを」を挙げ、『物類称呼』には、「すじかつを」を「加賀にて、たてまんだらと言ふ」とある。『日本水産製品誌』や『魚名考』など近代になってからの解説では、マガツオの異称として、スジコ、スジマンダラ、スジガツオを挙げている。『日本水産捕採誌』（明治四十年）はヨコワをマグロの幼児、小ガツオ（またの名は、サガツオ）を東京ではソウダ、ウヅワなどというと説いている。以上によってみると、ウヅワとは現在のようにソウダが通称となる以前の小ガツオを称したもののようである。

江戸時代の各書物に共通のカツオ種名が見られぬのは、カツオの特性につき科学的解明が行われていなかったからである。その解明は明治以降になって急速に進み、正確なカツオ種の分類が明確にされていった。そして、前記したとおりの五種の名称に落ち着いたのである。

3　カツオ漁法素描

大勢の人の創意工夫が積み重ねられて生まれたカツオ漁法は、少なくても三、四百年間漸進を続けながらも基本的には同様な形態を維持してきた。ところが最近のカツオ漁業界をめぐる社会構造の変遷、漁場

伊勢のカツオ建切網（『三重県水産図解』）

の世界的規模への拡大等により、これから記す漁法や漁業慣習の中にはすでに役割を終え、古典的価値をもつだけのものも多い。

生（初）カツオ、鰹節、塩カツオ等の需要が増加し、塩干魚《えんかんぎょ》商等でカツオの類を業として扱い出したのは、江戸時代に入ってからといってよい。それ以後、現代に至るまでの間にそれらの商品化はますます進行し、それに伴ってカツオ漁業についても、さまざまな工夫が積み重ねられてきた。大別すると網漁、釣り漁となる。網漁には、沿岸漁法と沖合漁（遠洋漁）法の新旧両法がある。沿岸網漁法は室町時代にはすでに行われた記録があるが、実際はもっと以前から発達していたものであろう。代表的なものは建切《たてきり》網で、湾口の狭い海岸に適し、湾内に入ったカツオ群を湾口で網で建て切って退路を断ってから捕獲する。湾入がなくてもカツオ群が接近する海岸では、地曳網が発達した。これらは沿岸までカツオ群の接近することが多かった江戸時代あるいはそれ以前から行われたもので、明治初期からは接岸するカツオが減り、消滅していった。代わってやや沖合に出ても可能な揚繰《あぐり》網が出現したが、カツオ群がさらに沖合へ去るにつれ、明治末年までにはこれもまた消え去った。沿岸網漁の衰退の過程は、そのままカツオ群の沿岸から沖合へ遠ざかっていく様子を物語っている。太平洋戦争後に創案された巻網漁は、遠洋漁業に最適なところから、今では釣り漁業を圧し、現代のカツオ漁業の主流となっている。日本だけでなく、諸外国でも採用している国際的漁法である。

有史以前からの伝統をもつ由緒ある漁法は一本釣りで、これにも新旧両法がある。旧法は角《つの》釣りといわれる原始的釣り漁法である。二、三人〜四、五人乗りの小舟に乗り、海上に乗り出し、カツオ群を見つけると、角釣り針（化針《ばけ》ともいう、化《ばけ》と角と分ける人もある）を投げ入れて、巧みに針を水中に動かし、カツオに生き餌と思いこませて釣るものである。わが国沿岸では見られなくなったが、南太平洋の島々には今も残存している。新法である釣り溜法が、近世初頭から発達したところから見て、中世末以前のカツオ釣り漁法の主流だったと推定される。

旧法が小規模な沿岸漁であるのに対し、新法は一三〜一五人乗りの比較的大型船による沖合漁である。大量漁獲を目的として、餌イワシをあらかじめ捕獲して蓄養して置き、出漁に際して船中に移し、カツオ群を見つけるとこれを適宜に海上に撒き、船側にひきつける漁法である。

新旧両法ともに一本釣り（竿釣り）だが、このほかに擬餌針に引き縄をつけて船尾から流し、曳航してカツオのかかるのを待つ曳き縄（ひかせ、ホロ曳き）漁がある。最古のカツオ釣りの神話（後掲、イワカムツカリノミコトに関するもの）は、竿釣りの旧法とも曳き縄法ともとれる内容を含み、共に古い歴史をもつものと思われる。南方からの伝来を物語るように、今も八丈島や南太平洋の一部の島々にはこの方法が伝えられている。巻き網漁の大型船による近代的カツオ漁業が南太平洋一帯を席巻しつつある昨今、曳き縄法の寿命はおびやかされつつあるが、少なくとも太平洋戦争前にはかなりよくみられた漁法であった。わ

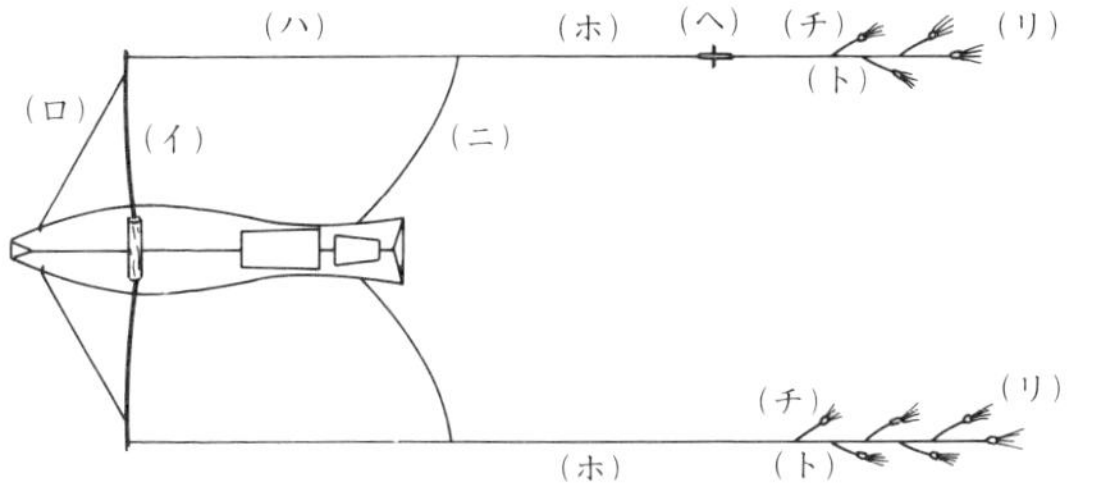

(イ)張出竿
(ロ)張　綱
(ハ)竿先糸
(ニ)とったり
(ホ)道　糸
(ヘ)ヒコーキ
(ト)幹　糸
(チ)枝　糸
(リ)擬餌針

沖縄県渡嘉敷の曳き縄(沖縄県水産試験場)

が国では、一般にカツオ群の探索法として使われてきた。太平洋戦争後に創案されたカツオ巻網漁は、諸外国でも採用している国際的漁法であるが、根こそぎ捕獲するので南方現地の零細漁民たちは怨嗟の声を上げている(昭和六十年、サイパン、パラオで聴取)。

曳き縄漁法の発展した釣り漁の一種に、紀伊半島の西岸、田並、周参見《すさみ》周辺に発達したケンケン釣りがある。一人乗りの小舟で、左右に竹竿を張り出し、それに左右二(三)本ずつ船尾に一本の曳き縄を流し、それに二個ずつつないだ擬餌針によって釣る漁法である。大正年間に田並の漁師がハワイの漁法を真似してはじめたといわれ、これから見ても曳き縄漁法が、広い太平洋で古くから行われていたことが知られるであろう。カツオ群の遊走路が遠い沖合に去ってしまった紀州西岸では、ソウダガツオ釣りに用いられている。

黒潮の流路に当たり、カツオ群の盛んに北上する沖縄県西部の先島方面(伊良部島、尖閣列島等)や沖縄島東方の粟国島などでは、ケンケン釣りより進歩した曳き縄漁法がカツオ釣りに用いられている。伊良部島の場合は左右の張り出し竿につないだ二本の曳き縄と、船尾から流した二本の曳き縄にそれぞれ四個の釣り針をつなぎ、合計一二個の擬餌針で釣る。一人乗りから四人乗り(二~五トン)まであり、曳き縄の数は乗員一人に対し、一~二本程度である。

栗国村では一人乗りのサバニ（一・五トン、三〜四馬力程度）を使い、張り出し竿に二本、船尾に一本の曳き縄をつけ、張り出し竿の曳き縄には、五〜六本、船尾の曳き縄には三本の枝糸をつなぎ、擬餌針をつける。カツオのほかソウダカツオを釣る。沖縄県の曳き縄漁には、最近パヤオと称する浮魚礁《うき》を設け、カツオ群をおびき寄せる方法が併用されている。パヤオはフィリピンの言葉といわれ、ヤシの葉や竹を編んで、それに錨《いかり》をつけて海上に浮揚させるもので、好結果を生んでいる。

4　カツオ漁の華、一本釣り

カツオの一本釣りには餌釣りと擬似餌釣りがある。漁船が魚群に近づくと、まき餌を行って餌つきの有無を観察する。餌つきの良い群の場合は擬似餌（針）を使い、悪いときには餌釣りを行うほか、両者を併用することもある。釣り針に餌イワシをつける方法には、鼻さし、ほほさし、背さしの三種がある。擬似餌には『日本水産捕採誌』（明治四十年刊）に示されたように、昔は種々の材料を使い、所によって実にさまざまな形態があった（以下も同書による）。

餌釣りも擬似餌釣りも要領は同じで、釣り竿の元口竿を内股の竿尻に当てがい、両手で釣り竿をあやつり、カツオの当たりがあったなら間髪を入れずに釣り上げ、左わき下に抱きよせて釣り針からはずす。カツオの食いつきのよい間は、擬似餌釣りで餌を節約し、餌をつけるための時間をはぶき、竿の元口を両手にもって竿の先で8型あるいは〝い〟の字を海面に描くように操作する。釣れたカツオは、船内に落下するよう巧みに空中で振り落とす。

釣り竿は真竹を主とするが、腰が強く穂先の調子が強ければよいのでそれぞれの地方で産する竹を用い

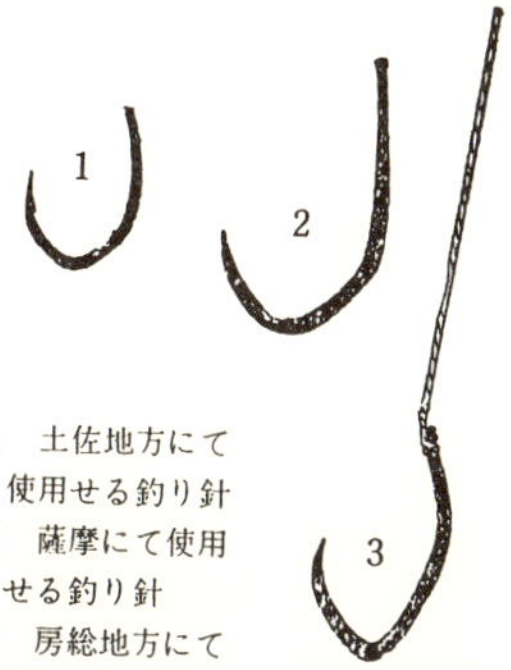

1　土佐地方にて使用せる釣り針
2　薩摩にて使用せる釣り針
3　房総地方にて使用せる釣り針

カツオ釣り針（『日本水産捕採誌』）

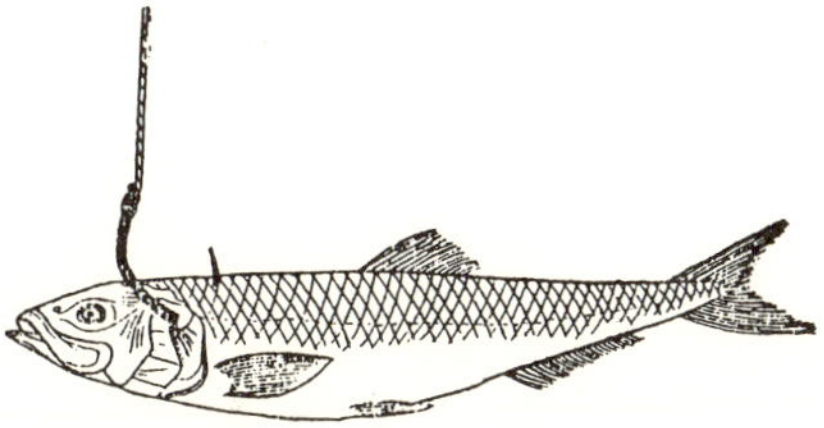

餌の刺し方（『日本水産捕採誌」）

ることもある。餌釣りの竿は長さが五〜六メートル、元口の径が三〜四センチメートル、擬似餌釣りの竿は四〜五メートルで、餌釣り竿より多少細い。釣り糸は使用材料については時代別に変遷があるが、その長さは釣り竿よりほぼ三〇〜四〇センチメートル短くする。

釣り針は無鐖《き》針、つまりアグ（カエシ）を欠くのが特色で、有鐖針でも痕跡程度の小さいカエシがあるに過ぎない。餌釣り針の型は土地によって違うが、丸型か丸型と角型の折衷型で、大きさは二センチメートルから七センチメートルぐらいまで、目的とする魚型の大小によって違ってくる。

擬似餌（針）は材料に牛、水牛、鹿、山羊角、クジラやカジキの骨などを用い、これに丸型のアグのない釣り針を植えこむ。その針を囲むようにイカの形に似せて、刻んだフグの腹皮や鳥の羽毛などを巻きつける。角（骨）の部分にはアワビや真珠貝など各種の貝殻を細工し、目立つようにちりばめる。これを水中で動かすとき、銀鱗の小イワシが躍るように見せるためである。

まき餌料は活き餌でなければ食いつかない。カツオは南の海で生まれて育ち、餌を探し求めながら北上して来るのだから、食べ馴れた餌を探して与えることが大切である。

マイワシが最もよく使われるが、そのほかセグロイワシ、カタクチイワシ、ムロアジ、シマアジ、サバなどの稚魚が使われる。活き餌の捕獲方法は地方により違うが、棒受網《ぼうけあみ》、巾着網《きんちゃくあみ》、揚繰網《あぐりあみ》、建切網などで行う。獲った餌は、内湾の外海から波浪が直接には及ばなくて、しかも多少の潮流があり、自然に換水の行われる所に設置した生簀《いけす》で蓄養する。出漁に当たってはこれをカツオ船の活魚槽に移し換えるが、これにもカツオ船の船型、機能、漁法等々と同様に時代により変遷があるのでここでは省略し、以下の本文中に随時紹介する。

カツオ釣りに当たっては、まず漁場を選定する。初漁期には、カツオは島の付近や暗礁（九州では曽根、四国では碆《はえ》、駿河湾では洲《す》、瀬と、所により呼び名が違う）に集中するが、これらの海域には天然餌料が多いために餌つきはよくない。秋の終漁期が近づくと、餌料が欠乏するために餌つきがよくなる。

釣り時をみると、特性として夜明け方と夕暮れに活動するので、日の出、日の入りの前後が操業に適する。とくに日の出前が最良である。また晴天より曇天の日のほうが餌つきはよく、潮は清澄のほうがよいとされる。

カツオが黒潮に乗って北上する際には、習性として群れをつくる。これをナグラ、ナムラ、ナブラなどと呼ぶ（本書では、ナムラを用いる）。カツオ船は、豊漁を得るために洋上でナムラの発見に全力を尽くす。他船より先に見つけるか否かが、勝負の分かれ目となるからで、視力に優れた「めがね」（カツオ見）を置くほか、一船を率いる船頭もまたナムラのさまざまな習性に熟知し、長年の経験を活かして率先発見に努める。これが船頭（漁撈長）の第一の役割であり、船員たちの尊敬と信頼を得る基ともなる。

ナムラの行動形態は実にさまざまであり、昔から語り継がれている発見方法も数多くある。ナムラの多くは、流木などのほか、サメやクジラの周囲に群れることもあり、逆にナムラのいる上空に鳥群の舞っていることもあって、これらが発見の目安となる。ところが、中にはこれらの目安になる物と無関係のナムラがあり、これらを素群《すなむら》と呼んでいる。スナムラには左の各種がある（『南九州新聞』「黒潮のことずて」による）。

トロミ――ナムラが水面下の一か所に密集している場合をいう。その行動は比較的鈍い。

デキイオ（ウオ）――深所に沈潜していたスナ群《むら》が一斉に浮上した場合をいう。浮き上がると船側を回るので釣りやすく、大量の漁獲を得られるが、時に食いつきの悪いこともある。

サイナラカシ――風下に向かい、急速に移動する群れをいう。

腹返し群――餌をもてあそびながら、腹側の銀白色を見せるほどにゆっくりと遊泳している群れである。

鰹群を釣れやすいか否かで分けると、左のとおりとなる。

釣れやすい群れ

トロミ、デキウオ、トリツキ（水下魚）、**クジラコ**（クジラツキ）、**木ヅキ、コロヅキ**（サメツキ）、**アカミ魚**（カツオが大群のとき、水面に背をあらわすために、海面が赤味を帯びる）、**マキ魚**（潮の悪いとき起きるもので、魚群が密集し、渦巻状となる）

大量の漁獲を期待できない群れ

ハネムラ――イワシを追って喜び、水面を飛びはねている群れで、密集することはまれである。潮流のゆるやかなときに起きる。

クライダシ――カツオが、イワシ、アジなどの四、五センチメートル程度の小魚を追い回すために、小魚が水面に飛び上がりつつ進むもの、餌を喰《くら》いだしているので撒き餌には見向きもしない。

ナリダシ魚――イワシを追って、一時水面に浮かんだかと思うと、たちまちに沈潜し、再び浮かぶと

きは遠くの水面に達する群れ

コエカカリ――暗礁について、水面にまばらにしかも広範囲に遊泳する群れ

要するにカツオ群は獲物であるところの小魚群を見つけて遊泳しているときは釣りにくい。このような群れは、黒潮の北上するとき、周囲の海面との潮境付近でよく見られる。

カツオ群は、小魚の群れに気づくと、整然と横隊となり、さざ波を立てながら疾風のように追う。その渦流により波浪はかき消されて、進む部分だけ、広大な水面が膨れ上がり、なめらかに見えるのだからものすごい。たちまちにして上下左右から押し包むと、逃げ場を失ったイワシ群は恐怖のあまりびっしり寄り添ってゆき、あげくの果ては直径四〜八メートルもの団子状となって、水面から盛り上がってはね回り、海一面が湧き立つ。これが「エトコ」(餌床、ハミツキ、ジャバミツキ)といわれるもので、これにカツオ群がいっせいに襲いかかり、空に乱舞するカツオドリが急降下して、これをついばむ。文字どおりに弱い魚の鰯群は、カツオ群と海鳥の餌食《えじき》にされ、恐怖にかられて逃げまどい、跳ね上がる。追いつ追われつの凄絶な弱肉強食の乱闘が、海洋上で展開されるのである。

5　木、鳥、サメ……物つきカツオ群を追う

以下に紹介するモノつきによる見分け方は南太平洋のカツオ漁民の間にその一部が伝えられている。が、わが国は江戸時代以来長年月にわたってカツオ漁業が世界でも比を見ないほど発達したので、これらの知識は断然豊富である。

キヅキ（ボクッキ）

なぜ流木にナムラが付くのか。これについて鹿児島県枕崎市の船頭《せんづ》（当地ではセンヅと呼ぶ）だった町頭《まちがしら》幸内氏（明治三十二年生まれ）は「木にノリが付くからだ」と表現する。遠い南の島で海に流れこんだ倒木が、洋上をしばらく漂流しているうちに、少しずつ「ノリ」（海藻）に覆われてゆく。海藻が付着すれば、それをねらって動物性プランクトンが集まる。そのプランクトンを目指してザコ（小魚）が寄ってくる。

やがてこの流木が黒潮の流れに乗ると、小魚がそれを囲むように群がってゆき、カツオの群れはこの小魚群に目をつける。カツオだけでなく、キハダ、メバチなど、マグロの類の小さなのもつくが、ここではカツオ群――ナムラだけに絞って話を進めよう。カツオ群は以後流木をかこむご馳走の群れと追いつ追われつを繰り返しながら、日本列島沿岸を北上してゆく。

流木は古いものを見つけるほどよい。長く海上にあったもので、海藻類のつきがよいからである。また大きなものほどよいが、時には一、二メートルの小木でも何万尾もがその周囲に群れることがある。板切れや小さな下駄につくこともある。なおまた切口を水面に出して垂直に流れ、水中につかっている部分の多い丸太のほうが付きがよく、何回でも大漁があるという。

流木は、南太平洋方面から黒潮に乗って来ることが多い。このために南方では薩南海域に多く、これが北上するにつれて減少する。東方では、小笠原島、八丈島方面から、三宅島、御蔵島を経て野島崎、犬吠埼沖に向かうものが多い。台風などによりヤシ、ラワン、チーク材、竹などが海上に流れこんだものである。赤道海域では、カツオドリと並び、ナムラを探す最良の目安とされている。

日本近海の場合、幸内船頭の記憶では沖縄の宮古島辺が多かったそうだが、小笠原島近海で記録的な大

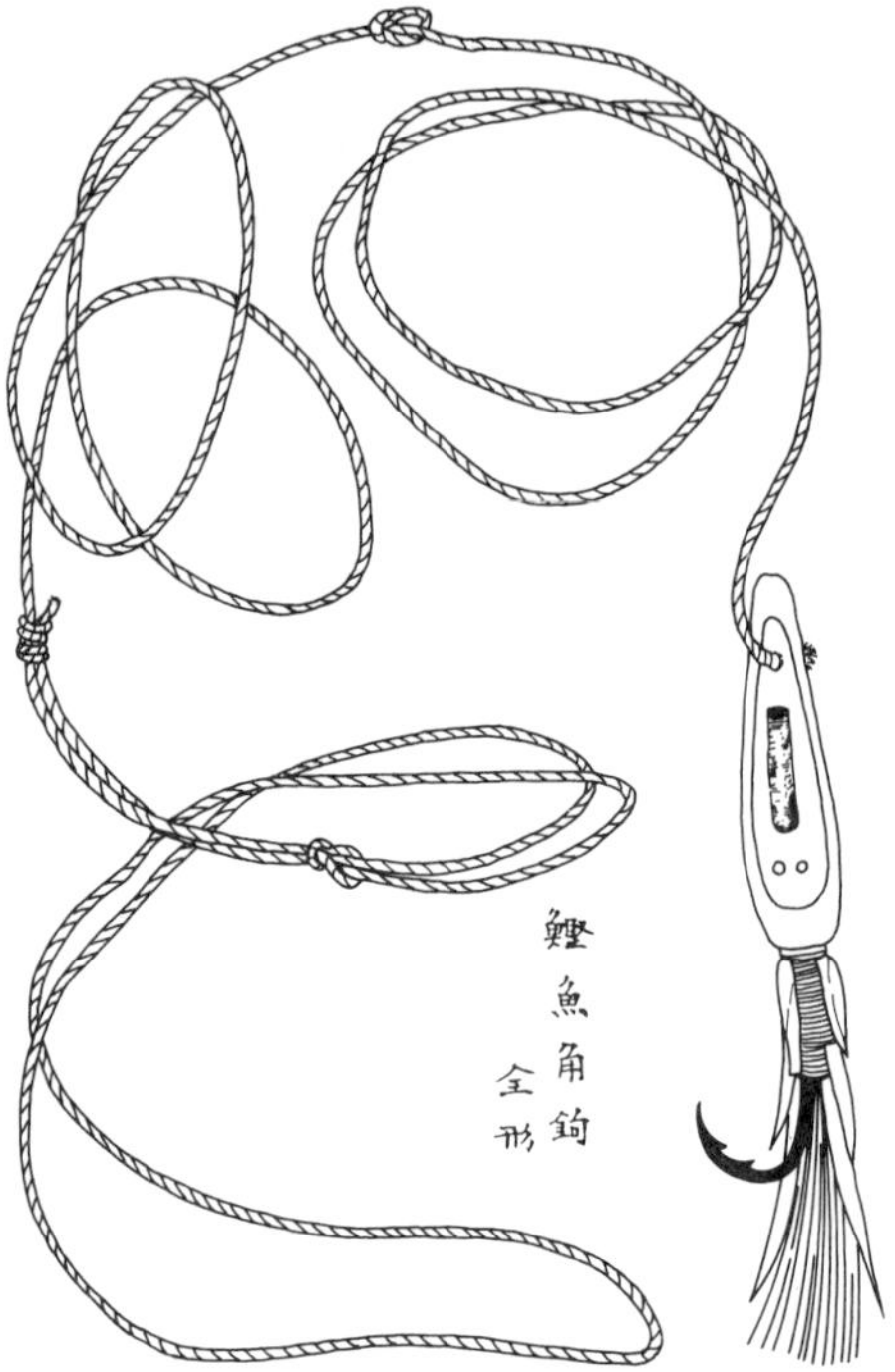

バケ綱のホロ（擬似餌）（『鹿児島県漁撈説略』）

漁を上げたのもキヅキであった。あるとき小笠原島辺へ出漁したが、思うような漁獲もないうちにエサが切れたので、ひとまず焼津港に寄港しようということになった。こうした場合にもカツオ漁師には執念がある。もしかするとナムラに出会わぬでもないと、バケ綱のホロ（羊や牛角を先端にし、中央に糸を通して釣り針をかけ、鶏などの羽毛を利用してイカの足に擬したもので曳き縄で曳く）を海中に投げ入れながら舟航するのである。

幸内船頭の船が何本かのホロを投げ入れ、船を進めていると、がぜんカツオが食いついてきた。獲り上げてまたホロを流すと、たちまちにまた食いついてくる。これをみた幸内船頭は船員たちに「この付近にキヅキがいる。船を返せ」と指示したところ、案の定、流木が見つかり、キヅキの大群の中に突入できた。

こんなときにはエサがなくても、擬似餌を投げこむだけでどんどん面白いように釣れる。幸内船頭はこれを「手荒く釣れた」と表現して、会心の笑みを浮かべ、生涯の思い出に残る大漁だったと語った。釣れに釣れ、ついに保存用の氷がなくなったので、心をキヅキのナムラに残しながらも、やむを得ず焼津へ向かった。

この時の漁獲高は、約三千貫（約一二トン）。当時の焼津漁港は八千貫くらいで市場が一杯になった時代だから、一船でエサ無しの三千貫は大した評判になったという。

この場合は日中だったから、予想外の漁獲を上げることができたが、夕方だとどうなるか。クジラやサメならしかたなしに見逃すことになるが、流木の場合は船からロープを持ちだし、一人が泳ぎついて結びつけて夜明けを待つ。

翌朝、太陽が昇るころ静かにたぐりよせ、綱を切りエサをまけば、面白いように釣れる。しかしロープをつなぐ場合は、できるだけ長くしないといけない。あまり短いと船上の人の気配に感づいて、敏感なカツオの群れが逃げてしまうからで、朝起きてみると木のまわりには一尾もいなくなり、ツキがない、ということになる。

千葉県千倉町の羽山卯之吉氏のお話によると、ある日の夕方、木ヅキのナムラをみつけた。少しは釣れたが、暗くなったので明朝続行することにし、木が遠く流されぬようにと一人が泳いでいき、船と木を綱で結んだ。ところが朝になって流木に近づくと、周囲のナムラは影も形もなくなっていたという。木ヅキ群は、昼間は流木から離れて、夕方になると帰ってくる習性をもつといわれるが、船の気配を感づかれれば逃げられてしまうのである。

トリツキ（トリムレ、トリマキ）
種々の物つきの中では、最も発見しやすいのがトリツキである。他の見分け方のように洋上を穴のあくほど見つめるのではなく、遠く広く水平線の彼方まで目を走らせて、カツオドリの群舞する光景を見つけ

カツオドリ

ればよいからである。まさにカツオ船の水先案内人である。

カツオドリは、早春に飛来して秋には熱帯の島々に帰る海鳥で、日本近海の島々でも繁殖し、鳥島、小笠原島、奄美群島、伊豆諸島などの絶壁や傾斜地などに、枯木、枯草、海藻などで巣を作って集団で生息する。なかでも御蔵島は世界最大の営巣地として知られ。その数は三〇〇万～七〇〇万羽ともいわれる。御蔵島稲荷神社に残る「島民生産労働図」には、島民が食料とするためにカツオドリを捕る情景が描かれている。

カツオドリの食物は、クルマエビやイワシなどの小魚である。カツオ群に追われてエドコを形成した小イワシのむれはカツオドリの好餌となり、数百、数千羽が乱舞する。その下ではカツオ群が夢中になってエサを襲っているのである。カツオドリ以外に、南太平洋では軍艦鳥という大鳥も目安となる。カツオ鳥が腹一杯に食べたころを見はからい、急降下してこれを上空に追い上げ、決して逃がさない。カツオ鳥が疲れ果ててザコを吐き出すと、これを空中で捕らえて食べるが、決して自分では捕らないという。

トリムレは、いつでもカツオ群の所在を教えてくれるわけではない。他の魚群のときもある。マグロにつく鳥、シイラにつく鳥、小魚を追う鳥——それぞれの飛翔状態はさまざまである。例えば鳥が急に高く舞い上がり、鋭く海面に突っこむときはイルカ群であることが多い。鳥の飛び方が急激で、とくに水面近くまで飛び下りるときは小魚群である。ただしこの小魚の群には、カツオやマグロが付いていることが多い。

海鳥群は、ナムラの所在を教えるだけでなく、その飛び方によって豊漁、小漁の予測さえ立てさせてくれる。鳥たちが水面に沿って低く、やわらかに飛ぶときは、「小番」が多い。つまり豊漁が期待できない。「鳥山」という言葉があるように、鳥の大群団が高く緩く円を描くように、悠々と乱舞していればカツオの大群が水面下にあることは確実で「大番」すなわち大漁は間違いないので、これを見つけたときの喜びはたとえようもない。

カツオドリの乱舞する下に突っこんだ鰹船は、ナムラに向かってエサを投げる。喜んだのは鳥たち。海上も海中も獲物ばかりだからである。エサが海上に落ちる寸前に、サッと舞い降りてきてついばむ。これではならじと人間たちは、ホーホーと咽喉《のど》をならしながら先端に布きれをつけた竹ざおや旗竿を振り回したり、石油罐をじゃんじゃん叩いたりして追い払う。人と鳥との壮絶なエサの奪い合いである。

エサを投げて擬似餌で釣る。そのうちしだいに食いつきが悪くなると、今度は釣り針にエサをつけて投げ入れる。すると、それにまで鳥が食いついて、カツオならぬカツオドリが釣れることがある。怒った若い漁師が、海面で苦しがっている鳥を引き回す。そんなとき幸内船頭は、ナムラに導いてくれる有り難い鳥だとたしなめ、釣り針から離してやった（『南日本新聞』特集記事「黒潮のことずて」と町頭幸内氏、羽山卯之吉氏談等による）。

サメツキ

カツオと仲好しのサメは、ジンベエザメである。古今を通じて、地球上最大の動物はシロナガスクジラで、全長三〇・五メートル、体重一六〇トンに達し、続いてはナガスクジラ約二七メートル、イワシクジラ約二一メートルなどである。魚類で最大のものがジンベエ（甚兵衛）ザメである。この名はいわくありげだが、命名の由来の正確なところは分かっていない。それより英名の Whale Shark（クジラザメ）のほ

ジンベエザメ　オス　全長5.1m　体重1400kg
(内田詮三氏撮影　沖縄記念公園水族館)

うがずばりとその形容を言い表している。

国営沖縄記念公園水族館の超大型水槽には、このジンベエザメが飼育されているが、本種の飼育は、世界広しといえども当館だけだとは、館長内田詮三氏のお話である（昭和六十年代）。現在飼育中のものは、全長四・五メートル、体重八〇〇キログラムである。剝製にして保存してある標本は、五・七メートル、二～五トンもあった。内田氏のお話では、よく図鑑などには一八～二〇メートルとあるが、これは正確に測定した記録に基づくものではなく、最大一〇～一二メートルで稀にはさらに大きなもの（約一四メートル）がいるだろうというのが結論だとのことである。

普通の魚とは違って胸幅がやたらと広く、平均して体長の約二二パーセントもある。体長一〇メートルのものなら二メートル余にもなる。この巨大な体に似合わず、エサはオキアミ、サクラエビ、キビナゴなど小魚しか食べないところが、カツオと友好関係を結ぶ原因ともなるのである。

カツオには、マカジキ、メカジキなどの猛魚やシャチなどの天敵がいるが、彼らもジンベエザメの巨大な姿は恐ろしくて近寄れない。そこで、このサメの泳いでいる付近は安全地帯であることを知って、カツオ群はその周りに集まる。大群に囲まれて、さぞうるさがるかと思われるが、ジンベエザメはたくさんのカツオを従えた大親分然として満足気である。それはこのサメが前記したような甲殻類や小魚を食餌とするので、たくさんの小イワシを集めてくれるカツオこそは最高の伴侶だからである。

カツオ群が、イワシなど小魚群を四方八方から襲うと、小魚群は追い詰められて、前記したとおり餌床ができる。こうなればジンベエザメは、労せずしてエサにありつけるのである。イワシにとっては、後門のカツオ、前門のジンベエザメで、どちらにしても浮かばれないのだが、一方、そのイワシを餌とする点では利害の一致するサメとカツオは、この世に生存を始めたときから、互いに本能的に寄り添って生きてゆく道を覚っているように思われる。

このサメは、巨岩が泳ぐようで、千倉の羽山卯之吉氏は棒で力一杯突いたが、びくともしなかった。大力持ちで、船を背の上にして何十メートルも引きずることもあれば、百トン程度の船を持ち上げることもある。だが、人間に害は与えず、串本の岡出宗次氏談では、仲間がサメの背中に落ちたが、危害は加えられず、無事に助けることができたという。

このサメは、熱帯、亜熱帯に分布するもので、内田氏の調査によれば、台湾近海には多く、台湾の人たちは食物全般の利用法では世界一といってもよい中国人らしく、このサメ料理を開発しているそうである。台湾北東部蘇澳港はこの市場取引の最も盛んな所で、十月〜一月シーズンには毎日一〜二尾は水揚げされるという。台湾以外で食べるのはインドぐらいで、沖縄では俗にミズサバ（サバはサメの方言）といって、肉が水っぽいとされ、食べない。南方から黒潮に乗って日本列島方面へも北上してくるので、沖縄ではよ

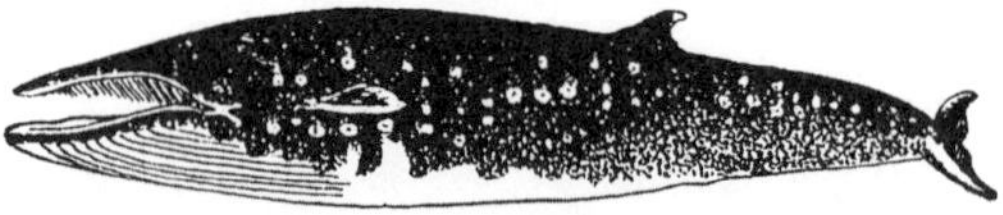

イワシクジラ

く見かけられ、前記したとおり水族館にも納められたわけである。

このサメのいるところは、遠くからも土色に見えるのでわかりやすい。サメ付き群は、魚あしが遅く、餌つきもよいので、大漁間違いなしである。そのために、ジンベエザメのことを、エビス様といってありがたがるところが多い。静岡県の沼津市には、わが国で初めて飼われて死んだジンベエザメの墓があり、墓銘に「戎《えびす》鮫の塚」とある。串本では「オイサマ」と愛称で呼ぶ。サメだけではなく、クジラをもエビス様と考えるカツオ漁民が昔は多かったようである。

クジラツキ（クジラッコともいう）

カツオに追われた小魚がジンベエザメの巨体のかげに隠れる図式に対し、この場合はカツオが包囲した小魚群のおこぼれを、後から追いかけてくるクジラが頂戴する図式となる。そのためにカツオ群はクジラの前方には多く、後方には少ないが、クジラの周囲にいる小魚を追うカツオ群もいる。どちらにしても小魚群とカツオ群とクジラは一体となって前進するので、目立った目標であるクジラ（イワシクジラ）を発見すれば、クジラッコにぶつかるわけである。

イワシクジラの遊泳水温（東北海域二二度）はサメの水温（東北海域で二三度）より低いのでその出現はサメよりも早く、姿を消す時期はサメ付き群より遅い。出現期間は長いが、出現回数は少ないといわれている。

クジラがイワシ群を食べる壮烈な有様は、カツオ釣りの漁師だけが見ることのできる痛快な特権である。

和歌山県串本町の漁師岡出宗次氏（昭和六十年、八五歳）は、その有様を左のとおりに語ってくれた。

カツオ群がイワシ群を追いかけ、イワシ群が逃げまどっているのを見たとき、一見悠然と遊泳しているかに見えるクジラも内心はいらだつらしく、また大いに食欲をそそられるようである。最大の食事を期待して、一呼吸したかとみると、思いっきり海中に突っこむ。そのあとには大きな渦が巻きおこり、遠く近く無数の小魚が吸い寄せられるようにその中へ巻きこまれてゆくと、海面より高く小山状に盛り上がってひしめき合う。

喜んだのはカツオであり、カツオドリであり、カツオ船である。とくにカツオ船は、そのザコの山を目がけて乗り入れ、大タモ（餌捕り用の長い取っ手の付いた丸アミ）を使って活き餌とするために餌イワシをとり始める。

カツオとカツオドリとカツオ船が三つ巴《ともえ》となり、それぞれ夢中になってエサを奪い合うのは、実はわずかな時間に過ぎない。海中に潜入したクジラはたちまちに反転して上昇を始め、海面を突き抜け、思いきって空高く躍り上がる。巨大な快鳥のようなクジラを仰ぎみたとき、岡出氏等はその豪快にして崇高ささえ感じられる光景に思わず圧倒されてしまったという。だがそれはほんの一瞬で、クジラはたちまちぐーんと空中に弧を描いて大きくターンし、海中へ猛然と突入する。潜航したなと思う間もなく再び向きを変えて上昇し始め、エサの山の真下を目がけて物凄い勢いで浮上すると見るや、巨大な口をパクリとあける。グワオーッと大きな音を立ててイワシの山は崩れ落ち、クジラの口中にどっと吸いこまれていく。カツオ船から差し出されていたタモまでが吸いこまれそうになり、あわてて引っこめる。カツオ漁師だけが体験できるが、一生のうちでも見ることのまれな自然界の雄大壮厳な光景である。岡出氏は四斗樽にして二五、六杯分のイワシを食べるのを見たという。

クジラツキのカツオにお目にかかれるのは、木ヅキの場合とは逆に東日本の海、とくに金華山沖から三陸沖に多い。何頭ものクジラが間隔を置いて、大船隊の行くように悠々と遊泳する光景を見かけると、カツオ船は驚喜する。岡出氏は、金華山沖で何頭ものクジラが縦隊となって遊泳するのを見かけたことがある。そのクジラツキのナムラは一〇キロメートル余になり、三十余艘の船が一日で満杯になったそうである。

南方洋上では、クジラツキのカツオ群はみられないようである。パラオ群島南端でカツオ漁の行われるトビ島、ソンソール島近海では、クジラが来ると小魚が逃げるのでカツオやマグロもいなくなる。だからクジラを見かけた日は、漁を休むのだという（トビ島、ソンソール島漁民談）。

一本釣り漁法今昔

ナムラを発見したらすぐに餌を撒く。餌つきが良くなったと判断したら船を停止させ、釣る準備に移る。この場合和船時代には右舷（鹿児島方面）か左舷（大部分の浦々）に釣り手が集中し、できるだけ海面に船べりを下げて釣ったが、現在のカツオ船はことさらにそのような釣り方はしない。

釣り方は老練な者を船首と船尾におき、餌づいた漁群を散逸させぬように努め、中央部には体力、技術ともに優れた者を置いて、釣り上げ能率を高め、彼らの間に一般の釣り方をおく。船に積みこめる撒き餌の量には限度があるのだが、ナムラを散らさないよう臨機応変に投じなければならぬから、老練な者が当たる。釣り方の餌桶に餌を分配するのは、経験の浅い若者たちである。

釣り針につけるイワシなどは、その鎖骨を釣り針にかけ、海中を泳がせながら竿を立ったまま操作する。釣り竿の元口の部分を右股に当て、竿を握って、カツオの当たりがあったら間髪をいれず釣り上げ、左わき下に抱き寄せ、釣り針を外す。

貪欲なカツオは、餌付けがうまくいくと狂乱状態を呈し、どんどん食いつき出す。こうなったら擬餌針使用に変える。これにより餌の節約もできるし、餌を釣り針につける時間も節約できる。擬餌針にはアグがないから、釣り上げた魚は抱き寄せることなく、竿の振り方で巧みに針をはずし、背後の甲板に投げ入れる。この間もカツオが散逸しないように適宜撒き餌を継続し、またかいべら（竹製の杓子に柄をつけたもの。7のc「釣り具」参照）で水しぶきを立てる（和船の時代）。現在は散水機により、はるかに効果的な水しぶきを上げている。これによりイワシの大群がいるように見せかけるのである。

カツオも、釣り手たちもそれぞれに目的は違うが、夢中になって激闘のひと時（それは短くて十数分、長くて一、二時間である）を過ごすうちに、ほぼ釣り尽くすか、一部は散逸するかして、漁師たちの興奮ははじめて覚める。だが休む間もなく次のナムラの探索にかかる。船がカツオで満杯になると、大漁旗をかかげ、掛け声を上げて帰港する。マンジュウ笠を船ばたにつけて、その数で獲れたカツオの多さを、港へ迎えに出た妻や子供たちに誇らしげに知らせるところもあった。

現今ではカツオつきに頼らなくても漁群探知機でナムラを発見できる。漁獲物は無線により、相場のよい漁港へ水揚げするので、意気揚々として妻子の待つ母港へ帰るときの、湧き立つように華やかな歓迎風景はみられなくなった。大型巻き網船の大漁漁獲によってカツオ釣り船は押され気味である。だがカツオの一本釣りは昔から現在まで続けられてきた主要な漁法であり、一本釣りしたカツオは傷みが少なく、鰹節製造に適すると評価は高い。鹿児島、宮崎、高知、三重、静岡、宮城等の各県漁港では、一本釣り漁船が今も活躍している。

6　カツオのふるさと

日本列島周辺にカツオ群の出現する季節は、ほぼ次のとおりである。まず二、三月に南西諸島と小笠原近海に現れるのが最初である。続いて三、四月には土佐沖へ、さらに紀伊半島沖へと北上していく。駿河湾、伊豆の島々にも同じころに現れるのは、南方からくる魚群のほかマリアナ群島〜小笠原諸島方面から接近するものもあるからだといわれる。四、五月ごろになると房総沖まで北上し、しばらく停滞していて、七、八月ごろ水温の上昇するにつれて金華山沖へと北上をはじめ、十月には宮古辺まで達し、一部は北海道沖、さらに南千島沖合まで到達するものもある。

九月から十月にかけて、気温が低下し、親潮の勢力が強くなると南下をはじめ、しだいに南太平洋方面へ帰っていく。これが下りカツオ（戻りカツオ）と呼ばれるもので、充分に餌を食べた成魚は、脂肪ものっていて、生食してもおいしいことで知られる。

一方、本流から分かれて、九州西方沖合を北上する黒潮分流は、本流にくらべて勢力が弱く、日本海に入るカツオはごく少ないが、昭和年代初頭まで沿岸一帯でカツオの漁獲があった。明治時代には、北海道の渡島半島西岸でさえ獲れていたほどである。

次ページの下図は、カツオ生息海域のあらましであるが、暖流の勢力の強い南西諸島、小笠原諸島、豆南諸島の各近海にある瀬の上には、一年を通じて瀬付き魚群をみることもできる。これよりさらに南下して台湾東方海上までくると、カツオ群の分布は一年を通してより濃厚となる。

さらに南下して、黒潮の発生源とみなされるフィリピン海域となると、年中生息するカツオ群はさらに多くなる。盛漁期は十月より一月ごろまでだが、年間を通して漁獲できる。わが日本列島近海へ回遊する

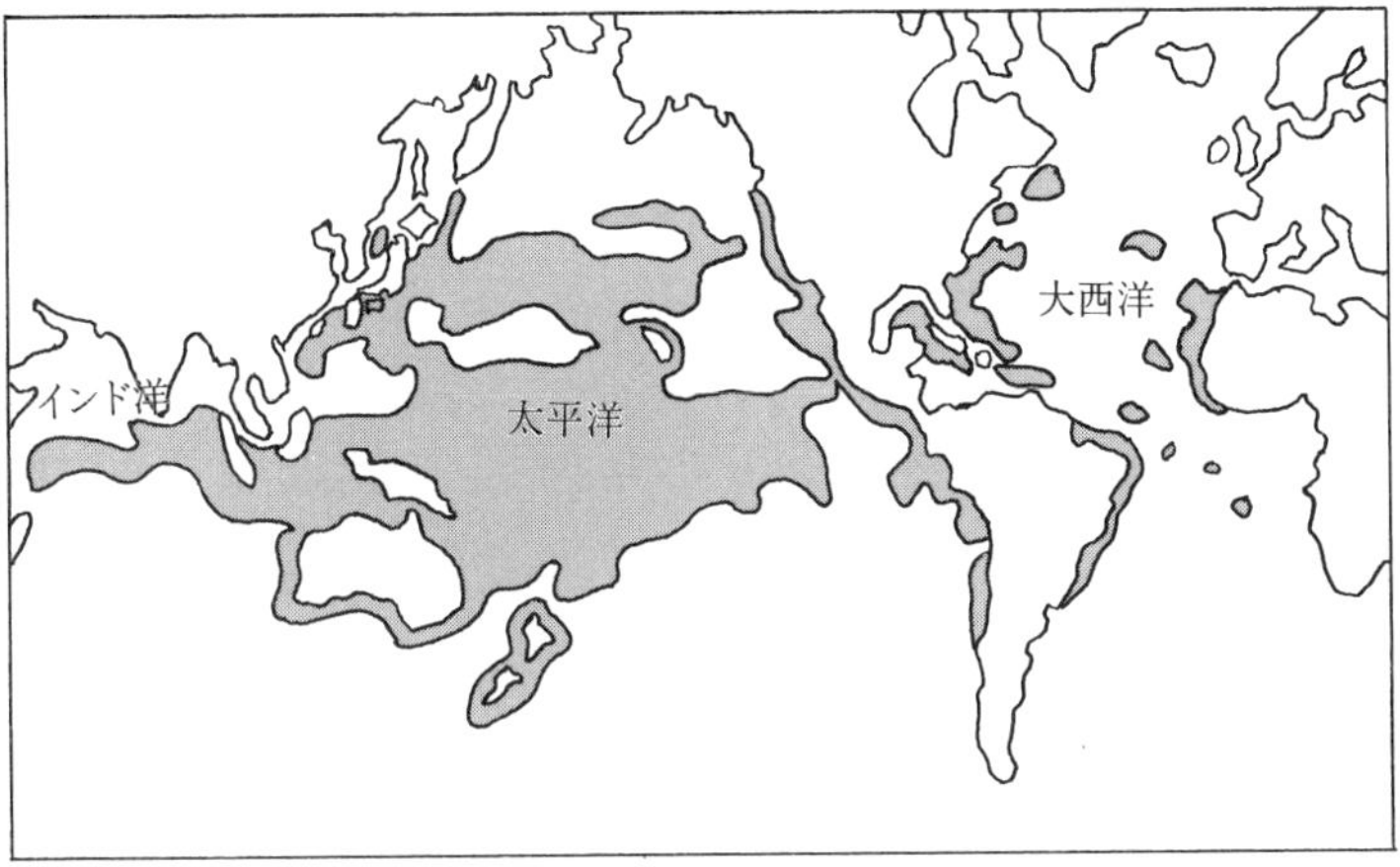

世界のカツオ生息図（『かつお・まぐろ総覧』より）

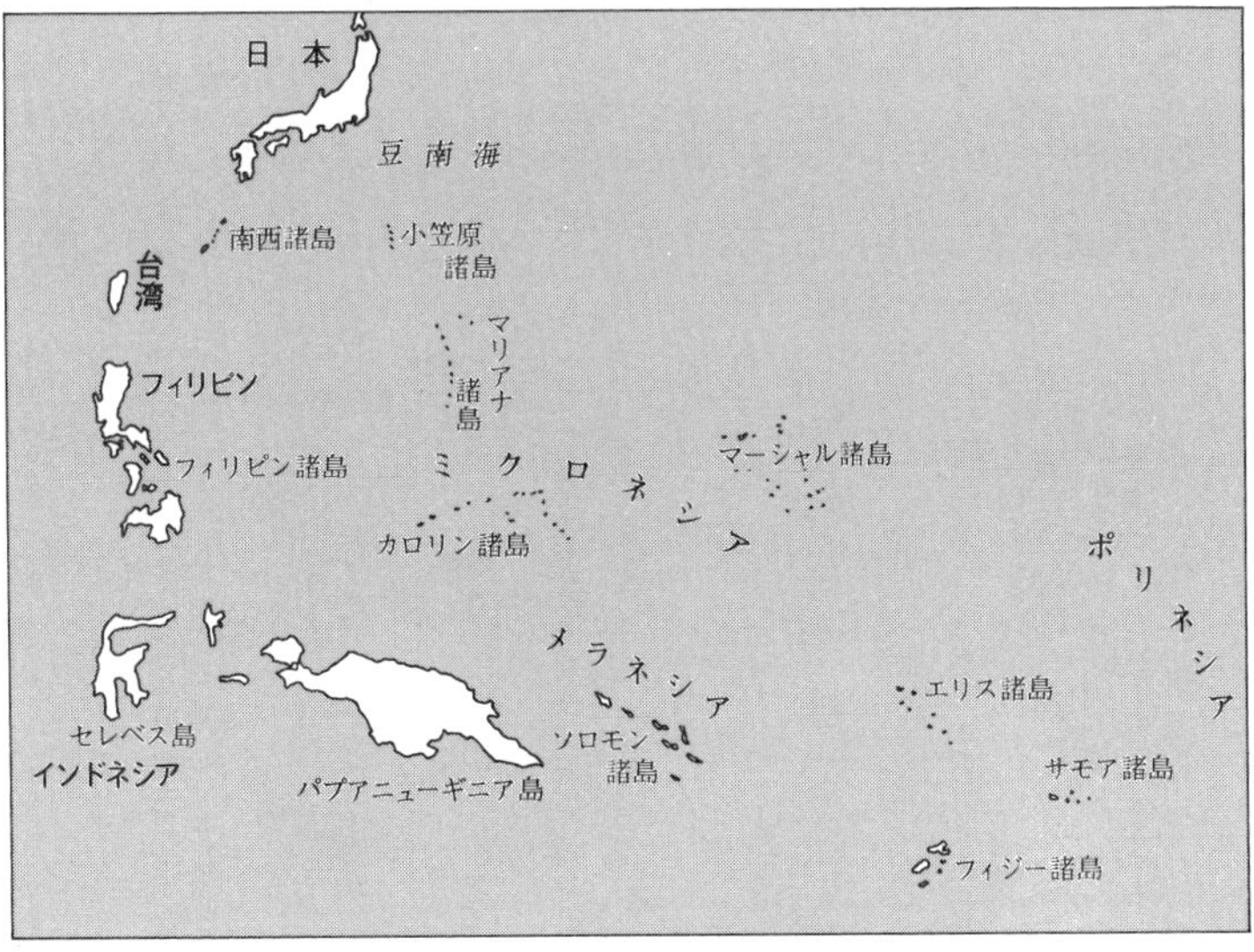

太平洋のカツオ生息海域略図

カツオ群の出発点は、フィリピン近海にある。

フィリピンより東部の広大なミクロネシア海域に点在する、マリアナ、カロリン、マーシャル各群島各近海もまた、カツオ群の周年生息するところである。日本統治の時代には各群島を基地にカツオ漁業が盛んに行われ、莫大な量の鰹節が造られていた。フィリピン近海のカツオ群が黒潮に乗って北上するのに対し、この方面のカツオ群の一部はマリアナ群島方面から小笠原島、豆南海方面に出現するものであり、マリアナ海域もまた日本列島に回遊するカツオ群の出発点である。そしてまたフィリピン近海とともにカツオの産卵地のひとつとみられ、日本のカツオのふるさとでもある。

ミクロネシア海域やインドネシア海域、それより東へ向かってメラネシア海域、さらにオーストラリア、ニュージーランド近海、あるいはさらにソロモン、フィジー、エリス島諸海域から東方のポリネシア海域まで、広大な赤道の南北一帯では、カツオが繁殖し、周年回遊している。それぞれの地域では、昔からカツオ漁業が行われており、現在では大量に漁獲されたカツオは冷凍され、罐詰として消費されている。カツオの焙乾品、煎汁のつくられる所もあり、生カツオも調理されている。広義では日本へ回遊してくるカツオのふるさとである。また現在は日本のカツオ漁船の活躍舞台でもある。マグロ漁業と合わせ、世界各国のカツオ漁業も盛んになりつつある。太平洋戦争後になってからだが、アメリカは南太平洋のカツオ、マグロ漁業に進出し、パラオ、フィジーに罐詰工場を建設した。

この回遊圏の西北から日本近海へ向かうカツオ群があり、西方へ向けてはベトナム、タイ、マレーの近海を経てインド洋を回遊するカツオ群もある。インド洋にはモルジブのように鰹節をつくり、これをスリランカなどに輸出し、カツオ漁業を重要産業とする国もある。

回遊圏の東側からは南北米大陸沿岸を遊泳するカツオ群があり、カツオ漁業が行われている。北アメリカの大西洋側でも、アフリカの大西洋岸の一部でもカツオ漁業は行われている。また地中海にもカツオが生息し、一部の国々がカツオ漁業を行うなど、広く世界の暖海域にはカツオの生息地帯がある。

7　日本・ポリネシア・モルジブのカツオ漁法の共通性

擬似餌を使う漁法は、江戸時代からイカ釣りなどにも用いられている。しかし擬似餌のほか撒き餌まで用意して、これらを効果的に駆使するのが、他の漁業には見られぬカツオ漁業の特色である。このような漁法の起源を追求するに当たっては、中世末~近世初頭に紀州熊野浦で発達した釣り新法（釣り溜法）と、それ以前から存在したと考えられる、原始的一本釣りと区別してみる必要がある。

両漁法の差異については、先に紹介したとおりである。これらはいつ、日本のどこで始められたか。釣り新法についてはほぼ明白となっているけれども、原始的釣り漁法についてはあまりわかっていない。釣り新法出現以前をさかのぼっていくと、鎌倉三代将軍源実朝のころ、伊豆松崎下宮に鰹船のあった記録がある。伊豆は、古代において最古の造船地とされる地であり、「堅魚」の貢納地としてやはり古代から著名なところで、カツオの釣り船は古代以来の伝統をもつものであろう。『万葉集』には、西国の海でカツオ釣りの行われた歌もある。となれば、さらにさかのぼって、有史以前にもカツオ釣りの行われた可能性が高くなる。原始的釣り漁法の語を用いたのはそれ故であり、以下に紹介するJ・ホーネル説も、日本の釣り漁法は約三、四千年前にインドネシアに源流を発したもので、ポリネシアやモルジブの釣り漁法と同根だと主張している。

英人の海洋人類学者、ジェームズ・ホーネル（James Hornel）の著、『魚類文化人類学』の訳文が、『漁撈文化人類学の基本的文献資料とその補説的研究』（藪内芳彦）の中に収録されている。その主要部分を占めるのが、日本、モルジブ、ポリネシア（サモア・ソシエテ諸島、トケラウおよびエリス諸島）の三か所におけるカツオ漁業についてである。明治末年当時においてその漁法は同じ一本釣りで、漁船の船型等を除けば釣り方は左のとおり、ほとんど同一であることを同書は示している（以下訳文は若干集約した部分もあるが、カギカッコで示す。日本へは明治四十一年焼津へ調査に来ている）。

a　漁　船

モルジブ

「サンゴ礁が海底一杯に広がる浅いラグーン（礁湖）を根拠地とするのに適するように、カツオ漁船は吃水の浅い、長くて幅の広い船型で、胴体は頑丈に造られている。船首は高く上がり、優美に上に向かってカーブし、高いヘビ状の船首となっていて、全体としてヴァイキングの船によく似ている。後甲板は船尾の部分で外側に伸びて広いプラットホームをなし、チョウが羽を拡げたような形をしていて、ここのところでカツオ釣りを行う。」

サモア

「カツオ用カヌー、ヴァア・アロは最も精巧なものである。それは多くの長い板を一本の木材から造られた二五〜五〇フィート（八〜一五メートル）の長さの基部となる竜骨材の上に組み立てて建造する。」

「カヌー」とあるがこの説明からみて丸木舟ではなく、構造船である。だが別にその乗組員は、サモアでは二人、エリスやトケラウ諸島では三人、魚群を追うときに速度を十分に出すために、時には四人乗り

モルジブのカツオ船（J. ホーネル）

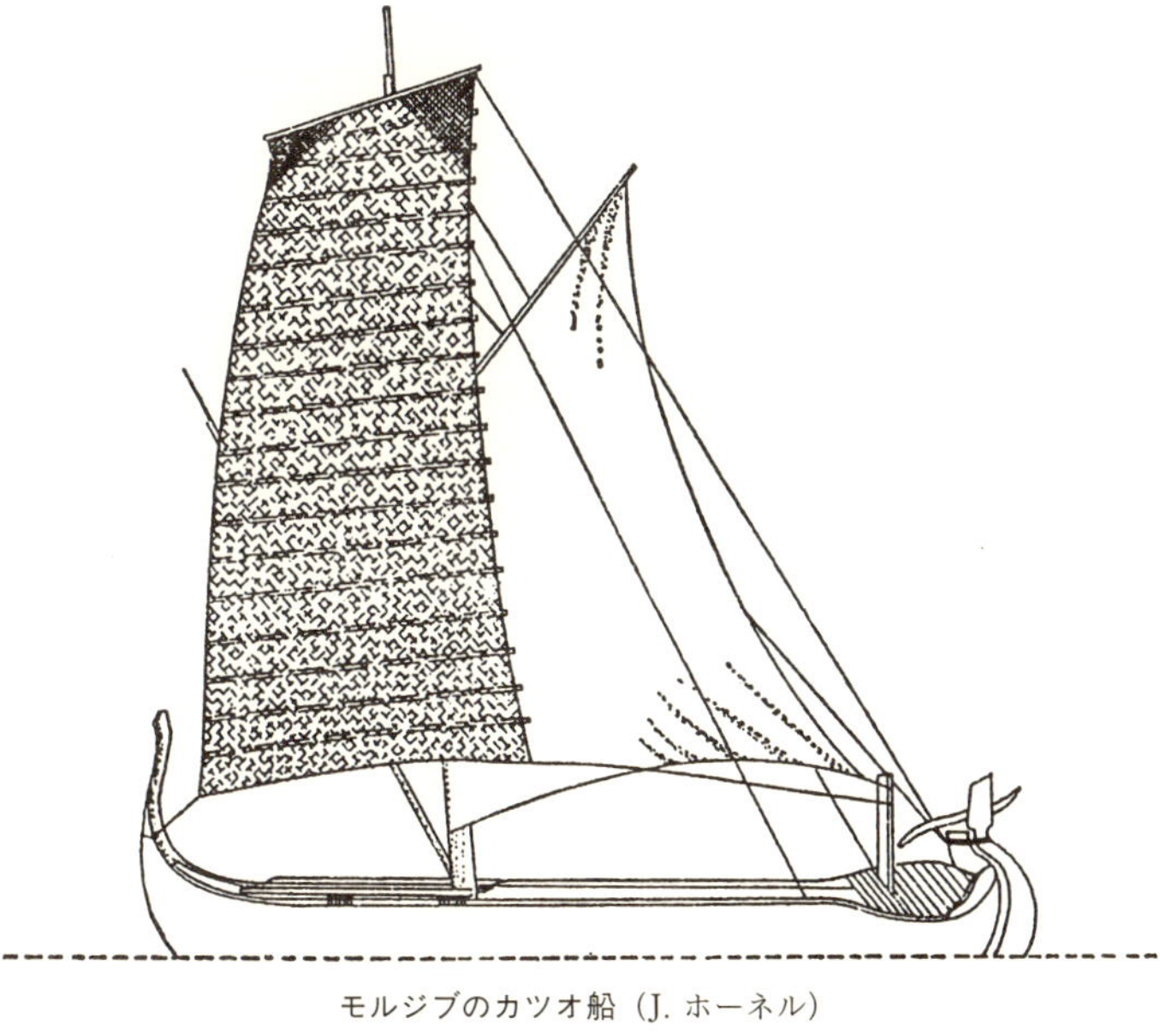

モルジブのカツオ船（J. ホーネル）

もあるとの記述がある。年中島の周囲にカツオ群がいるから、小舟で間に合うのである。

日本

「カツオの大群は、めったに岸近くやってくることはないので、大きな帆船が必要である。大洋に堪えるものであり、二四人から三〇人の漁夫と付き添いの少年たちを乗せるに十分な大きさである。」

明治四十一年当時はホーネルのいうとおり、カツオ群の遊走路は沖へ去ったので、焼津でも三〇人乗り程度の帆船となっていた。船の長さは優にサモア船の二倍はあるとみられるが、明治年代を迎えてからしだいに大型化したのであって、カツオ群が沿岸に接近していた江戸時代後期までは一三～一六人乗り程度の船であった。

b　エ　サ

モルジブ

「活き餌とする魚は、ラグーンの中で四本の棒で張られた四角形の網を使用して捕る。これを海中に沈めてその上に寄餌をまき、小さな魚が御馳走に集まったとき、網はさっと上げられる。エサは二種類から成り、小さい魚はヤナギバエのような大きさで、大きいほうはイワシほどもある。これをやや球形の編籠の中に入れ、海鳥に食べられぬよう網をかけてラグーンの中に置き、五、六日間カツオ釣りのチャンスの日まで活かして置く。」

日本

「餌は沿岸で獲ったイワシで、必要となるまで高さ一・七メートル、口径二メートルの球形の籠の中で活かされる。この籠は、小石をつめたわら縄の網袋で海に錨《いかり》止めされ、籠の口の両側に一本ずつしばりつけられた、二本の長い頑丈な竹で浮かされている。」

モルジブ北辺のミニコイ島と焼津の活簀籠は酷似している。

サモアなどにはエサを使って釣る習慣はなかったのか、記述は見られない。島々の周囲には年中無数のカツオの群れが遊泳しているためでもあるが、日本やモルジブのように鰹節製造がおこらず、エサを使って大量に釣りためる必要は生じなかったのである。これらを総合すると、サモアは原始的漁法にとどまっていたことが明らかとなる。

蓄養したエサを漁場へ運ぶにはどうするか。日本の場合は江戸末、明治初期あるいは中期まで、浦々によって差異はあるが、船上の桶へ入れ、死なないように絶えず海水を取り換えながら漁場へ運んだ。柄杓《ひしやく》で汲み出したり、汲み入れ続けるのは大変につらい仕事だったと言い伝えられている。この労力を軽減する目的でか、それとも桶での輸送に先立って考え出されていたものか、はっきりはしないが、明治初年まで船の後尾につないだザルに入れて曳航する方法も、一部の地域に残っていた。

しかしこの方法は、船の速度を上げれば小イワシが片側に押しつけられ、ひしめき合い、死ぬ率が多くなるので、ごく近海でまれに用いられた程度のようである。桶で運ぶ方法も明治初年以降しだいに消滅していく。代わって工夫されたのが、不思議にもモルジブとほぼ似通った仕組みである。

モルジブ

「漁船の中ではマストの前と後ろに活簀《いけす》が造られ、その底には栓がされた穴が四〜六つあけられている。帆走の直前に活餌がここへ移され、穴の栓が抜かれ、水流が内部にほとばしり入る。この水流は隔壁にいろいろな高さにあけられた穴から流れ出し、後ろの仕切りに導かれ、二人の汲み出し人により汲み出される。こうすることによって活簀の水は絶えず更新され、小魚は元気でいられる。」

日本

「活きイワシのためには、二つの活簀《いけす》の設備がなければならない。活簀は大きな仕切りで、底に穴があけられていて、活きた魚を運ぶとき海水が入ってくるようにできている。何もいれてないときは、栓が差しこまれている。」

わが国ではこれを「生《い》け間《ま》」「カンコ」などと呼んでいる。モルジブから影響を受けたり、逆に日本から影響を与えたりした徴候は今のところ見当たらない。

c 釣り具

モルジブ

「竿には同じ長さの糸が付いていて、それにかかり（アグ）のない、はがねの針がついている。それは明るい銀色で、針の軸部は広くなって、できるだけ小魚の形に似せて作られている擬似餌である。」

サモア

「漁具は一本の竿で、それぞれ真珠貝の擬似餌のある二本から六本の短い糸が付いている。これらの針は同時に用いられるのではなく、その時々によってカツオが食いつく擬似餌が選ばれる。竿よりも六インチ（一五センチメートル）ばかり短い釣り糸の各端につけられた針は、実際には骨あるいはべっ甲の針の付いた擬似餌で、その針は擬似餌の一方の端に結ばれている。擬似餌はクロチョウ貝の殻の部分から作られていて、ちょうつがいに対して直角に切られ、針の後ろにつけられた美しい羽毛、あるいは繊維の糸の両方に分かれた房で飾られている。

食い馴れている小魚の大群を懸命にむさぼり食うカツオは、追われて特定の群れをなしている魚の色に似ていないどんな擬似餌をも、本能的に疑ってかかる。したがってさまざまの色の擬似餌を濃淡それぞれに取りそろえておき、一つの釣り糸が引っかけることができない場合には、他の擬似餌の釣り糸に取り替えて試して見る。これを繰り返すことによって最後にうまくいく一つの擬似餌が明らかになるのである。」

「擬似餌は真珠貝で専門の刃物師によって作られる。それはさまざまな色、模様などの諸特徴を持っており、漁師たちはそれぞれに大切に手入れし、若干の人々はフランネルに包み、西洋杉の箱に注意深くしまっておく。ポリネシア人の信仰によれば、大漁をつねに続けられる擬似餌には、マナー（神秘的な精神的資質）が乗り移ったと考えられる。それは大切にしまわれ、他人に見せることさえいやがる。父から子に漁業が受け継がれたとき、譲られた物の中で最高に貴重視される。」

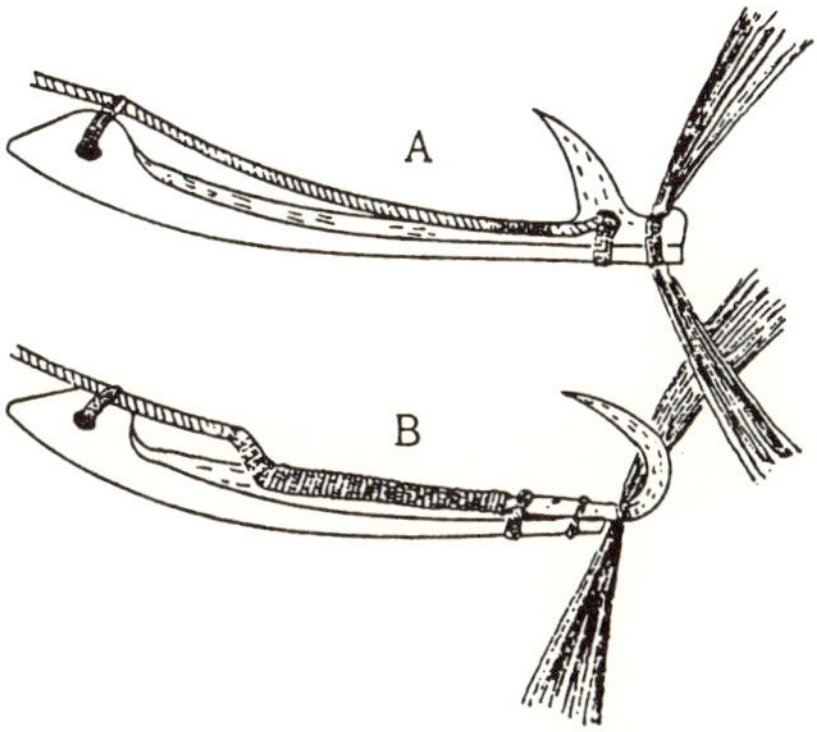

ポリネシアのカツオ釣り針（擬似餌）

小田原のソオダガツオの釣り針（擬似餌）

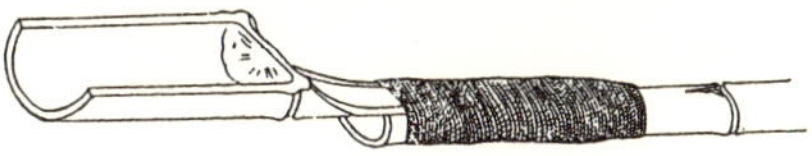

カイベラ　熊本：キャグラ　長崎：潮フリ竹　伊勢：スクイノコ，ミズカケ（『日本水産捕採誌』より）

　日本の擬似餌についてはなぜか記述はないが、後章で記すようにモルジブ、サモアと材料は類似しており、何種類もそろえて最初に試し釣りしたり、家宝並みに最高に貴重視して保存する点は全く一致している。

d　カツオ釣りの状況

モルジブ

「ひとたび魚群が見えると、全員が静かな興奮に巻きこまれる。船はその群に向かって進み、利用できる手はすべて竿をにぎり、後ろのプラットホームに群がる。水の汲み出し人はその仕事を止め、小さな網で活き餌を二、三尾ずつすくい上げて、できるだけ速く魚群を目がけて投げつける。同時に船尾の両端にいる二人が、ココヤシの実の一部を切り落として軽木の柄の一端に結びつけて造った長い柄杓《ひしゃく》を使って、全力で水しぶきをあげる。数秒ごとに数尾の魚を海に撒《ま》くことと、水しぶきを上げることによって、飢えたカツオは無数の小魚がいると思いこみ、狂気のように船に向かって疾走してくるのである。

ぴんと張った釣り糸を疾走してくるカツオの群れにたたきこむと、カツオは活き餌と擬似餌の見さかいもなく飛びかかり、食いついてくる。誤った選択をしたカツオは、突然あらん限りの力で水中から引き上げられ、糸の端で船内へと向きを変えられてしまう。竿を手ぎわよくおろすことによって針からはずれ、人間の足の間を船内の活簀《いけす》へと滑りこむ。

数分間恐るべき攻撃が続いた後に、どういうわけか魚群がすっかり逃げてしまうことがしばしばある。各人の漁獲は、一分間に平均まず一尾というところである。魚群が多くて思う存分釣れる場合には、二、三時間で六〇〇～一〇〇〇尾も釣れる。船の所有者は百分の二十一を取り、残りは船員たちで分配する。」

サモア

「擬似餌を投げこんだとき、光っている真珠のシャンクが波頭から波頭へと飛んで、強欲なカツオにとってそれは抗し難い魅力ある餌にみえる。それを目がけて襲ってくるとき、漁師たちは坐ったまま左手は船にくくりつけられた横棒をつかんで身体を安定させながら右手で竿をにぎり、かれの胸、腹を目がけて針にかかったカツオを勢いよく引き寄せる。

そのとき、彼は左手で魚の頭をたたいてかかりのない針から魚をはずすか、さもなければ巧みな糸さばきによって魚をはずす。魚群の塊の中で魚がいくらでも食いつくときには、熟練した漁師は立ち上がり、竿の根本を股のつけ根にあて、『二匹の魚が同時にカヌーの中に入ってくる』といわれるほどすばやい技を見せる。こうなると数分間で四〇～五〇尾も釣れる。」

日本

「漁場につくと、カツオ群が餌として襲う小魚の群を求めて浮き上がってくるのを見つけるため鋭く監視する。群が見えたとき、船はその方向に向かい、カツオを引き寄せるために活き餌がまかれ、そしてすべての手は非常に短い糸をつけた竹竿を持って船ばたに並ぶ。

カツオは通常非常に飢えた状態にあって一度船のまわりに引きつけられると、メッキされて光っている針に餌がついていようがいまいがおかまいなしである。この強欲な魚は、もし彼らを欺くのに十分な数の活き餌が投げ出されているならば、光っているものならば何でも食いつく。うまくいけば乗組員は欲しいだけのものを釣って帰るのである。」

これまでの説明文にジェームズ・ホーネルの訳文であるとの断りがなければ、そしてまたモルジブ、サモアなどのカツオ釣り漁法だとの解説をつけなければ、カツオ漁法に詳しい人々でさえ日本のどこかの浦のカツオ釣りの説明文だと信じこむことであろう。それほどに三か所の漁法には共通点が多く、ことに日本とモルジブの漁法は酷似しているのである。

「この気違いじみた興奮を呼び起こすスポーツに対する男子の熱狂は、以前と同じように強く残っている。魚群の時間とその放逸な行動に対する逆上したような闘争のなかで魚が船内に振りよせられるとき、血潮は高鳴り、荒々しい興奮がみなぎる。」

サモアの漁師たちのカツオ漁の気持を代弁した右の一文もまた、日本の漁師たちがその昔から現在まで味わってきた経験と同じものである。擬似餌を大切に扱う慣習の共通していることは先記したとおりだが、カツオ釣りの漁法からカツオ釣りに関する心情までが、太平洋の南北、インド洋の中央とそれぞれはるかに離れた地点にありながら、みごとに類似しているのには驚くほかはない。これについてホーネルは次のように結論づけている。

「インド太平洋地域において実施されているような、カツオの竿釣りに関する短報から、島から島へ、モルジブ諸島から日本へ、日本からポリネシアの最果てまで用いられている方法の起源地の問題が浮かび上がってくる。

かかりのない針を、竿と短い糸と一緒に使うのがすべて共通であり、小魚を集めてこれを寄餌《よせえ》とすることもまたそうである。文化的伝播があったことは確かであり、分散の焦点はインドネシアらしく、それはプロトポリネシア人がそこに滞在し、その間に彼らの特色ある漁法を発展させつつあった時代のことである。」

8　ホーネルの一本釣り法一源説について

広大な太平洋に散在する無数の島々は三大別されて、日付変更線のほぼ東側、赤道の南北にわたってポリネシア人が、その西側でインドネシア海域との中間海域に、およそ赤道を境にして北方にミクロネシア人、南方にはメラネシア人が住む。ポリネシア、ミクロネシア人等のルーツは、ヒマラヤ山脈の南部一帯だといわれる。今より三、四千年前から南下を開始し、インドシナ半島、マレー半島からインドネシア諸島へ渡って滞留し、その後ミクロネシアを経てサモア方面へ到達し、さらに東へ北へと思い思いの島々に移住していったとされている。

インドネシア東部よりミクロネシア—ポリネシアに至る赤道海域はカツオ群の故郷であり、巣窟《そうくつ》である。ホーネルのいう、プロト（先住）ポリネシア人が、インドネシアに滞留したとされる約三、四千年前以降に、彼らがカツオの大群の周年見られる状況に驚嘆しつつ、その効果的な釣り漁法として擬似餌の使用を思いついたのは、自然の成り行きだったのであろう。

その後における各海域へ向けた長い移住時代を通じて、彼らはいつでもどこでもおびただしい数のカツオ群に対面したことにより、その釣り漁法はミクロネシアを経て、エリスおよびトケラウ諸島からサモア諸島、ソシエテ諸島方面へ伝来していった。やがて黒潮に乗って日本列島へも伝えられ、インドネシア海域からインド洋へ向かう赤道海流に乗ってモルジブ諸島へも伝えられたというのが、ホーネル説である。

ホーネルは、インドネシア海域をカツオ一本釣り法のルーツの地と見なしながら、そこでのカツオ漁法についてはいっさい触れていない。だが東部インドネシア海域に、古くから三種類のカツオ漁法のあることは、昭和初期に日本人が発見している。鹿児島県坊津出身の漁業家、原耕がその人である。彼は日本の漁業の大きな発展のためには、南太平洋に進出してカツオ漁業と鰹節製造業を興す必要があるとの壮大な抱負を持って、昭和二年二艘のカツオ船を率いて、パラオからフィリピン、セレベス、モルッカ方面まで調査し、実地に鰹節製造も行っている。その調査報告の中に、断片的ながら左のとおり現地人のカツオ漁法が見られるのである。

①　パラオ群島の南端、ソンソール島では、カヌーでホロ曳き漁を行っていた（昭和六十年、筆者もまた同島漁民からホロ曳き漁の引き続き行われていることを聴取している）。また「パラオの西微南四百九十哩」（約七八四キロメートル）のセレベス島の東北方にあるパルマス島や、モルッカ群島のアンボン島付近でもホロ曳き法が見られた。

ホロ曳き法は、わが国でも後掲イワカムツカリノミコトのカツオ釣りの神話（第四章2参照）にも出てくる、有史以前から伝わる古いカツオ釣り法の一種である。伊豆諸島では、古くから現在に至るまで行われているという。擬似餌を糸の先端に付けて、前進する船の後尾から流す方法で、大量漁獲には適さぬので、今では漁群探知方法として用いられるにすぎない。

②　サモア同様に活き餌は使わぬが、擬似餌を用いて数人乗りの小舟で一本釣りする漁法は随所でみられた。

③　日本とモルジブに共通していると、ホーネルが見た、活き餌やカイベラを使う漁法については、原耕の記録からは左の一例が見られる。

「セレベス島北部メナド付近では、釣り手は一〇人くらい、魚群に向かって船を進め、小竹で編んだタモで獲った餌魚を撒いて、主として船尾で釣獲する。擬似餌も不完全ながら使用する。釣り方の操作は、わが国とやや違い、竿を左の股腰に持たせ、左手で竿を抱え、右手はカイベラで水を撒き、魚がかかった時は左手ではね、右手で前胸部に抱き、釣り針をはずす。」

日本やモルジブとは若干趣きの違う一本釣り漁法だが、基本的には同じである。ホーネルが原耕と同じ漁法をセレベス島で見たか否かは明らかではないが、ともかくも彼はカツオ漁法のルーツはインドネシアにあり、それは約三千年前以降に各地へ伝わったと説いた。ところがこの説には一つの欠陥がある。

わが国には古代もしくは有史以前から曳き縄漁法はあり、小舟による擬似餌使用の一本釣りも古くから行われた可能性はある。しかし、活き餌を撒き、カイベラを使って一三〜五人乗りの船でする一本釣りは、室町中期以降に紀州熊野で始められたものである。前二者を原始的釣り漁法とすれば、後者は熊野式釣り新法である。ホーネルは日本とモルジブで熊野式釣り新法を見て、ルーツをインドネシアとし、伝播の時期をプロトポリネシア人滞留の時代と見なした。

しかし三地域に期せずして同様な漁法が発生したかも知れぬし、三地域の直接、間接の交流の中で自然に発達していった可能性も考えられるから、彼の説を鵜呑みにはできない。一歩譲ってルーツ説は肯定するとしても、伝播の時期としてプロトポリネシア人の時代を想定したのは明らかに誤りである。熊野式釣り新法が日本へ伝来したとしても室町時代となるからである。

ホーネルがサモアで見た原始的一本釣り漁法は、日本には江戸初期まで残存したし、インドネシアでは、昭和初期に原耕が随所で見ている。ホーネルのいうようにインドネシアがルーツで、約三千年前以降に各地に伝わったカツオ漁法があるとすれば、それは原始的釣り漁法である。遠く縄文の昔、南太平洋方面から黒潮に乗った海人族がたずさえてきたのはこれであろう。そして熊野式釣り新法は、室町時代になって熊野で独自に開発されたか、日本本土や琉球の貿易船が、南方との交流を重ねた中から生み出されたもののどちらかと見るのである。

第二章　鰹節を語る

1　鰹節の製造工程

左に紹介するのは、マガツオを原料とする場合の工程で、日本鰹節協会の北川卓蔵氏の解説である。製造工程は大別して生切《なま》り、煮熟《しやじゆく》、焙《ばい》（燻《くん》）乾、削り、カビ付けに分かれる。

生切り

まず頭を切り落とし、内臓と腹身《はらみ》（腹の皮の部分で、乾して酒肴にして美味）を切り取り、背びれを取り除く。

その後で三枚におろす……左右二枚の肉片と尾の付いた骨の部分に分け、骨の部分は取り去るのである。

二キロ以下のカツオは、そのままで製する（仕上がったとき亀節という）が、それ以上のものはさらに血合い骨に沿って合断《あいだち》し、左右それぞれに背身と腹身におろし、合計四本とする。

煮　熟

まず生切りしたカツオを煮籠《かご》に並べる。亀節にするのは皮つき面を、本節にするのは背身と腹身に

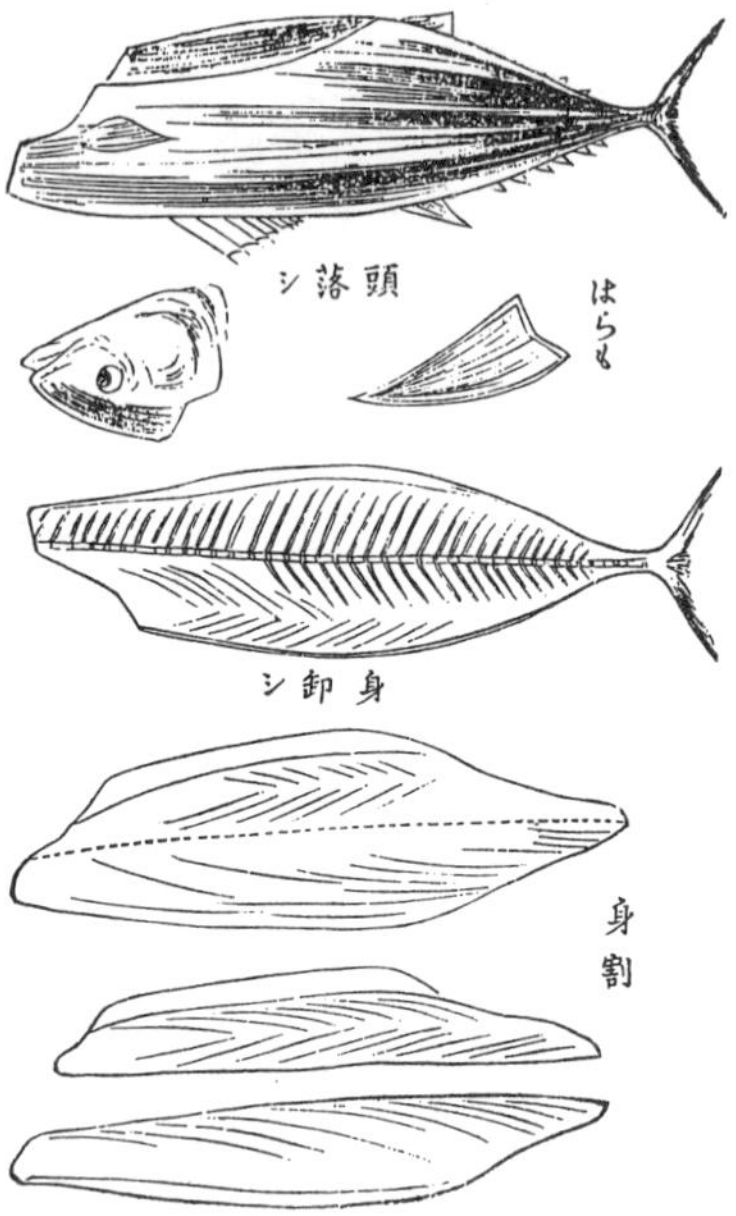

生切り（『水産製造論』石田鉄郎）

分けた切断面を下にする。

つぎに八〇度に熱した煮釜の中へ、何層にも連ねて煮籠を入れる。九七～九八度に上げてそのまま約一時間煮熟する。この加工段階の節を生利節という。

煮熟終了後は、釜から取り出して充分に冷ます。その後は水をはった骨抜きだらいの中で、表皮の一部と皮下脂肪を指でこすって除き、同時に頭部に近い部分に残っている大骨を全部抜き取り、おろし面を下にして蒸籠《せいろう》に並べる。

焙（燻）乾

地面を掘り下げて炉《ろ》を造り、その上に何層もの棚を設けた焙乾室にせいろうを運び、棚に載せる。よく乾燥したナラやクヌギ、サクラなどの堅《かた》木を燃やし、炉上を八五～九〇度とし一時間ほど焙乾する。これを水抜き焙乾（一番火）という。

その翌日に修繕をする。カツオの生肉と煮熟肉を一対二の割合ですりつぶして混ぜ、裏ごししたもので、このすり身を節の傷や亀裂に竹べらですりこんで、外形を整える。この作業を「そくい」「こすくり」などといい、動作を「そくう」「そくらう」「ぬる」などという。鰹節は形容が大切であることと、欠損部をそのままにして置くと身割れを起こすおそれがあるから行われる作業である。

煮熟

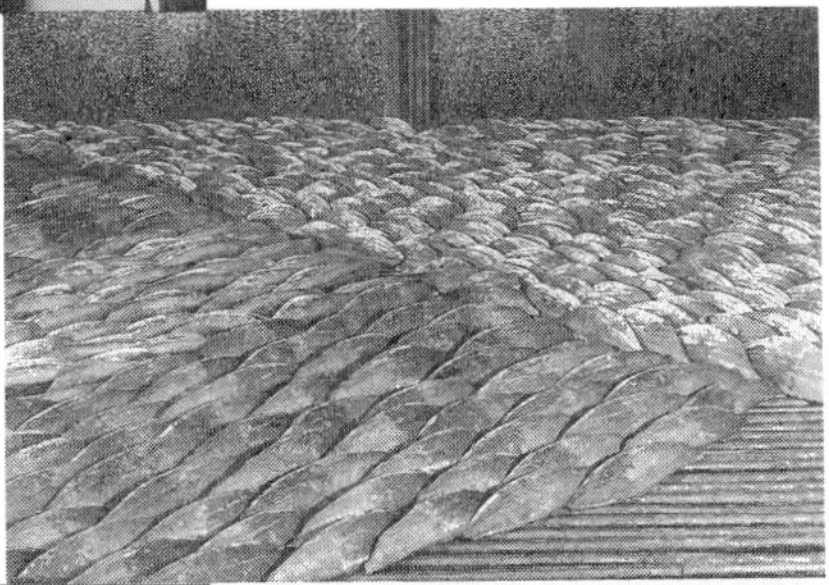

焙乾

削り

樽詰めによる
カビ付け

(日本鰹節協会提供)

つぎに二番火に入り、亀節は六〜八番火、本節は八〜一二番火まで行う。焙乾を断続的に行うのは、休ませる間にせいろうを数枚積み重ねて木蓋《きぶた》をして罨蒸《あんじょう》し、節の表面に内部の水分が浸出、拡散するのを待つためである。一気に焙乾すれば、内部の水分は閉じこめられ、表面ばかり堅くなって不均衡な製品となってしまう。

焙乾を終わった段階では、表面はざらつきが大きく、不整状なので、荒節《あら》、鬼節《おに》などといわれる。これを乾燥台に並べ、本節で三日以上、亀節で二日間、日乾《にっかん》する。

削り

その後二、三日箱に入れて放置し、浮いてきた水分で表面がやわらかくなったところで包丁《ほうちょう》で削る。その目的は、表面に付着しているタール分や油分とざらついた部分を取り去り、形状を整えることにあり、これにより害虫の侵入やカビを防いで耐久性を増し、香味も保存できる。削り方如何で形状が変わり、価格の上下に影響は大きい。削りは、煮熟と並んで最も熟練を要する作業である。昔はこれだけを専業とする削り職人がいて、カツオの北上により各産地の削り時季が違うので、南から北へ流れ歩いた。削り終わったものは、削り上り（茨城）、裸《はだか》（千葉）、赤むき（三重）、などの呼び名があるが、現在では裸節が通用している。

カビ付け

裸節を密封した木箱に詰め、二五〜二八度相対湿度七五〜八五パーセントの室《むろ》に入れる。約二週間して取り出すと、節の表面は青カビ（アスペルギルス属グローカス・グループ）で覆われる。これが一番カビで、開封後日乾して刷毛《はけ》でこれを払い落とす。充分に放冷した後再び箱に詰め、カビ付けを行う。この作業を三番カビまで人為的に行って、あとの四〜五番カビは自然の醸成過程にまかせる。回を重ねるごとにカビの色は灰緑色から灰色に変わり、ついにカビを生じなくなる。カビが節内の脂肪、水分を吸い出し、香味豊かな完成品となるのであって、これを本枯節という。完成に要する期間は三～四か月、歩留まりは本節、亀節共に約一六～一七パーセントである。

カビ付け期間は、一番カビで二～三週間、二番カビで三週間余り、以下一週間ずつ遅くなる。

前記説明中の「焙乾《ばいかん》」の用語のほか、明治大正時代の製法書を見ると、「燻乾《くん》」、「火乾」などが混同して使われている。現在、鰹節業界では燻《いぶ》す意味も含めて「焙乾」の語を用いるが、どれも同義語である。

2　鰹節さまざま

A　カツオの食用、利用法による分類（カッコ内は別名）

①生食……サシミ

たたき……生《なま》切り後にわら火であぶり調味する。

②生利節《なまりぶし》（生節《なま》）……生切り後に煮熟したものだが、長持ちさせるためには焙乾を多少加えることもある。

③乾製品　若節（新節）

荒節（鬼節）

裸節（赤むき）

一番枯節（上枯節、カビ付け一乾）

生利節（左から2，4番め），裸節（左から1，3番め）

荒節の亀節（日本鰹節協会提供）

本節　中央の２本が男節（背節），両端が女節（腹節）

亀節（日本鰹節協会提供）

本枯節（仕上節）

④塩蔵品　塩カツオ……塩蔵品

塩辛……内臓を材料としたものだが、江戸時代には、頭、肉をたたいて作ったものを指した。

酒盗《しゅとう》……肝臓を除いた胃の部分を塩蔵したもの

⑤煎汁《せんじ》（煎脂）……現在つくられているのは、カツオの煮汁を煮詰めたものだが、明治時代には鰹節を削って煮熟し、水が半量になったところでろ過し、固くなるまで煮詰めたものもこう呼んだ。

⑥腹身《はらみ》……生切りに際し、切り取った腹皮を塩干しする。はらも（生切りの図参照）。

⑦荒粕……肉以外の部分を肥料とする。

B　鰹節の形態による分類

本節《ほん》（仕上げ節）……大型カツオを三枚におろして、さらに半割りにして製したもので、一尾の魚から四本の節をとる。背側でつくったのを雄《お》（男）節、腹側でつくったのを雌《め》（女）節という。

亀節……小型カツオを三枚におろし、都合二本を製した場合の呼称

C　原料名による分類

鰹節……マガツオを原料とした製品名。戦前にはソウダカツオの製品も加えられたことが多い。

マグロ節……主にキハダマグロの幼魚であるキメジを加工してつくる。荒本節、荒亀節、血合抜きの三種に分かれ、主に削り節とされる。鰹節と並んで最高級品である。

ソウダ節……ヒラソウダ、マルソウダ、スマソウダを原料魚とする。関西では目近節と呼ばれる。枯

節も荒節もつくられ、削り節として需要が多い。香りは鰹節に近く、麺類用その他の食品加工原料とされる。

サバ節……ゴマサバ、ヒラサバを原料とする。形態としては丸と割があり、枯節もあるが、やはり削り節とされる。香りはあっさりとしてだしにはこくがある。

ムロ節……ムロアジを原料とする。削り節とされ、香りは薄く味はまろやかである。

ウルメ節……ウルメを原料とする。西日本でよく使われるだしの主原料である。ソウダ節、ムロ節と共に麺類用だしとなる。

イワシ節……原料はカタクチイワシとマイワシが使われる。煮干しと同様にカタクチイワシがよいとされ、だしは黄色味を帯び、味、香りとともに生臭さなどのくせがあり、みそ汁用とされる。

D　削り原料による分類
花鰹……本節や亀節を削った場合だけにこの呼称を使うように定められている。

削り節……雑節を削ったもの

Aの③乾製品の説明
堅魚《かつお》……古代用語、生切り後、日乾したもの。

煮堅魚……古代用語、生切り煮熟後に日乾したもの。

　現在は焙（燻）乾が製造の必須条件だからこのような乾製品はつくられない。

若節……生切り―煮熟後、二回程度焙乾したもので、水分が多く軟らかい。生利節より若干硬い、食べる鰹節である。戦前には市場に現れることは少なかったが、産地では昔から食べられており、美味である。戦後になってからは土産物として盛んに用いられるようになった。準生物《なまもの》だから早く食べたほうがよい。

荒節……生切り―煮熟後、焙乾と罨蒸《あんじょう》を八回程度繰り返す。仕上節へ向けた第一の半製品だが、削って花鰹としても使われる。モルジブでは一回の焙乾後十分に日乾して完成品とし、砕いて粉にし、食用とする。

裸節……荒節の表皮を削ったもの、西日本各地ではこのままを食用とすることが多いが、仕上節（上枯節、本枯節）へ向けた半製品でもある。

上枯節（青枯節）……土佐節、薩摩節の大阪市場方面へ向けた場合の製品として出現したものである。充分に焙乾した上で青カビを付け、以後は徹底した日乾によって悪カビの付着を防いだもの。青枯節の名称は新造語で、それ以前には「一番枯」「上枯節」と呼ばれ、土佐では明治時代までは「カビ付け一乾」と呼んでいた。

本枯節……上枯節を以て完成とせず、四、五番カビまで付けて堅固に仕上げたもので、仕上節ともいう。完成までに九〇日ばかりを要し、製造費用もかさむ。

技術交流の進まなかった明治二十年ごろまでは、裸節、上枯節、本枯節が、それぞれの産地と消費先で「鰹節」とみなされていた。明治初年の博覧会の記録によれば、当時の重要産地における、各主力商品はつぎのとおりであった。

伊豆、駿河……本枯節（ただし、三番カビ付けまで）

土佐、薩摩……一番枯節（上枯節）

南西諸島……裸節
志摩半島……裸節
紀伊半島……裸節

右以外の産地については記述はないが、千葉県や東日本産地の主力製品は本枯節であり、西日本の産地は裸節をつくっていた。西日本産地が地元へは裸節を、大阪方面へは一番枯節を送り（ここまでは江戸期以来だが）、東京方面へ向けて本枯節を送りだしたのは、明治四十年以降のことである。

なぜこのような差が出たのか。注目したいのは、鰹節製造では最古の歴史を持つとみられる南西諸島や紀伊、志摩両半島の大部分が、明治年代まで裸節をつくり続けていたことである。これはその産地周辺と製品の輸送先では、裸節を最良の製品とみなしていたからである。

つぎに土佐、薩摩産地が一番枯節をつくっていた理由は、次のように考えられる。両産地の製品のおもな仕向先は大坂である。海路はるばる大坂まで送られるとき、裸節だと時の経過や輸送途中の波しぶきなどにより、どうしてもカビが吹いてしまう。仕入れた鰹節の仲買や問屋は、商品価値を損なわないよう、その手入れに幾多の苦心を重ねた末に、カビにも善悪があり、青カビをつけてから日光で充分に乾せば、悪カビに悩むことはないことを知った。それ以来、大坂の鰹節問屋から産地へ向けて、悪カビ退治のために青カビをつけて後、充分に日乾した製品をつくるようにとの要求が出された。これが大坂方面において一番枯節需要の生まれた原因で、その時代は少なくとも元禄のころまでさかのぼるものと推察される（第八章4参照）。

その後、大坂から江戸へ向けて鰹節輸送が活発になり出したのは、悪カビ退治に一応の成功をおさめた新製品が登場したためである。しかし大坂からさらに江戸へ向かう長途の海上輸送にはなお多くの日数がかかるので、一番枯節ではなおカビが吹く。江戸の鰹節問屋は商品を受けとると、船中で付着したカビを拭きとり、保管したが、またカビが吹いたのをさらに拭きとり、ようやくその難を避けられた。そうしているうちに、カビを何度も拭きとった鰹節は、うま味を増し、生臭さが減ることに気付いた。江戸の鰹節問屋は、直接の仕入れ先である伊豆へこの情報をもたらし、少なくても三番カビまで付けた新製品の製造を要求した。土佐の与市（第八章7参照）によって、土佐製法をも採り入れた伊豆の製造家は、江戸の鰹節問屋の要求を難なくこなして、先進地土佐の鰹節とは違った独特の伊豆節を生み出したのである。そしてこの伊豆式製品が基本となって、明治四十年代には四～六番のカビ付けを施した本枯節が出現し、東日本一帯にまんべんなく需要範囲を広めていったのである。

本枯節が鰹節だと考えるのは東日本の見方だが、東京を中心とする東日本の鰹節需要が日増しに多くなると、西日本の産地でも東京向けには本枯節を製造するようになっていった。そしてついに本枯節が、鰹節の究極の製品だとする見方が、とくに鰹節製法を研究する学者の間で支配的となっていくのである。

明治四十四年出版の『鰹節の製造』は、東京の鰹節問屋の依頼によって書かれたもので、多分に東京を中心とした消費動向を反映して左のとおり記している。

「節は、本枯となしたる後、販出するを常規とすれども、商機により或は運転資金を得んが為、一番カビ付け後、或は二番カビ付け後、甚しきは荒節または削り後直ちに販出することあり。尚新節の出初めは、一番カビにて直ちに販出するを常とす。又三重県にて赤むきと称し、カビ付けを行はず、削りたるままにて販出し、津、名古屋等の需要地にては、却て赤むきを歓迎する傾向あり。然れども鰹節として斯の如きものは不完全のものとして、品位の劣等なるものと謂はざる可らず。故に鹿児島県及び小笠原島にては、組合の規約によりカビ付け前の乾燥不完全なるものを販出することを禁ぜり。」

同書は、「製品の優劣を決定すべき条件」としてまっ先に「香味佳良」なことをあげている。それに加えて、「形状の良好なること、節肌の美なること、乾燥の適度なること、煮汁液の清澄なること、修繕箇所の少きこと」の五条件が必要だとしている。これらのうち煮汁液の清澄なることを除けば、裸節でも手入れを良くすることによって充分に諸条件を充足することはできる。

同書はさらに「東京市場は、大阪市場に比して概して優品多く集合す。之れ東京市及び東京市場を経て転売する上野《こうづけ》、下野《しもつけ》、甲斐、信濃地方の需要者は、関西地方に比し、優品を好んで需要すればなり」と説いている。長期保存の可否、高価な贈答品としての適否等まで総合すれば、本枯節に落ち着くというのが、この本に限らず当時あいついで出版された鰹節製造に関する学術書の一般的な見方であった。しかし裸節は格落ちとしても、本枯節と一番枯節は、東西に需要を二分しており、明治年代に開かれた各種の博覧会では甲乙ない評価を得ている。そこに東西日本の商品としての鰹節の見方に基本的な差のあることが明らかとなっているのである。そしてその傾向は、現在に至っても変わりなく、西日本では本枯節の需要はごく少ない。削りが主流となったので、東日本ではカビ付けした鰹節、雑節の、西日本では裸節や荒節のままの鰹節、雑節の削りが好まれている。

3 色・香・味・栄養価

鰹節とは削って袋につめてあるものだ、と考える若い人たちが増えている。削ったものは「花鰹」であって、本体は両端のとがった棒状で、船型をしている。戦前には「梭《ひ》」型をしている、といえば「ああそうか」と納得したものだが、今では機織《はたおり》を見る機会はなくなったので、船型と表現するのが適当であろう。

東京晴海の鰹節センターの前で、これを天日で干していたら、通りかかった女子中学生が、「この木の切れはしは何なの？」と不思議がったのだから、時世は変わったものだ。

中年以上の人たちは、ごく最近まで削り箱があるのを見たり、削らされたりした経験があり、「鰹節」と聞いて思わず郷愁にひたることもあるだろう。それが急速に影をひそめたのは、昭和三十年代からはじまったインスタント食品ブームであり、またそのころから女性の職場進出が盛んになるなどして、母子ともに〝母親の味〟に親しむ機会の薄れていったことも影響していよう。

だが、鰹節の本体を知らなくなった若者でも、花鰹の類はよく知っているし、鰹節が美味の素だとの認識はもっている場合が多い。鰹節が長年月にわたって日本人の食生活の中に根強く生き続けてきたからである。また化学調味料にはない、色香の美しい味つけ素材であり、日本料理に不可欠となっている醬油との調味性の良さでは、何にも増して優れるなどの独特の長所を持つからでもある。さらにまた栄養価が豊かだから、おいしいだけでなく食べて充足感を得るからでもある。

鰹節のうま味のもとが何かにつき、『魚』（東京大学出版会）は、各種の実験の結果に基づき、次のように説明している。

「いまからおよそ五十年前にさかのぼるが、小玉新太郎氏はかつおぶしから分離したイノシン酸とヒスチジンから塩を造り、これが濃厚なうま味を呈することを指摘した。それ以来、かつぶしのうま味の主成分はイノシン酸のヒスチジン塩であるとされてきた。」

と書いた上で、ヒスチジンの役割を調べるために左のとおり、二〇名の検査員による実験の結果を紹介している。

試料Ⅰ　イノシン酸＋アミノ酸

試料II　アミノ酸
試料III　イノシン酸
試料IV　イノシン酸＋アミノ酸－ヒスチジン
試料V　イノシン酸＋ヒスチジン

「試料IとIIでは二十名が一致してIがうま味が強いと判定した。アミノ酸については約半数が味を感じないとし、数人はごく弱い酸味または苦味を感じるとした。試料IとIIIでは十八名が、Iの方がうま味が強いと判定した。」「この二つの試験結果を総合すると、アミノ酸単独ではほとんど味を示さないが、これにイノシン酸が加わると、イノシン酸単独の場合よりうま味が強くなることがわかった。」

約五〇年前の小玉新太郎氏の実験により、鰹節の主成分はイノシン酸のヒスチジン塩であるとされてきた。これについては「試料IとIVを比較したところ、そのうま味は互角だと判定された。試料IとVを比較すると、Vを美味とする者は全くなく、過半が試料Iの方がうまい」と判定した。

これらによって『魚』は、鰹節のうま味、イノシン酸のうま味はアミノ酸によって増強されるが、それは遊離アミノ酸の約八〇パーセントを占めるヒスチジンではなく、量的には少ない他のアミノ酸によるものと説明している。しかしこの実験がヒスチジンの役割を中心に調べたものなので、イノシン酸のうま味を増強させるアミノ酸が何であるかまでは言及していない。が、「イノシン酸とグルタミン酸の間には、うま味の相乗効果があるので、かつおぶしのうま味の形成にも、この二つの成分が中心的役割を果たしていると考えてよいであろう」と結んでいる。ちなみに「かつおぶしだしのうま味試験」に際しての試験液の組成をみると一〇〇ミリリットル中にヒスチジンは九〇・九ミリグラム、量的には少ないアミノ酸の部類に属するグルタミン酸が一・三ミリグラム、イノシン酸一九ミリグラムと計算されている。

鰹節と並んで、美味の素であり、栄養も豊かな調味料として引合いに出されるのはコンブだが、このほうは海中から採り上げて乾しあげるだけだから、大きな世話はいらない。ところがカツオの場合は、獲ってきて乾し上げればよいという単純なものではなく、以下に述べるとおり複雑な製造工程を経て完成される。それぞれの工程を経るごとに、上質品となっていくものである。

カツオは本来うま味の成分を多く持っているが、煮熟によって味は薄くなる。ところがこれを乾燥させる過程で蛋白質に変化が生じて、しだいに濃厚な味が出てくる。これに焙乾を加えると、使用する燃料の煙から発生する成分のうち、フェノール類の作用によって快い芳香が付与され、各種酸類の作用により酸味も生じるほか、酸化防止効果も大きく現れる。

だが、まだこれだけでは生臭みは消えないし、長期保存中には悪カビにより腐敗するおそれもあるので、良いカビを付ける工程を加える。鰹節のカビには十数種あり、そのうち良いカビとして知られるものには、

アスペルギルス・グラウス（クサイロカビ）　緑色
　右の変株　（カツオブシカビ）　緑色

等があり、共に緑色を呈する、悪いカビとしては、

アスペルギルス・フラベセンス（キイロカビ）　黄色
アスペルギルス・スルフレウスの変株　黄色

等があり、黄色その他の色合をもつカビは、概して不良ということになる。

緑色のカビが裸節の表面を覆うと、脂肪を分解して生臭みを取り去り、香味をよくし、だしに使ったときに汁を清澄にする。カビの酵素力により蛋白質が分解されてうま味を増す効能があるとされている。ま

た、生地枯れを防止し、節肌の外観を良くするのは確実だといわれる。

カビというと悪い印象が浮かびやすいが、味噌や醬油もカビのお蔭でおいしく出来上がることがよく知られているように、鰹節によいカビが付くと右のとおりよい働きをするのである。管理を誤ると悪いカビが付いて腐りの原因となったり、完成品でも空間ができていると悪いカビが繁殖することにもなるので、業者はつねに注意を払っている。

鰹節は、いうまでもなく良質の蛋白質の固まりである。一〇〇グラム中の蛋白質は七七・一グラムに達し、エネルギーは三五六カロリーと、魚介類中では最高の部類に属する（サバ節が四一一カロリーと多少多い）。骨や歯を作る成分のリンも多く、心臓、筋肉機能を調節するカリウムも魚類中最高の部類である。ビタミンB_1、B_2も比較的豊富であり、胃腸管の働きを正常に保ち、皮膚を健康にする働きのあるナイアシンは断然多い。その昔の人々が、精力剤と見なしたのももっともなことだったのである。

4　その他の節類

カツオを獲るために黒潮の中まで乗り出すのは、江戸の帆船時代には困難を極め、黒潮の縁辺での漁撈がやっとだったから、漁獲は少なかった。むしろ海岸に近付くソウダカツオが容易にとれたので、その昔から節に製されたらしい。その製品が似ているから、鰹節と表現される中にソウダ節が含まれていたことは考えられる。現在でもかつてのカツオ漁業の大基地だった高知県や和歌山県では、沿岸からカツオ群が遠ざかり、その漁獲は激減したが、ソウダカツオの漁獲は多く、節に製している。

明治時代の記録によれば、鰹節の値が高いので、ソウダ節のほかメジカ節、サバ節、マグロ節、イワシ

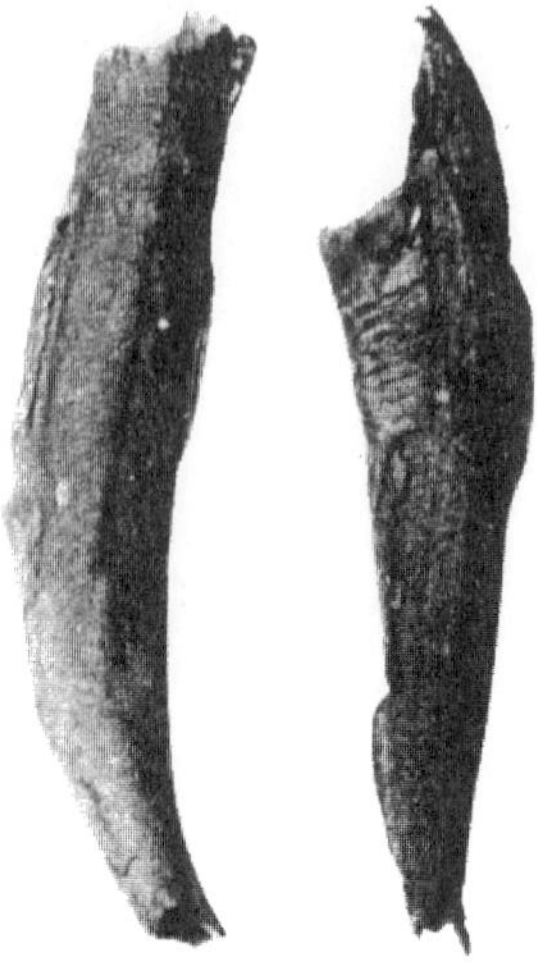

イワシ節

マグロ節

ソウダ節

サバ節

節、サメ節などがつくられたとある。マグロやサメ（ネズミザメ、ウバザメ）などは大型なので、四片としてから筋目なりに適宜に細切して後、鰹節と同様の方法で製した。一尾から多くの節を製するので「万割」と呼んだ。メジカはカツオと共に獲れることが多いから、鰹節同様に製されたことであろう。

マグロ節は、現在鰹節と同格に高く評価されている。だが、明治十八年出版の『貿易備考』（大蔵省）には「しびぶし」（しびはマグロの古称）の名で載り、鰹節にくらべれば低く見られていた。江戸時代の『日本山海名産図会』に鰹節のにせものと記されており、江戸後期には庶民の間で用いられていたものである。明治二十五年の農商務省統計には他の雑節の固有名はなく、「鮪節」だけが載せられている。鰹節の生産高の一割に過ぎないが、産地は宮城、岩手、神奈川、千葉、茨城、静岡、三重、石川、島根、山口、和歌山、愛媛、高知、大分、長崎、宮崎、鹿児島の一七県に達している。同統計には鮪節の半分以下だが、一括して「雑節」の名称でその生産高が載せられている。生産県名は、鮪節とほとんど同じである。マグロ節は別として雑節の製造が目に見えて増えたのは明治を迎えてからなのである。例えば後のサバ節の名産地、屋久島がサバ漁業を開始したのは、明治十五年ごろである。

5　モルジブ共和国漁業概観

過去、現在を通じて、世界の中で、鰹節をつくり、その食習が広範に普及している国は、日本とモルジブ以外にはない。明治二十八年以降約五〇年間、日本の統治下にあった関係で、台湾では東岸の花蓮港を中心とする一帯、南部の高雄周辺などで、メジカ節が主としてつくられ、湯豆腐に削ったのをかけるなど、わが国同様の食べ方が残されている。近年ソロモンやインドネシアの一部で鰹節を造っているが、日本の影響によるものであり、日本向け輸出が主で、現地の食習には関係がない。

もっともインドネシア方面には、カツオを含めた魚類の燻・焙乾法が古くから発達しており、この食習はある程度普及している。またカツオを煮た煎汁も、魚醤もよくつくられ、調味料として使われている。だがカツオを用いる製品の普及度は、日本やモルジブにくらべてそれほどではないようである。このほかモルジブ鰹節の有力な輸入国であるスリランカでは、昔からその食用が盛んだが、製造が開始されたのは外貨事情が悪くなって、一時的に輸入を差し止めた一九八二年以降のことに過ぎない。

なぜ日本とモルジブだけが鰹節をつくってきたのか、両者に関係があるのか、等々を探るためには、モルジブの鰹節の過去現在を一望する必要がある。その淵源をたどっていくと、驚くことに日本の鰹節出現時期よりはるかに早いことが明らかになっている。太平洋の東に位置する日本列島と、はるか遠く八〇〇〇キロメートルの彼方、広茫たるインド洋上の中央に展開するモルジブ群島とは、あまりにもかけ離れた存在である。昔から政治、外交、経済、文化等の各分野にわたって、交渉のあった形跡は見られず、人的、物的の交流記録もないに等しい。にもかかわらず、カツオ漁業と鰹節製法に関しては、はるかな昔に間接的ではあるが交流の行われた蓋然性はかなり高いといえそうである。

モルジブ群島に人が住みだした最初は、ごく最近の考古学的発見によって約三千五百年前であると考えられるようになった。最初の移住者はインド大陸やセイロン島を通ってきた、アーリアン系の人々で、後年コイマラという名で知られるアーリアン人が最初の王となった。その後はかり知れないほどの歳月が流れるうちに、アラビア、ペルシア、東アフリカ、マダガスカル、マレーシア、インドネシアとの貿易が行われ、これらの国々の人々との接触が、モルジブの民族や文化の成立していく過程で、それぞれに大きな痕跡を残した。またアラビアとインドは、この国の言葉と文字が形成される上で重要な役割を果たしている。

モルジブ国の記録には長い空白の期間があるが、一三四三年にモロッコのタンジール出身の旅行家イブン・バトゥータ（Ibn Batuta）が来島し、一八か月の滞在を基として、正確な記録を残した（後述）。十九世紀に入ると、イギリスの海軍軍人やフランスの船員等が来島して詳細な記録を伝えた。これらによれば、インド洋を航海してマラッカや中国との航路を開いたアラブ人により、モルジブ群島は発見されたとある。またアラブ人はモルジブを海のシルクロードの中継地として利用し続けた結果、その文化の全般的な影響がモルジブ人に及んだという。

最も重要な変革は、一一五三年にモルジブ王がそれまで全土に普及していたインド仏教に代えて、イスラム教信仰を宣言したことである。それより二〇〇年後の十四世紀にはマラッカ王国が、十五世紀にはインドネシアが、それぞれイスラム教に改宗して、モルジブ王国との関係はいよいよ近いものとなった。これによりアラブ人のモルジブ、マラッカなどを中継基地とする、中国との海のシルクロード貿易はますます盛んなものとなるのだが、これらの東西貿易の発展は、わが国の鰹節製造史と無関係のものとは考えられないのである。

モルジブ群島は、スリランカの南方、インド洋上に、赤道をはさんで南北に長く、約九〇〇〇平方キロメートルの海域に点在する、一千二百余の島々から成り立っている。一見すると無造作に位置しているようではあるが、実は島々は小集団に分かれ、それぞれに弧を描くように規則的に並んで環礁を形成しており、各環礁は精細な地図によって見れば、二つの首飾りを上下につないだような楕円形を呈している。つながれた首飾りは大小二〇個もあってモルジブ群島を形成し、政治的には一九五七年に独立したモルジブ共和国を構成している。

各環礁内には、住民のいる島が平均して二〇ばかりある（一千二百余島中約二〇〇島に達する。最近は無人島もリゾートの島として開発されつつある）。全島がサンゴ礁により造成された、海抜一〜二メートルの低平な島であり、周囲にはラグーン（礁湖、人の背が立つ浅瀬で、海水は清澄であり、コバルト色を呈する）が発達し、美しい眺めではある。だがごく小さな島ばかりで、淡水は少なく農耕には適さず、現地自給の可能な主要食物資源となるのは、栽培するココヤシ、パンの木等数種に満たない。動物性食料は、家畜としてわずかに鶏が見られる程度で、ほとんど魚類に依存している（大シャコ貝や美麗・珍奇な大小の貝類も多種類が見出されるけれども、日本のアワビ、アサリ、ハマグリ等のように大量に採取でき、食用として価値高い貝類は見出されない）。

あくまでも澄み切った海水が南国の太陽を浴びてラグーンの上で照り映えると、サファイアやエメラルドのような輝きを見せ、その中を色とりどりの美しい熱帯魚の遊泳する有様は、人々を夢幻の境地に誘いこむ。人が近づくと親しげに群がって来るほどに恐れを知らない、この愛くるしい小魚たちにとっては、ラグーンはエサとなる無数のプランクトンの生息地でもあり、まさにパラダイスであろう。

しかし漁民によってカツオ釣りなどのエサとして必要とされる八種類の小魚群（レヒ・ホンダリ・ニラメヒ・ムグラーン等々――以上モルジブ名）にとっては、漁船のラグーン出漁は地獄図絵の始まりとなる。熟練した漁民により一網打尽とされ、赤道海流の激しく走る漁場に運ばれるのである。

モルジブ共和国は、国土はほんの三〇〇平方キロメートルに過ぎないが、その三〇〇倍もの広大な海域に豊富な漁業資源を有するために、漁業経済を頼みの綱とする国となっている。総国内生産の約三分の一は漁獲高であり、労働人口の四〇パーセント以上は漁民が占める。漁業は首都マーレを除けば群島の圧倒的多数の人々の主要生計源となっている。魚は、家庭消費用と国内市場（主に首都マーレ）向けと輸出向

首都マーレのカツオ市場

マーレ港に水揚げされるカツオ（立川汎氏撮影）

けに獲られている。
　一九八五年における魚類の水揚げ高中、輸出割合は生魚で二七パーセント、塩魚、缶詰、鰹節で二九パーセント、合計すると五六パーセントに達し、国内消費高を上回っている。重要な外貨獲得源となっていることが明らかである。なお日本企業が進出していた当時は、日本向けのカツオ、マグロの冷凍魚の輸出が盛んで、最盛期の一九七九年（昭和五十四年）には、日本企業による輸出高だけで四六パーセントをあげている（昭和五十六年より撤退した）。
　一九八五年における水揚げ高内訳は表1のとおりである。

表1　1985年度魚類別水揚高

	'OOOM. TONS	%
カツオ	42.6	69
マグロ	11.2	18
リーフ魚	8.1	13
合計	61.9	100

表2　1985年度魚種別輸出高

		'OOOM. TONS	%
生	生魚	17	
加工	鰹節	4	23
	塩鰹	5.4	30
	塩リーフ魚	5.7	32
	缶詰（カツオ・マグロ）	2.6	15
		17.7	100

注　モルジブ共和国漁業省資料による。

魚類別水揚高でみると、カツオが六九パーセントと圧倒的に多く、続いてマグロ、サバ類が一八パーセントで、その他のリーフ魚（環礁内のラグーンでとれる小魚類）などは一三パーセントに過ぎない。カツオだけで約七〇パーセントの水揚高は、世界中にも類例がない。カツオを重視し、親しみ続けたと自負するわが国も顔色なし、というところである。つぎに魚種別輸出高では生魚と加工魚がほぼ同量となっているが、生魚は冷凍のカツオ、マグロ類で占められ、加工魚も鰹節と塩鰹を合わせて五三パーセント、カツオ、マグロの缶詰で一五パーセント、合計すると六八パーセントに達する。カツオ、マグロの生魚、加工魚を含めた輸出高は全量の八三パーセントに達しており、両種の、なかんずくカツオの重要性が、この国にとって、けた外れに高いことが理解されよう。

モルジブ群島は赤道海流に取り囲まれており、各種の回遊魚類が来集し、リーフ魚類も多い。先に記したように、植物性食料に恵まれず、魚に食料を依存せざるを得ない自然的要因がある。その中でずばぬけてカツオが多く用いられているのは、保存食として、また食事をおいしくする上で好適であると、古くからどこの国でも想像の及ばぬほどに高く評価されてきたからである。

6 モルジブの鰹節製造状況

温帯に位置するわが国より約二〇〇年も前から、熱帯地方のモルジブで、ことさらに火を使うカツオ燻乾法が発達したのはなぜか。カツオの干物には生食とは違う美味のあることの知られたのが第一の理由だが、干物から鰹節にまで進んだ理由は味だけではなさそうである。同じ熱帯地方にあって、カツオに限らず各種魚類の燻乾法、焙乾法の発達している東南アジアを見て回り、文化人類学に関する記録映画を撮影し続けている岡田道仁氏が、「なぜ魚をいぶすのか」と質問したところ、「虫よけのためだ」との返答を得たという。獲れ過ぎた魚の一時的保存法としては塩干魚にするのが最適だが、熱帯地方の場合には直に天日乾燥を行えば、いろいろな虫に食われることが多い。温帯日本の鰹節ほどに念入りにつくっても、過去において虫食いの被害に悩んだほどだから、熱帯地方では手軽な駆除方法として燻乾を行うのは理にかなっている。

モルジブにもあり来たりの害虫として蝿や蚊が多く、蚊は鰹節製造作業や台所仕事の妨げとなり、蝿はうじ虫発生の原因となる（この他の害虫の有無は、判明していない）。インドネシアのようにこれらの害虫駆除が目的で燻乾が始められたと断定する根拠はないが、漁民の家は住居と炊事兼鰹節製造小屋とは別棟となっており、その小屋は燻乾を主目的として建てられている。五メートル×三メートル程度の広さで、五分の三は炊事場で一隅に食器類を置き、土間で調理する（戸外でも調理する）。五分の二は燻乾場で、幅三メートル、奥行一メートル、高さ三メートルで、その中間にヤシの葉の幹をタテに並べて編んだ簀の子が置いてある。上部は高く伸びて低目の煙突状をなし、煙出しが外部に開いている。

簀の子の下には三個のかまど（石を並べてある）がしつらえてあり、ここで煮物もすれば、簀の子の上の魚をいぶすための焚火も行う。簀の子を置いた主目的は、もちろん魚の燻乾にあるが、調理された料理、食べ残しのチャパティー、リハークル（後出）まで、何によらず置く習慣のあるのは、やはりその始まりは虫よけが目的であったのではないかと思われる。ここには猛威を振るう蝿、蚊の類も近寄り難く、安心

モルジブの燻乾小屋

燻乾小屋の内部（立川汎氏撮影）

して鰹節づくりに打ちこめるし、食物の保存所とすることもできる。

燻乾を十分に施して、うじの発生する余地が少なくなってから日乾を行い、堅い鰹節に仕上げる。その工程について八十余年前、日本の焼津とモルジブで鰹節製法を調査した、英人の海洋人類学者ジェームス・ホーネル（James Hornel）は、左のとおり述べている。まずモルジブについては、

「各人のカツオの漁獲は、一分間平均でまず一尾というところである。魚群が多くて思う存分釣れる場合には、二、三時間で六〇〇～一〇〇〇尾も釣れる。夕方船が帰ると船の所有者は百分の二一を取り、残りは船員たちで分配する。

各人が家に持ち帰り、家族の女たちに渡すと、生で食べる分以外は、煮沸、煙によるいぶし、日干しを含む非常に複雑な手順によって加工されるが、これらはすべての本質的な点で日本で行われている手順と同じである。

頭をはねてきれいにした後に、魚は背中から二つに裂かれ、さらにタテに二つに割られる。これらの切り身は水を二回換えて洗われ、ついで長時間煮沸される。翌朝それらは浅い盆（せいろうの意）の上に載せられて、くすぶっているココヤシの実の殻、その他なんでも手に入る燃料の火の上に置かれる。完全に煙でいぶったのちに、その切り身が見ると暗褐色のマホガニーの小さな短い木片のように感じられるまで数日間太陽で乾燥させる。十分堅いと考えたとき、これらは袋に貯蔵されるが、船積み前のかなりの時間それらを手元に留めておかねばならないとき、もしごくわずかのカビの兆候でも現れようものなら、袋から取りだしてさらに日干ししなければならない。」

日本の焼津での製造状況については左のとおり述べている。

「この珍奇な商品はどのようにして製造されるのか。答を聴取するには若干の忍耐が必要である。

というのは、その製造工程に多くの段階があるからである。わたしはそれが完成するのを焼津で見たとき、すでに述べたように前夜に船で運ばれてきた魚で午前六時に始まった。洗練された礼儀正しい(われわれ自身の国では受けることが期待されそうもないところの!) 製造家は、わたしが到着するまで作業を始めるのを遅らせていた。

魚は氷の塊まりが浮いている、水の張った桶の中に入れられていた。一人の作業員が一つ一つ魚をこの桶から引き上げて、頭を切り落として、はらわたを抜いた後に、再び氷水がいっぱいのもう一つの桶にほうりこんでいた。第二番目の作業員は頭のないそれぞれの魚を裂いて二つにし、背骨と鰭を切り取っていた。その後これらの半分は、タテに二つの切り身にされ、魚はそれぞれ四つに裂かれた。次に切り身は簀の子の敷かれた、円形のせいろうにびっしりと並べられる。その盆が何枚も重ねられて、深い釜の中で四〇分ばかり煮られ、時々冷たい水が加えられて蒸発による水減りを埋め合わされていた。煮沸が充分な時間続いた後に盆が取り出され、できるだけ早く冷却するために冷水の大桶の中に移された。冷たくなったとき、水ぶくれになった皮膚、粘着した脂肪や骨などがこすりとられた。この後にそれらは焚き火の上で長時間いぶされた。」

ここまでの製造工程は、精粗の差はあるが、両地ともに全く同じである。これによって得た製品は、日本でいうところの荒節、鬼節で、モルジブでは完成品とするが、日本ではさらに表面のざらついている部分を削りとって第一次製品(黒節、裸節)とし、その上でカビ付けを行って第二次製品(完成品で、本枯節という)とする。ホーネルはこの工程につき左のとおり説いている。

「こうした方法でそれらは乾燥して堅くなるが、なお多くの注意深い取扱いが必要である。茶、ココア、その他いろいろのわれわれの普通の食料品のように、発酵過程を経ねばならない。

第一の段階は、いぶされた切り身が、乾いた箱の中に置かれることでいくらか軟らかくなったところで、入念な仕上げ工程に入る。これは長い年季奉公を要する精巧な仕事である。数人の男たちが少なくとも一二本のナイフを用意し、彼らの仕事台の上に置いた。いくらかのナイフの先は一方に曲っており、他のものは鋭い三角の先となっていた。

カツオの切り身のいぶされた表面は、実に注意深く極端に薄く削りとられていく。窪みや裂け目は、すべて細心の注意を以て掻き取られる。この徹底的な清掃の後に、裂け目は削り屑から作った練り物で埋められる。最後にそれらの切り身を完全に乾燥させるまで、一日から二日間、太陽に干す。各片をきれいにするのに充分に時間を要し、一日一〇時間働くとして作業員一人一日六〇本しかできないとのことであった。

鰹節を天日で干す

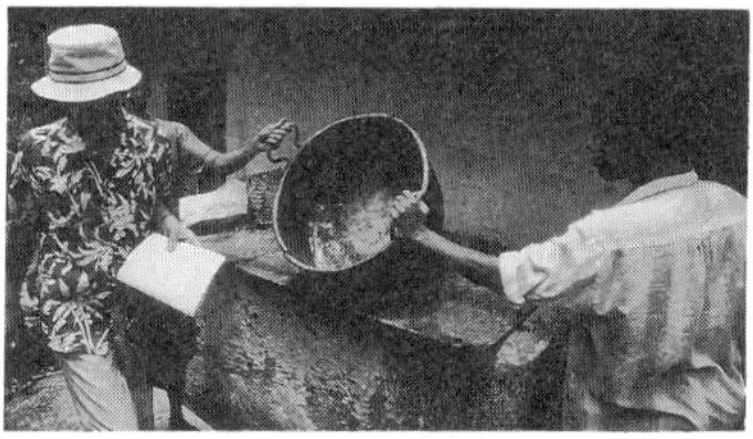

カツオを煮る鍋

鰹節を鉄筒中で叩きつぶす（立川汎氏撮影）

さてそれから市場に出せるのか。なかなかそうはいかない。それらは次に青いかびの生えるまで密閉された箱に入れられ、そして再び太陽で乾かされてかびをハケで落とす。そしてまた再び箱に入れられ、第二番目のかびが生える。この時は白いかびだとのことである。それが現れるとそれらの品は一日太陽に干され、かびをはけで落とすことなく再び箱に入れる。そして新しいかびが生えなくなるまで、この処理が三、四回繰り返される。新しいかびが現れなくなってはじめて完成したわけで、市場に出すことができる。」

彼の観察は、異国の門外漢とは思えぬ精密なもので、当時の日本の鰹節製造工程を丹念に追って、ほぼ正確な報告を残している。現在でも家内工業的に営まれるところでは、この報告記とおよそは似通った方法でつくられている。それと同様にモルジブの製法も、ホーネル来訪時と変わりはないように見える。変化したのはヤシの葉と木で建てられていた製造小屋兼炊事小屋が、サンゴ礁を砕いてレンガ状にし、セメントを接着材として造られた新しい小屋に変わったことくらいであろう。

マナ板の上で、頭と尾を切り離し、背鰭《ひれ》を切り取り、腹わたを取り出してのち、三枚に卸し、さらに骨を去ってから半分にタテ割りにするのは、日本と全く同じである。これを日本の釜の四分の一ほどの大鍋で充分に煮てから、燻乾所の棚に並べ、丸三日から七日間いぶす。燃料はホーネルの見たのと同じく、ココヤシの実の殻やヤシの茎、その他島に生えている灌木などを使うが、首都マーレには輸入した薪木市場があるほどで、原生の灌木は豊富にはない。

焚き口では日常の食事の煮炊きもなされ、夜寝る前には充分薪木を補充して燻乾をほどこすが、当然夜明けには燃え尽きているのでまた薪木を補充する。この煙熱や朝食の用意で煮炊きの行われた煙でも燻乾される。その後三〜十日間、日光に干すと堅くなって仕上がりである。魚の大小や製造条件によって異なるが、約一～二週間で完成するという。荒節が完成品である。

7　モルジブ、スリランカの鰹節食

モルジブ語で生カツオは、カルビラ・マス（Kalhubila mas）という。生では食べられないが、ぶつ切りにしてカレーに入れる。鰹節製造過程で、三枚におろして取り去った骨に付着している肉は指できれいに取り集め、直径三～五センチメートルのだんごにして、たっぷり入れた塩水の中でじっくりと煮詰める。汁が煮こごるまで煮詰めるところは、日本の煎汁製法と似ている。日本の場合はカツオを煮てから取り出して、いわば藻抜けの殻を煮詰めたものだから味の落ちるのは当然だが、モルジブのは肉だんごの汁の煮こごりだから、カツオの肉の一部分が溶け、そのエキスが十分に出ていて実にうまい。このだんご汁をリハークル（Rihakl）という。だんごは食べ、煮こごりは味つけに使う。

モルジブのカツオ燻乾も、大量に獲れたときに虫除け、腐敗防止のために始められた、最適の保存法だと考えてよかろう。カツオは生でも日干しでも、他の食物の味わいをよくするものとして喜ばれていたが、燻乾すれば一層おいしくなることも知られていたのである。燻乾を一日間行ったもの……日本の生利節にあたるものをワロー・マス（Valho mas）と呼び、小さく切ってカレー材料とする。カレーづくりは、まず生唐辛子、胡椒のほか約二〇種の香辛料を刻み、混ぜ合わせたもの（実に香味豊かなもの）を、石皿の上に載せて石の棒で根気よくすりつぶし、これにヤシミルク（ココナツの乳白部分を削り取り、すりつぶし、絞った汁）とワロー・マスを加えて煮こむのである。

鰹節に仕上げたものは、ヒキ・マス（Hiki mas）という。わが国の荒節に当たるもので、粗製品に見えるが完成品なのである。形状は細長く、大小があり、亀節程度のものは力を入れると折れるくらいの堅さである。断面は日本のと同様に、美しい紅色の光沢を見せている。これはほとんどカレーの材料で、料理に先立って二、三ミリメートルの厚さで、日本の大型茶筒状の円筒に入れ、鉄の棒で丹念に叩きつぶしてから使う。

生魚、一夜燻乾、鰹節、日干しの四種は、ともにカレーの材料となる。だんご汁もカレーに入れる。他の魚類も食べられているが、カツオほど多く獲れ、多彩な加工品となるものは他にはない。

はかり知れぬほど昔からモルジブの鰹節を輸入しており、現在も唯一の鰹節と塩カツオの輸入国となっているスリランカでも、これらが料理をおいしくすることは充分に知られている。この国の南部海岸は、カツオ群の接近するところであり、地曳網でも獲れる。したがって生カツオ（バラマール）も調理され、その調理法としてジャガイモや菜類（その中には美味な木の葉もある）と一緒に煮る、ムルンガという料理がある（が生食はしない）。塩乾カツオ（バラカラワレ）は、ヤシ油を付け、焼いて食べたり、カレー材料とする。カレーのその他の材料は、玉ネギ、トマト、唐辛子のほか種々の香辛料とヤシミルクである。鰹節（ウバレカル）の料理はサンボーレといい、玉ネギ、唐辛子、酢に、モルジブと同様に粉にした鰹節を混ぜて煮たものである。これをカレーなどに混ぜ合わせ、御飯にかけて食べる。

前記したとおり、数年前からこの国はモルジブ節の一時輸入禁止を契機にして、鰹節と塩カツオ（半分にタテ割りし、塩をまぶして天日に干したもの）を製造しだしたが、輸入解禁後はモルジブ節の唯一の輸入国に復活している。明治三十年ごろの農商務省統計によれば、わが国からも輸入していたが、いつ中止したかはわからない（昭和三十四年に、大阪の北神商店が一年間だけ輸出したことがある）。「なぜ、このように鰹節を好むのか」の問いに、この国の人は「料理がおいしくなるからだ」と答える。モルジブの鰹節製造が始められ、今に続いているのも、保存食品とすることのほか、スリランカと同様に、それが美味のもとであるとの、長年月の間につちかわれた経験的認識に発するものである。この点では、東西遠く離れてはいても日本と共通している。

8　モルジブと日本の鰹節比較

J・ホーネルは、日本のカツオ食につき次のような感想を述べている。「日本の友人に説き伏せられて、カツオの刺身を苦労して、一口やっとのことで呑みこんだが、その後三日間、もやもやした気持を吐き捨てたい思いだった」。これほどにカツオにはこれまで無縁の人であり、日本の鰹節についても、「変色したマホガニー、チークの切れっぱし」と場違いの印象しか持たなかった異邦人である。それでもなお、海洋人類学探究の立場から、広く世界のカツオ漁業の隆盛地の所在を適確に見きわめ、困難な長途の船旅をいとわずにそれらの調査におもむき、鋭い判断を下している進取性、先見性、洞察力には感服のほかはない。さすがは七つの海を制覇した英国人であるとの思いを深くする。

彼は、日本とモルジブ、サモアの三地区を訪ね、そこに共通する漁法を肌で感じ取り、そのルーツはインドネシアにあると明言している（第一章8参照）。だが、鰹節に関してはモルジブと日本が基本的に共通の製法を持つ旨を指摘しただけで、なぜかルーツの有無には触れなかった。サモアを含むポリネシアやインドネシアに鰹節を見出さなかったからであろうか。

ホーネルは、インドネシアのカツオ漁業については観察記を残さなかったが、その地をルーツと断定しているのだから、三地区同様に調査しているのは確実である。インドネシアには鰹節を見なかったようだが、魚の燻乾法、焙乾法とカツオ煎汁製法は存在したはずである。

インドネシア南西部海岸とモルジブ諸島は、ともにインド洋に面している。カツオ群は赤道海流に乗ってインド洋を回遊するので、これを追って各地の漁民が出漁した際に、漁法の交流は当然に行われたであろう。十五世紀当時にはインドネシアもモルジブもイスラム教の王国だったから、この面からも生活の各分野での交流が行われたものとも考えられる。十四～十五世紀のころ、海のシルクロードによる東西貿易が盛んに行われ、モルジブ方面とインドネシア方面とは明らかに交易を重ねている。燻乾法、焙乾法の交流があったとしても、決して不思議ではない。

つぎに日本とモルジブとの関係はといえば、直接のかかわりはなさそうに見える。が、琉球王国はインドネシアを含む東南アジア海域へは、十四～十五世紀当時から盛んに進出していた。このころ琉球王国は、明国から供与された二百余人乗りの大船約三〇艘を駆使して、安南、シャム、マラッカからインドネシア方面に至る東南アジア各地と交易を行っている。琉球人は「リケオ」の呼び名で、その礼儀正しさと誠実さにより、南方の人々の絶大な信頼を得ていた（第六章3参照）。

異教徒である琉球王国の船が、マラッカ方面に渡航したほどだから、同じイスラム教国であるモルジブ国と交易が重ねられた可能性は当然に考えられよう。海のシルクロードの枢要な位置にあるマラッカは、当時国際的な貿易港だったのである。

モルジブの諸外国との貿易については、同国に滞在したイブン・バトゥータが左の記録を残している。

「モルジブ人は、アラビア（ヤマン）、インド、支那との定期的貿易に従事して、これらの国々へ竜ぜん香、べっ甲のほか、鰹節、ココナツ、ヤシのロープ、貝貨を輸出している。」（鰹節は英訳では dried fish となっている）

彼の『三大陸周遊記』には、

「鰹節は羊肉のような臭いがし、食べれば無類の活力をもたらす。」

とも書いてある。

イブン・バトゥータは、元へも行っており、当時の中国の事情にもよく通じた人である。『三大陸周遊記』にも鰹節が支那へ輸出されたと明言してある。明代になってから永楽帝が宦官の鄭和に命じて派遣したローマ、アラビア方面向け船団は、七次にわたる航海の中で、一四一三年の第四次航海、一四一六年の第五次航海のさい溜山国（モルジブ国）を訪ねている。このときおそらくこの国の重要輸出品の数々を持ち帰っていることであろう。医食同源思想の強い明国人が、バトゥータの説くように栄養源と見なされていた鰹節に、大きな関心を抱いたと見ることはできよう。

たとえ明国への継続的輸出がなされなかったとしても、明国人の船乗りや商人の一部に鰹節を知る人々はいたであろう。またマラッカ王国へは輸出されたと見てよく、その地で琉球王国人がそれを知った可能性もある。イブン・バトゥータが鰹節を記録してから約一〇〇年後、明の鄭和船団や琉球王国船は、鰹節にどう接したであろうか。ともあれ、モルジブは鰹節をつくり続け、シナへも輸出され、「溜魚」の名で知られていた。

モルジブの場合には、カツオは東南アジアのように「ワンオブゼム」ではない。「モルジブフィッシュ」の愛称が与えられていることでもわかるとおり、国民から最も愛され、何物にも代え難い必需食品とされている点では日本の比ではなく、まして東南アジア諸国のとうてい及ぶところではない。この国が最古の鰹節製造国となったのは次のような理由による。早くも十二世紀からイスラム教国となり、豚肉は食べず、サンゴ礁島で牧畜も農耕もできぬので、漁業専一の国として生きていかざるを得なかったこと、昔からカツオの漁獲高が他の魚類にくらべ圧倒的に多い上に、燻乾品に最適と認められたこと、日常食といってよいカレーに、鰹節、生節類が大変に適すること、数少ない外貨獲得手段にも適し、古くから……遅くとも十四世紀から重要輸出品目とされたこと、これらの各種事情が重なって、カツオを必要不可欠の食品に押し上げ、ひいては鰹節の創製にまで進んだと見られるのである。

すでに十四世紀初頭には、イブン・バトゥータによれば、鰹節がインド・シナ・ヤマンに運ばれたというのに、一方日本の状況はどうか。わが国では有史以前から干しカツオやカツオの煎汁は造られていたが、バトゥータのモルジブ滞在年代に当たる、鎌倉末期には鰹節はまだなかったのではないか。それより約一七〇年後の室町末期になって、ようやく鰹節出現のはっきりとした記録が見られるというのが実情である。

この一七〇年間は、わが国（琉球王国）と明国あるいは南方諸国との人的物的交流の深められた時代である。東南アジア海域において、日本、とくに当時の琉球王国とモルジブ王国の貿易船の接触が直接もしくは明国を媒介にして行われた可能性は否定できないであろう（第六章3参照）。あるいは東南アジアの燻・焙乾食品が日本船に知られることがあったかも知れない。ともかくもそれまで燻・焙乾食品に無縁であったわが国に十五世紀末ごろから鰹節（カツオの焙乾食品）が忽然と出現したのである。そして十六世紀末になると、モルジブを上回る製品に仕立て上げていったのである。

モルジブは、スリランカ以外に輸出先を大きく広めることはできぬ上に、国内需要の伸びる余地はごく少ない国であった。鰹節の食用は、カレーなどの材料以外にはなく、製品は荒節で充分間に合った。これに対して日本では、めざましい都市の発達が鰹節需要を激増させ、料理が多彩となっていった結果、荒節では満足できず、製法は、江戸時代に入ったころから目に見えて進歩していった。そして裸節、カビ付け節の工夫によりモルジブの製法をはるかにしのいでしまうのである。さらに本枯節の製造にまで進んだ現在では、日本とモルジブの鰹節の完成品には大きな格差が生じている。だが精粗の差こそあれ、基本的には全く同製法による製品が地球上でただ二か所、数百年にわたってつくられ続けているのである。

9　カツオ燻乾法の共有圏

わが国の鰹節製法由来について、アイヌによる鮭の燻乾法の影響だとする説が、かなり広範に流布されている。が、果たしてそのとおりであろうか。これに関連して、明治三十年開催の第二回水産博覧会の審査概要に左のような指摘がある。

「元来、魚類燻乾ノ術タル、本邦人ノ周ク知ラザル所ニシテ、適々寒塩引ト称シ、塩鮭ヲ炉上ニ吊下シ、自然ニ火乾シタルモノハ、一種ノ旨味ヲ保チ、世ノ嗜好ニ適セシモ……。」

この博覧会開催当時、各産地の鰹節製法は江戸時代の名残をそのままに留めており、全国的交流はあまり進んでいなかった。サケの製法の場合も、江戸時代から引き続いて行われていたものと見て間違いないであろう。その当時の審査概評で「適々《タマタマ》寒塩引」と称するものがあって、燻製品だと見られがちだが、実はサケを炉上に吊して「火乾」するものであること、もともとわが国の人々は、「魚類燻乾」法を「周《アマネ》ク」知らなかったことなどを断定している点は注目に値する。しかもその目的は、燻乾によって香気を得ることではなく、火乾により「一種ノ旨味」を保つ点に絞られていたことも明らかにされている。そればかりでなく、「殊更ニ燻乾セシモノハ、燻煙ノ香気ヲ帯ブト、却テ厭フモノアリ」とあって、うま味のほか香気を帯びさせることを目的として、計画的に燻・焙乾する鰹節とは製法が違うとしている。

もしもサケの「燻乾」なるものが影響を与えたのなら、鰹節は最初に東北、関東地方に出現したことであろう。あるいは古代において「堅魚」の最大の産地であった駿河、伊豆両国などが、サケの「燻乾」にヒントを得て、新生鰹節の発祥地となってもおかしくないはずだが、その痕跡も見当たらないのである。逆に鰹節は南西諸島に発したと、おぼろげながらではあるが、認められるにふさわしい数々の事例が見当たるばかりでなく、左記のとおり南方海域にある各種の燻・焙乾法との共通点が浮かび上がってくるのである。

現在、石垣島など沖縄県産地でつくられている鰹節は、大型の裸節である。これはなるべく大量の鰹節を食べたいとの、南西諸島の人々の願望が産み出した製品である。昔からこの地方では、だしの効果よりは香りを喜び、食べて味わうことに重点をおいてきた。スープに使う場合でも鰹節をだし殻とはせず、煮物に使えばそれをおいしくする素材と考える。このような食習には、モルジブとの類似点が認められる。モルジブの鰹節は荒節であり、これは一皮むけば裸節となるものだから、用いる鰹節もどこか似ている。

東南アジアとモルジブには、カツオの肉部分も入れた、美味な煎汁をつくる習慣がある。日本でも古代には駿河、伊豆で煎汁を製造したが、その製法は不明である。鰹節出現後の煎汁製造地は、西日本の土佐、薩摩等に移った。とくに力を入れ、名産としたのは、南西諸島の屋久島、七島である。カツオの生切り法の発達が著しく、現在では煮汁だけを煮詰めているが、製法が未熟だったその昔は、肉の部分も入り、南方諸国に類似したものだったに違いない。

日本各地にはイロリを使って魚を焙ったり、焼いたりして食べ、残りはイロリの上部に吊るして保存する習慣が残されているが、これは北海道の塩サケの場合と同じように保存が主で、燻乾を当初からの目的としたものではない。だが、屋久島など南西諸島には、イロリの真上にセイロウを吊るし、魚類（カツオは切り身にする）を入れ、燻乾を目的とする保存法がある。実際にはイロリの撤去が相次ぎ、屋久島一湊の民俗資料館に復元された民家の中に残る程度になってしまったが。

イロリの上の燻乾用のセイロウは、フィリピン島にもみられるという（岡田道仁氏）。燻・焙乾を目的とする魚の保存法やカツオの煎汁づくりなどは、後に紹介するように東南アジア各地で広く行われているものである。広義のカツオ焙乾食において、東南アジアとのなんらかの関連も考えられそうである。

ここで思い起こされるのは、中尾佐助氏の首唱される、東南アジア半月弧の照葉樹林帯の中における食文化の共通項の存在である。

東南アジアの高地部（ヒマラヤ南麓方面）には、こうじを使った味噌や納豆など発酵食品の製造、モチ米、モチ粟等の利用、モチ米と魚による馴れズシなど、わが国に古くからある食文化要素と共通するものの多いことが指摘されている（第四章5参照）。両地域は同じ照葉樹林帯に属するとはいえ、はるか海の彼

セイロウ（上）とイロリ（下）（屋久島）

煮汁づくり（屋久島）

方に離れており、しかも大陸の奥は深い。それにもかかわらず、古来陸産系食文化を共有することが明らかにされているのである。

まして海流によって直接つながれている諸地域の場合は、食文化共有の可能性はより深まるであろう。日本列島と東南アジア、あるいは東南アジアとモルジブは、それぞれ一衣帯水の間にある。日本列島へ向かう暖流は、インドネシア東部海域を洗う暖流と根源は同じく北赤道海流にあり、その海流はまたモルジブ諸島北半部へも向かっている。そしてインドネシアの南西海域は、同じくインド洋に面するところのモルジブ諸島南半部とともに南赤道海流に洗われている。これらの赤道海流域には共通の回遊魚がいるのだから、魚食文化に共通点の生まれることは当然に考えられよう。

例えば秋田県のショッツル、能登半島のイシリをはじめとする日本の魚醤は、東南アジアで調味料として重用される魚醤……ベトナムのニョクマム、フィリピンのパティス、タイのナンプラ、インドネシアのトラシイカンなどと呼ばれる魚醤と無関係だとは見られないのである。これらは、塩と魚を使って発酵させ、塩辛状の段階を経て、魚がどろどろに溶けるまで待ち、これを煮沸、濾過して透明な液体を得るもので、各国と日本の製法は共通している（石毛直道氏）。塩辛を造っても、熱帯の猛暑の中では発酵は急速に進行するから液体状になるのは早い。これから魚醤を工夫する知恵は、ごく自然に生じたであろう。

魚の燻・焙乾品もまた、製法の違いこそあれ熱帯の産物である。つまり、大量にとれた生魚を塩乾法により保存しようとしても、猛暑の中では蝿等により大量にウジが発生して腐敗を早める場合があるので、長い経験の中から燻・焙乾によって諸害を防ぐ方法が考え出されたのである。室町時代になってから急速に南方諸国との通交を深めた琉球王国と周辺の島々は、亜熱帯圏にあるだけに自然にこの方法を受け入れたものと推察できる。それが鰹節の製法にまで進化したとき、日本の本土が進んで受け入れたとの考え方が成り立ちそうである。日本の本土で自然に生まれたと見なすのは、左の三点で無理がある。①温帯域にあるから、ウジの発生を予防する動機から、燻乾法が自然発生的に工夫される余地は乏しかった。②塩サケの場合に見られるイロリの上の保存法は、火乾の域を出なかった。③東南アジアで盛んな、各種魚類を燻・焙乾する習慣――ひいては鰹節の製法を引き出すような習慣は生まれなかった。

こうした観点から、東南アジア各地の燻・焙乾法の成因、実情等を究めたいのだが、残念ながら調査するまでには至らなかった。そこで岡田道仁氏の取材されたデータを基に、日本やモルジブのカツオ燻・焙乾法との関連性をも含めてその実態を探ってみよう。

タイの西北部にあって、ラオスの首都ビエンチャンに近いイサン地方、コーンケーンのあたりは、ウボルラタナ湖で獲れた魚を、小さいのは魚醬に使うが、ニシンに似た大きな魚は、底に金網を張った長方形の棚に並べて燻製にする。燻乾所は、棚を一段あるいは三段程度載せられるように造ってあり、周囲は覆われて煙をこもりやすくしてある所は、わが国の鰹節燻（焙）乾所と似ている（ただし、これは燻製品を製造販売している、小さな工場である。民家で製する場合は、もっと原始的な、後掲のインドネシアのような製法かも知れない）。最下段の地面で、オガクズを燃やしていぶすのである。棚に並べるとき、魚をくの字形に曲げるが、整然と並べるところもわが国のカツオの焙乾工程とよく似ている。

ジャワ島の東端で、バリ島に面した海岸、グロジャガン地方では、魚（カツオ）のはらわたを取り出してから二つ割りにし、生のまま串に刺し、ヤシ殻を燃やして燻製品をつくる。ヤシ殻は一時には燃えず、煙がよく出るので燻製にはよい燃料となる。この場合は燻乾所も棚もなく、屋内の土間に石を両側に積んで、その石に串をさし渡していぶすのである。筆者の調査によると、パラオで行われる燻乾法は、前記した二通りの方法の中間に当たるもので、屋外に四本の柱を立て、その間に棚を設けて上に魚を載せ、ヤシ殻でいぶす。

つぎに煎汁についてみると、インドネシア東部の南海岸、ジャンカール地方のハジ・リドール氏の工場では、はらわたを出したカツオを二尾ずつカゴに並べ、そのカゴを一二個ずつ角状の大きな煮釜へ整然と数段に入れて煮る。煮た魚はそのまま市場に出し、煮汁は煮詰めてアメ状にする。これは家内工業の場合だが、一般の民家でもナベで魚を煮てから、汁だけ煮詰める習慣がある。煮詰めた汁の食用法は魚醬の場合と同様で、他の食物をそれに付けて食べたり、味つけに使うのである。なおフィリピンのパナイ島でも魚の燻製をつくっている。概して小魚は魚醬に用い、カツオ程度の大きな魚は燻・焙乾用、煎汁用とする。カツオの煎汁を調理に用いる所では魚醬はつくらない。

以上は現状につき、岡田氏の調査された内容だが、昭和の初めに鹿児島県のカツオ漁業家、故原耕氏の率いるカツオ船が、インドネシアの東部海域に出漁した際にも、同様な経験をしている。近代になってからでは、日本とインドネシアとのカツオ食法の最初の接触である。詳細は後に譲るとして、すでにそのころカツオの焙乾もしくは燻乾が現地で行われていたことを実証する事例と、燻乾の必要性を感じた体験談などを抜粋してみよう。

① マレー人はカツオを三枚におろし、ヤシの葉と薪で焙炙し、唐辛子を塗って食べる。
② ハルマヘラ島では、カツオを生魚で食べるほか、焙り干しとする。
③ 原耕氏の率いる漁民らは、セレベス島を基地としてカツオをたくさん獲ったとき、塩干魚に製しようとしたら、ハエが多くてウジが大量に発生したので、乾燥前に焙乾を加えることによって製造することができた。

原耕氏は、セレベスでは急造の小工場により、鰹節製造を行っており、その焙乾場を利用したのである。

塩干の前に焙乾せざるを得なかったのは、岡田さんが「なぜ煙でいぶすのか」と、現地人に聞いたときに得た答えと一致している。筆者がモルジブで見た、台所をも兼ねた鰹節用の燻乾場も、蝿や蚊よけと腐敗防止に効果を発揮する構造になっていた（セレベスとは現在のスラウェシ）。

東南アジアで行われる魚の燻・焙乾法、日乾法、煮汁の製法などは、わが国の鰹節製法のように一貫した製造工程を持ってはいなくて、所によってまちまちである。ジャンカールでは煮汁を作成するが、煮た魚はそのまま食べてしまい一部だけを日乾にする。パラオ、インドネシアのグロジャガン地方やタイのコーンケーン地方では、生魚のまま燻乾している。乾製にされる魚は、コーンケーンでは淡水魚であり、ジャワ島、パラオ島ではカツオにかぎられていない。

熱帯食物研究家の吉田よし子氏によれば、ビルマではナマズの塩干、燻乾品が広く、だしに使われているとのことである。頭と尾を切り離さぬまま、魚肉を五片くらいに割いて、チョウチン状にして干すのである。吉田氏が、ビルマ人から聴取したところによると、ナマズに限らず、塩干魚を煙のよく上がる所に吊るしていぶす習慣があり、その理由は虫がつかない上に、味がよくなるからだとのことである。筆者が、スリランカ人に、なぜ鰹節を使うのかと聞いたときにも、味がよくなるからとの返答を得た。この味は燻乾法によって生じたものであることはいうまでもない。

東南アジアには、このように広範囲にわたり、目的は同じだが、種々様々の燻乾法が随所に根付いているのは、必然的にそれが生まれるにふさわしい風土を備えていたからである。それにもかかわらず鰹節の製法にまで進まなかったのは、次のような理由による。

第一はカツオの漁獲高の問題である。東南アジア海域は、東部インドネシアのセレベス島方面と西部インドネシアのインド洋に面する一部海岸を除けば、カツオの漁獲高は多くはない。昔から日本やモルジブのようにカツオ専一の漁業が大規模に生まれる余地は少なかったのである。

第二は鰹節料理の問題である。モルジブの日常食、カレー料理には、鰹節は欠かせぬものであり続けている。日本ではその昔は兵食としても重視され、高級だしとしての鰹節もなくてはならぬものとされてきている。だが東南アジアには、カツオの燻乾品の類を必須材料とするような料理はあまり育たなかったのである。

第三は、日本の鰹節誕生期における京や堺、あるいはモルジブにおけるスリランカのような大きな消費先が出現しなかったことである。わが国でも江戸初期以前には京や堺を消費先に持つ紀州がいち早く鰹節産地となったが、特定の消費地に恵まれぬ浦々のカツオ製法は遅れ、塩辛、生利節、古代そのままの煮魚の日乾などさまざまの方法が試みられていたのであった。江戸時代に入ってからは、四つ足の肉食はますます厳しく禁忌されだし、魚肉が最大の蛋白源とされたことや、保存食品、調味料としての鰹節の重要性が年を経るごとに高まり、需要が全国的に拡大されて初めて多くの産地が出現し、本格的な製造法が広く普及したのであった。東南アジア諸地域にはこのように鰹節を必要とする食習慣は生まれず、したがって消費地も形成されなかったのである。

しかし多様化した燻・焙乾法は南の島々に根付いており、点々として日本の南西諸島まで続いているように見える、沖縄県にわが国では鰹節以外の唯一の燻乾品であるエラブウナギの燻製品のあるのも一つの例証といえよう。

それにしては、沖縄県ではなぜ明治末年になるまで鰹節製法が生まれなかったのか、との疑問が生じてくる。その理由として次のような点が考えられる。第一は先島諸島を除けば、必ずしもカツオ群に恵まれなかったことである。カツオ群の滞留の多く見られた先島諸島でも、仮りに江戸期以前において鰹節をつくっても消費地を見出す当てがなかったであろう。第二は薩摩藩の存在である。慶長十四年の琉球王国征服後に発した「掟十五条」によって、貿易、商業の自由を奪われてから、琉球の産業は薩摩藩の意のままに操られるようになった。トカラ列島、屋久島方面も同様で、この方面では綿布もしくは屋久杉と鰹節の貢納が強制されて、他の産業は抑圧されている。先島方面と同様にカツオの群来が多い上に、薩摩と琉球の二大消費地にはさまれており、鰹節製造を奨励するにふさわしい諸条件を備えていたからである。この島々の鰹節は、琉球を通じて明、清国や南方向けの輸出品とされていた。その初期は江戸時代以前までさかのぼると見られ、寛永年間に行われたことは確実である。推測の域を出ないが、古くは先島などで鰹節をつくったことがあるかも知れない。しかし藩の経済政策によって、土地柄に応じた貢納品を厳しく規定するに際して、琉球全域のカツオ漁業が抑圧を受けたということも考えられる。

ともあれ、わが国の鰹節製法は、室町時代に入ってから南西日本の孤島（臥蛇島）で忽然として開花した感がある。だが同じころ、本土においては、食生活が向上し、料理法が次々に工夫され、醬油、味噌が創製されるなど、食品加工法が発達しつつあったから、古代の「堅魚」の品質改良の気運が生じ、独自に鰹節の創案に進んだと見ても不思議ではない。

たとえそうだったとしても、品質改良のヒントが南西諸島方面から得られた可能性はきわめて強いと考えられる。それは次のような理由によるものである。

① 本土では保存の目的で川魚やサケの火乾が行われたが、燻乾は二義的なものだったから、鰹節創製のヒントにつながらなかった。

② 南西諸島のエラブウナギの乾製法は、明らかに燻乾が本来の目的であり、鰹節の製法と共通していた。

③『種ケ島家譜』に鰹節の文字が見られてから約一〇〇年後の慶長年間以降になって、ようやく本土でも同じ文字が散見されだした。

④ 推測の域を出ぬが、鎌倉時代に本土から着任した種ケ島氏が、貢納させた鰹節を都へもたらしたと考えられる。

本土には育たなかった燻乾法が、すでに室町時代には南西諸島では知られていたのだが、これも忽然と孤立してこの地方に出現したわけではあるまい。J・ホーネルは、日本・モルジブ・インドネシア・ポリネシアに共通のカツオ漁法があると看破して、そのルーツをインドネシアだと断定した。彼の説には、日本へのカツオ釣り新法に伝播時期を原始時代としたような誤りもあるが、カツオ漁法の共有圏説は肯定できる画期的なものである。

釣り漁法に似て、カツオの燻乾法、煎汁製法も、日本・モルジブ・東南アジアに及ぶ広大な海域に共有圏が形成されている上に、日本とモルジブは、荒節製法までの工程を同じくしている。これらによって見ると、多彩な魚の燻焙乾法やカツオ煎汁製法を慣習として持つ東南アジア海域を媒体として、モルジブと南西諸島ひいては日本の鰹節製法が、深層海流において相通じるところがあったということができよう。

第三章　カツオの文字と呼び名のいわれ

1　「鰹」は国字

古代中国には「鰹」という漢字があった。しかし、それは「ウナギ」を意味しており、カツオとは全く縁がなかった。ところが日本では「鰹」の字を使い出したそのはじめからウナギの意味はなく、「カツオ」以外の魚名には使われなかった。だが、古代にはまだ「鰹」の字はなく、「堅魚」と書かれていた。

例えば大宝律令（七〇一年）の税制の中や、『万葉集』（七五九年ごろ）には「堅魚」が使われている。それより百数十年もたった平安朝時代の「延喜式」（延長五年〈九二七〉）の中に定められた税制中でも「堅魚」が使われており、同じころに完成した『和名抄』では、「堅魚」と書いて「加豆乎《かつお》」と読ませている。

『和名抄』より約三〇年後、平安中期に成った『宇津保物語』では、「魚」が偏、「堅」が旁《つくり》となった「鰹」が初めて顔を見せたが、まだ堅魚と双方が使われている。鰹に統一されたのは、鎌倉時代よりのちのことである。なお、「堅魚」と書いても平安朝当時には早くもカツオと読んで、カタウオとはいっていない。

ところで、カツオの漢字（中国文字）はどれか。『和名抄』は「鰹――大鮦也」と説明しているが、この解釈には問題がある。『魚名魚辞』（篠崎晃夫）によると、カツオとだけ読める漢字は左のとおり七字もある。

鱆、䱇、䱙、鮏、鰹、鮚、鮂

このほか、他の魚名にも重複して使われる漢字としては左の九文字がある。

䲒、鮨、鱨、鱑、鮣、鮦、鮵、鮭、鰱

このうちには左のとおり数種もの魚名を示すものもある。

鮦……ウナギ、カツオ、カジカ、サメ、ハモ、ボラ

鰱……カツオ、ウナギ、サメ、ハモ、ボラ、ヤツメウナギ

右に明らかなように、『和名抄』が「大鮦也」とカツオを示す漢字としてあげている「鮦」の字は、実はカツオだけを意味するのではないのである。古代中国には、わが国の鰹のようにそのものずばり、これこそカツオの文字だと全国民が納得できる漢字はなかったのであろう。海岸線が長大な上にカツオ群が沿岸に近づくことのまれな国だから当然のことといえよう。

カツオを表す漢字は、合計すると実に一六字にもなる。ところが『魚名魚辞』によればまだ少ないほうで、左のとおりカツオよりはるかに多くの漢字を持つ魚がいくつかある。また少なくとも四つや五つをもっており、さすがは文字の国だと感心させられる。

サメ（フカを含む）	47	フグ	26	マグロ（古名シビ）	24	フナ	20		
ボラ	17	エイ	15	コイ	12	カレイ	11	サバ	10	ニシン	7
サケ	7	タラ	6	クジラ	6	イワシ	5	タイ	4	ブリ	4
ヒラメ	4	スズキ	4						

さて、本題へ戻ろう。わが国ではカツオに堅魚―鰹の字を作ったが、後世になって本家の中国にもこの字のあることが判明した。しかしその魚名はカツオではなく、大ウナギだということが知られた。これが江戸時代になるころから問題化して、「松魚」などと書く物識り顔が現れるのだが、これについては後に触れる。現在の『大漢和辞典』は和漢双方を含めて、

鰹　うなぎの一種、おおうなぎ

　国　かつお

と説明している（国は日本の国字の意）。

なお『水産名彙』巻之上（大日本水産会、明治三十四年）は、カツオの異文字、異称二二を列挙しているが、その中には漢字もあれば、中国製あるいは日本製、もしくはどちらとも判別できかねるもの、さらに鰹節の異称とみられるものなどが混在しているので、左のとおり分類してみた。

(1)　諸書に載せられているカツオを示す漢字

鱨、⿰魚惟、鮏、⿰魚竟、⿰魚竺、⿰魚冊、鮨

(2)　カツオよりは鰹節を意味した可能性の強い異称。カッコ内は同書に示された出典

鮰鰹魚（『農家心得草』天保十年）

鉛鰹魚

佳蘇魚（『侯鯖一臠』天保十三年、『使琉球雑録』天保二年）

嘉酥魚

古固魚

(3)　中国製異称かと考えられるもの

鯝魚（『名産一班』明治十六年）
戛子魚（『海魚考』文化年間写本）
烟仔魚（『台湾総督府殖産報史』明治二十五年）
馬叉《さ》魚
馬又魚（『日本有用水産誌』明治十九年）

(4)　和製であることが明白な異称

松魚（『和爾雅』元禄七年）
勝魚（『増補大節用集』寛文五年）
堅魚（『古事記』『和名抄』）
加豆乎（『和名抄』）
肥満魚

右のうちには、出典が明治年間のものもあるが、異文字、異称の出現時期は江戸時代と見てよいであろう。

カツオの学名には Katsuwonus Pelamis で、「カツオ」が組みこまれている。英名は Skipjack tuna である。モルジブでは Kalu-bili-mas、インドでは Conbalamaz、スリランカでは Balamar という。わが国の委任統治領だった、サイパン、パラオなどでは、今もカツオの呼び名が残るほか、訛ってカチョーともいうが、カロリン群島では Angarap、トビ島、ソンソール島では Hahangap など、地域によってさまざまな呼び名がある。

2　カツオの語源

鰹は堅魚を縮めて作字したものである。しかし、カツオはカタウオがつづまったものであろうか。言い換えれば、カツオを乾すと堅くなるのでカタウオの呼称が生まれ、続いてカツオにつづまっていったものであろうか。

この点について『大言海』は、「鰹節に因りて堅き魚の義とする説あれど、海中に腊《きたひ》なるはなし」と説いている。つまり魚名をつける順序というものは、海中の魚をみてからはじまるものであって、製品の鰹節が堅いからカタウオ―カツオの魚名が生まれたとする説はおかしい。海中には腊《きたひ》（乾し固めた魚）はいないのだ、というわけである。

これに関連して『日本魚名集覧』（渋沢敬三）はさらに詳しく『大言海』の補強ともいうべき説を展開している（大略）。

「その昔、文化の中心地に乾したカツオが多くみられ、その堅さから〝カタウオ〟と呼ばれ、さらにつづまって〝カツオ〟となり、それが海の魚の名称になった、という伊勢貞丈の説は一概に排斥できぬが、もしその当時、海に泳いでいるカツオに各地別の魚方言があったとしたら、製品名から生じた〝カツオ〟が各地へ一斉に伝播され、各地にあった魚方言を全部駆逐し去ったといわなければならない。

カタウオ説は、何でも漢字で表わさねばならなかった天平時代からの『堅魚』を見ての思いつきである。本来は、『カツ』または『カツオ』という魚名の音があり、加えて乾燥された製品の性状とも考え合わせて、巧妙にも『堅魚』を当て字した、と考える方がさらに妥当であると考えられる。」

慎重な言いまわしの中に、製品（といっても現在の鰹節ではない。乾して堅くなった魚）からカタウオ—カツオの魚名が生じたのではなく、カツとかカツオという一時的魚名があったところへ、たまたまこの魚が乾すと堅くなるので、巧妙にも堅魚の字を当てたのだというのである。これらの説は現代になってから生まれたもので、江戸時代には堅くなる魚から、カツオの呼び名と鰹の文字が生まれたとの見方が一般的であった。

伊勢貞丈（江戸期の武家故実家）は「カタウヲ略してカツヲと言ふなり、されば古《いにしえ》は堅魚と書きてカツヲと読みしを、後に鰹の字を作り出したり。俗字なり」と説いている。江戸初期の朱子学者、貝原益軒《えきけん》も「カツホはカタウホ也。タとツと通ず。ウを略す」（『日本釈名』）と説き、狩谷棭斎《えきさい》（江戸後期の漢学・国学者）も「按《ズルニ》加豆乎《ハ》是加多宇乎之急呼《ナリ》」（『倭名類聚抄』箋註）と説いている。『松屋筆記』にも「旧説ニ『かつを』ハ、堅魚ノ義ニテ、堅魚干ノ堅キニオコレル名ナリト云ヘリ」とある。乾したカツオの堅さからその文字が生まれ、カタウオがつづまってカツオとなったというわけである。

現代になってから、渋沢氏等の所説への反論として、『かつをぶし』（山本高一）のように、カタウオからカツオに転訛したという説をさらに補強した意見も展開されている。長文なのでその要旨を箇条書にすると左のとおりとなる（注・山本氏はカツヲと書く——古くはカツホまたはカツヲ）。

(1) カタウヲという言葉の持つ内容は、堅い魚である。

(2) 今もなお山陰、北陸地方では、魚類一般を乾し固めたものをカツヲといい、サバ節、ブリ節、イワシ節などを呼ぶ場合に、サバカツヲ、ブリカツヲ、イワシカツヲと呼び、「サバをカツヲに製す」などといっている点から考えれば、その昔は魚類の素干しを総称してカツヲと呼んだように思われる。その中で最も堅くなる鰹が干魚の代表として、カツヲの呼称を独占したのであろう。

(3) その昔、人々は人類の生活と結びついた素干品を見てカツヲの名をつけ、続いて海に回遊する魚を連想してカツヲと名づけた。このように一番手近なものから名称がつけられたとみるのが、自然の順序であろう。

(4) カタウヲからカツヲと変化するのはおかしいと主張する人もあるが、そんなことはない。例えば神代説に無目堅間（マナシカタマ）とあるが、『古事記』では無間勝間（マナシカツマ）となっている。

(5) 以上に明らかなように、「カツオ」は干し鰹から名付けられたものである。

渋沢説は、初めに海中を回遊する魚に「カツ」または「カツオ」と名づけてあって、一方その魚を干し固めると堅くなるのに気付き巧妙にも「堅魚」の文字が当てられたのだ、と説く。しかし「回遊魚にカツまたはカツオと名付けられていた」という、根拠があいまいである。

山本説のうち(2)の山陰、北陸地方では今もなお干し固めたものをカツオというから、その昔は魚類の素干しを総称してカツオと呼んだ、という考えにはうなずける面もあるが、その呼称が大昔からのものだと断定できる根拠のない点に問題が残る。しかしその他の点については、全面的に肯定できる。

ところで、カツオと同じく黒潮洋上の仲間で、関係の深いイワシ、サメ、サバ等の語源にも定説はない。これらと同列に考えれば、渋沢説のように鰹に対しカツという語源不明の名称があたえられたとしても不思議とはいえないであろう。これに関連して『新釈魚名考』の著者栄川省造氏は、私見と断った上で、

「カド、カツは大量にとれた魚の地方名である。また〝カテ〟（糧）と同源同意語である。〝カツ〟は糅《か》つの意で、食物にまぜものをする意味の語である。鰹は太平洋岸の農漁村で〝まぜ飯〟の主要な材料であったから、カツオの語源は〝糅魚〟であろう。」

との説を称えている。渋沢氏の「カツ」説を期せずして補強したような理論である。なるほど郷土食として鰹のまぜ飯は各地にみられるが、その食習が語源の発した昔までさかのぼるといい得るであろうか。管見の限りでは「鰹飯」出現は江戸も後期の料理書の中である。

「堅魚」の文字は、それが文書に現れた古代から使われ、「カツオ」と呼んでいた。平安朝時代の『和名抄』がそれを証明しており、さかのぼって奈良時代もそうであった。しかも左のとおり、生魚にも製品にも共通して使われていたのである。

『万葉集』に、

「水の江の浦島の子が　堅魚釣り　鯛釣り矜り　七日まで家にも来ずて……」

とあるのは生きた堅魚であり、

大宝律令の賦役令に、

「凡そ調に雑物を輸さば、正丁一人に、鰒《あわび》十八斤、堅魚三十五斤、烏賊《いか》卅斤、煮堅魚二十五斤……」

とあるのは製品の堅魚である。

こうした事実からみると、カツオの場合は他の魚類の名付け方とは区別して、製品の特質から生じた名称だと素直に解釈してみたいものである。

渋沢氏の〝製品名から生魚名が生まれるのはおかしい〟とする反対論に対する再反論として、例をあげてみよう。魚類の多くが、いわゆる魚形を同じにするためか、特徴を摑んで名付けるのが困難だったとみられるのに対し、海藻のいくつかはそれぞれに個性を見出しやすかったので、古代人は素朴な目でそれぞれの特徴を見つめて名を付けた。

葉体の幅が広いのは広布《ひろめ》（コンブの古名）、北方の夷《えびす》が献上したので夷布《えびすめ》（コンブの古名）、色が青いのは青海苔、煮溶かしてから冷やすと、こごる（凝縮する）ので凝海藻《こるもは》等々……。「コルモハ」とはテングサの古語で、製品のトコロテンは奈良時代前後には「ココロフト」（語源の解釈は省略）と呼ばれた。ココロフトをつくる原料で、凝《こご》る海藻《もは》だからココルモハ――つずめてコルモハとなったのである。製品名から生の原藻名が生まれた――あるいは製品になるときの特徴を巧みにとらえた明らかな例証であり、堅魚の名づけ方とよく似ているものといえよう。しかもココルモハがコルモハへ転訛しているところからみても、カタウオからカツオへ転訛することは不思議ではあるまい。渋沢氏等の疑念、危惧は、杞憂に過ぎぬとみられる。ただしでき得るかぎり昔へさかのぼってもカタウオと呼ばれた時代は見当たらない。ココルモハと呼ばれた時代も見当たらない。文字どおりの呼び方はきわめて早い時代に姿を消したか、はじめからなかったかのどちらかであろう。

以上は「堅い」という語源から生じたとする説だが、このほかにイカツ魚、カタクナ魚からの転訛とする説がある。

カツオの語源は外来語にあるというのが、イカツウオ説である。

「『魚』をマレー語ではイクン、ポリネシア語ではイカ、ミクロネシア語ではイク、またはカと称える。鰹は元来南太平洋地域に棲息するものだから、言葉も黒潮に乗ってきて、わが国上代人は、イカ（カ）といえば直に鰹と了解したのではないか。もしそうだとすれば、カツオはイカツ魚である。」（松岡静雄『日本古俗志』より）。

カタクナウオ説は、『高橋氏文《うじぶみ》』に出てくるもので、詳細は後に記す（第四章　先史時代のカツオ列島）が、海中に入れた弓弭《ゆはず》を餌と思い込み、あとから頑《かたく》なに食いついてくるところから、カタクナウオといわれ、これがさらに略されたというわけで、『大言海』には左のとおり書いてある。

「カツオ、頑魚、カタクナウオの略転。〈カツオ〉は擬似餌を好むために頑《かたく》な魚である。〈カツオ〉というのは、鰹節のことではなく、生魚のことであり、生魚の身は実に柔らかいから、〈カツオ〉を〈堅魚〉とするのは不当である。」

『高橋氏文』の伝承に根ざす説のようだが、これほどまでに断定できるものであるか、疑問が残る。イカツウオ説については、黒潮に乗って北上する魚の類はさまざまであり、カツオにかぎって「イカツウオ」と呼ばれたとする根拠がわからない。

ところで『日本古語大辞典』は、

「〈カツオ〉というのは後世の語で、古くは〈カタナ・堅魚〉である。『日本古俗志』には〈堅魚〉の二字を以て〈カツオ〉の仮字とすることはできないとしてあり、『皇大神宮儀式帳』の中には堅魚木というのがあり、〈カタナギ〉と読んである。」

と説いている。『新釈魚名考』は、

「熊本、長崎では現にマナガツオを〈マナガタ〉と呼んでおり、これは〈マナカタナ〉の縮語である。」

と例をあげて前書を補説している。

方言にマナガタ（ナ）とあるからといってナが古語である論拠とはならない。古語という以上は、少なくとも古代までさかのぼって使われた証拠が必要であろう。そうでなければ、マナガタ（ナ）という方言はそれこそ「後世の語」になってしまう。その点では『皇大神宮儀式帳』は延暦年間（七九〇年ころ）に成ったものだから、この中で「カタナギ」と読んでいたのが事実とすれば、確かに古語の部類に入るといえよう。

これについて『魚の文化史』、『鮫』等の著書があり、魚の歴史の権威者、伊勢神宮禰宜、矢野憲一氏に調べていただいたところ、儀式帳にはカタナギの読みは付けられていないし、その解説書である『儀式解』には「加都乎疑と読むべし」とあり、また「加豆乎伎」ともあるとのことである。また伊勢神宮ではカタナギという呼び方は、今も昔も用いていないと断言された。

したがって儀式帳に関して『日本古語大辞典』の説くところは誤りである。『万葉集』（舒明天皇即位の六二九年から淳仁天皇在世の七五九年までの歌を集めてある）に載る堅魚もカタナと称したことはなく、『万葉集』を説く諸書はこれをカツオと注釈している。『和名抄』は、古代用語を集大成した、現代風にいえば百科辞典である。それには「加豆乎」と明快な読み方が示されているのだから「カツオ」は、明らかに千鈞《きん》の重みを持つ古語だということができる。

さらに付け加えれば『古語大辞典』（中田祝夫編）は、堅魚をカツオと読ませた上で、「な——菜、魚」につき左の通り解説している。

菜——食用にする植物類

魚——食用にする魚

つまり古語では、食用にする際の植物（菜）類、魚類をどちらも「な」と呼んだのである。菜は「粗菜」とも呼ばれ、魚より格下に見られた。酒のサカナにすれば、どちらも酒魚《さかな》、酒菜《さかな》と呼ばれたのだが、後世になると格上の真菜《まな》が魚《さかな》の呼び名を独り占めにし、粗菜《そな》は疏菜《そさい》と呼びならわすようになる。要するにナは食用の場合の古語であり、総称としての古語は、ウオまたはイオなのである。料理に関しては最古の歴史を持つ京阪地方では、今も生魚はウオ、料理に使うときはサカナと区別している。

このように魚の語源から見ても、堅魚の古語は明らかにカツオだということができる。カタナという呼

表3　カツオ（付，ソウダカツオ，スマカツオ）の方言と使用地域

方言	方言使用範囲	資料名
マガツオ		
マガツオ	東京，高知，鹿児島	東京（予察調査），他は製品誌
マンダラ	富山，新潟，北陸	製品誌
スジコ	富山，新潟	同
スジマンダラ	京都	同
ヤマトカツオ	沖縄	予察調査
キガツオ	糸満	同
オキガツオ	青森，日本海諸県	同
カツ	東北，三陸海岸	魚名考
カツウ	東北，三陸海岸，千葉，静岡	三陸は筆者調べ，他は魚名考
カチュウ	沖縄	筆者沖縄での伝聞
サンゼンボン	伊豆	魚名考
タテマダラ	島根	同
スジカツオ	千葉	同
ショウバン	鹿児島	同
チュウバン	鹿児島	同
ダイバン	鹿児島	同
トビダイ	鹿児島	同
ソウダカツオ		
ソウダカツオ	東京	予察調査
ウヅワ	東京	捕採誌
スマ	東京，高知	同
ヤイト	東京	同
ワタナベ	東京	同
マガツオ	北陸	製品誌
スボタ	鹿児島	同
スマタラ	高知	同
チャブクロ	大分，安房	同
チーハヤー	沖縄	予察調査
フクライ	岩手	同
小カツオ	青森，日本海諸県	同
マルカツオ	山口	同
チカダラマダラ	宮崎	同
スマカツオ		
スマ	東京	予察調査
オボソカツオ	鹿児島	同
マーカツオ	沖縄	同
ホーカツオ	宮崎	同
ワタナベ	安房	同

注　1．マガツオの中のスジカツオを製品誌は筋カツオ（東京），シマカツオ（高知）と書き，マガツオと区別している。
2．このほか，ハガツオ，ヤイトボソを予察調査は別種としている。
3．資料名，予察調査は『水産予察調査』（農商務省），製品誌は『日本水産製品誌』（農商務省），魚名考は『新釈魚名考』（栄川省造），捕採誌は『日本水産捕採誌』（農商務省）の略。

び方は、まずなかったと見てよかろう。したがってカツオの語源が問題となるが、堅魚は堅い魚からの転訛であり、それだからこそ堅魚の文字が与えられたとみるものである。

カツオの方言は、前頁に表示するようにかなり多い。まず最初に『全日本及び周辺地域に於ける魚の地方名』（高木正人）は、語源がカツオにあるものばかり三種をあげている。

かつ――宮城、福島
かつう――小名浜、茨城、千葉、江ノ島
かちゅう――沖縄

このほか同書はカツオと呼んで、鰹以外の魚名を意味することもあるとして左の例をあげている。

奄美の古仁屋――きわだ
山形、富山、長崎、沖縄、奄美――ひらそうだ
広島――まながつお

このほか、鹿児島県でカツオアジというのはシマアジのこと、カツオクイとは和歌山県の浜島でシロカワのこと、カツオザメとは東北地方ではアオザメのこと、小田原ではヨシキリザメのこと、などカツオの語が使われてカツオでない例があげられている。

カツオおよび同類の方言については、前書のほか『新釈魚名考』（栄川省造、昭和五十七年）、『日本水産製品誌』（農商務省、明治四十一年）、『水産予察調査報告』（農商務省、明治二十一年）等に載せられている。これらをまとめて一覧表にしてみると表3のとおりとなる。

3　さまざまなカツオ文字

鰹、堅魚のほか一六の漢字だけでもややこしいのに、鎌倉時代以降江戸時代に至る間にたくさんの和製カツオ文字が生まれて実に賑やかである。これらの大多数は江戸時代になって出現したもので、その原因はこの時代に入ってから初鰹賞翫の気風が生じ、鰹節が完成されて庶民の食生活の中まで入りこむなどして、カツオに対する関心がことのほか高まりをみせたことにある。それらのカツオ文字は大きく二分類することができる。

(1)　カツオをその語呂から、鰹以外の文字で書き換えたもの

勝魚、勝男、加多宇袁、加豆乎、加都袁、戛魚、戛子魚、乞魚

これらの多くは、カツオに対して思い思いの漢音を当てたもので、とくに意味はなさそうである。武士の出現とも関係がある勝魚、勝男については歴史編において取り上げる。

(2)　カツオの特徴をとらえたものや雅称等

候魚、松魚、肥満魚、古固魚、烏帽子《えぼし》魚、藍縞《あいしま》魚、はしり魚、馬叉《ばさ》魚

「**候魚**」とは、黒潮に乗って南方から北上し、春になると九州、四国近海に現れ、夏になるまでに日本列島の太平洋側沿岸全域に出没し、秋になるとまた南方に帰るカツオの習性から、時候を告げる魚とみた呼称である。

時候たがはず鳥も出る魚も出る　　古川柳

ホトトギスは時鳥とも書くから、候魚と書くカツオと好一対をなしている。

「**松魚**」の雅称の生まれた語源ははっきりしない。カツオを節につくると、松の根に似て堅くしかも紅

色となる上に縁起のよい松に引っかけたところが、江戸っ子に気に入られたのではなかろうか。ともあれ、これは江戸で生まれた文字である。

松魚は早くも元禄年間に使われている（本章1「鰹は国字」参照）。『貞丈雑記』に「朝鮮では松魚と云ふ」、『開秘録』に「鰹は誤りで、延喜のころは堅魚と書き、唐でいふ鰹は別の魚なれば、松魚と書く」などとある。これらは江戸時代になって隆盛をきわめた儒教の影響により、大陸のものなら何でも絶対的と信じていた当時の風潮に関係がある。

鰹が漢字ではカツオとは全く無関係でウナギのことだと知ると、祖先が苦労してこの文字を作りだしたとも知らず、ひたすら文字の師匠の国では何と書くのだろうか、とやみくもに書物を読みあさった。

その結果、物識り顔に松魚だと説く者たちが現れると、わっと飛びついて鰹のことをもっともらしく松魚と書く人々が増えたのであろう。しかし、朝鮮でいう松魚はサケのことであるし、中国でカツオを松魚というとする根拠はあいまいである。要するに松魚の確かな語源は明らかではない。だが縁起をかつぐことの好きな江戸時代の人々にとってはめでたい「松」の魚の文字は大変に気に入られ、「鰹」に次いでよく使われた。

竹芝を的に矢声で初鰹
千本も一夜に芝へ松の魚
（鎌倉の海でとれた初ガツオが、押送船《おしおくりぶね》に載せられ、矢声〔ヤッサ、ヤッサの掛声〕を上げて江戸の竹芝〔芝、芝浦〕漁港へ向けて急送され、一晩で千本も水揚げされる。）
梅も散り桜も散りて松の魚
きのふまで桜なりしが初松魚

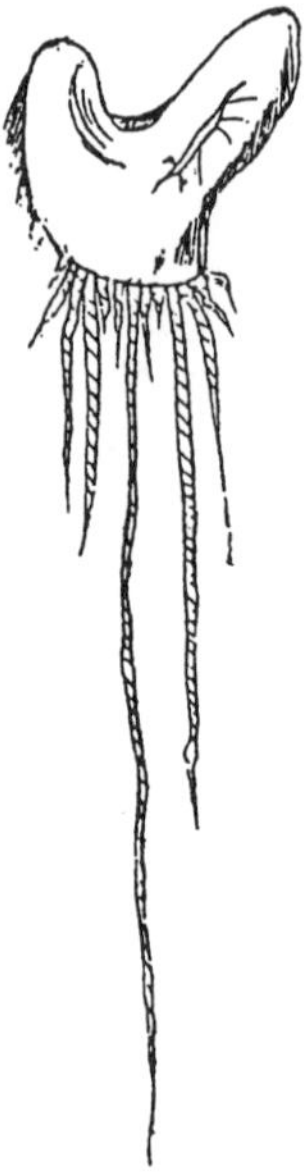

カツオノエボシ

武士の烏帽子・直垂姿
（『石山寺縁起絵巻』）

（梅や桜も散り、初ガツオの季節となった――梅や桜と対照的に松を取り上げている。）

抜いて行く桜と松魚すりちがい

（まだ夜の明けぬうちに仲間を出し抜いて松魚売りに行く道すがら夜桜見物の客とすれ違った。）

初松魚飛ぶや江戸橋日本橋

初松魚飛ぶが如くに通り町

そらをかけるつばさ地をはしるかつを

（空を一直線に駆けてゆくホトトギスのように、江戸中を初松魚売りが飛んでゆく。）

鎌倉の松で袷《あわせ》は土の牢

（初ガツオを買うために、袷は土の牢〔質屋の土蔵〕に入れられてしまい、寒くなってからみじめな思いをした……江戸では初ガツオの本場は鎌倉とされていたのであって、そこから送られる初松魚が、鎌倉の松である。）

「**烏帽子魚**」の語源については二説がある。『かつをぶし』（山本高一）は「カツオノエボシ」に因んで名づけたのだと説く。

カツオノエボシとは電気クラゲの一種である。上端が気胞となって海水面に浮かぶが、図のように烏帽子《えぼし》に似てみえる所からこの名がある。紫色で刺条に蟻酸を含み、人が触れると、激しい痛みを感じる。黒潮に乗って無数に漂流してくるもので、昔からカツオ釣りの漁師たちはこれを見つけると、カツオの群来が間近いと覚った。事実、二、三日すると必ず大群に出くわし、豊漁を得ることができたという。

神奈川県の三浦三崎地方では、カツオはエボシを冠《かぶ》っていて、カツオがこのエボシを脱ぐと海岸へそのエボシが流れ寄って来るといわれていた。そしてカツオがエボシを脱ぐと、はじめてカツオの初釣りに出かける。エボシの流れ寄らない前はカツオ釣りに出かけないというしきたりがあった。

まさにカツオ群来の予告者であるこのクラゲに、エボシウオの異名は由来するのだというのが山本説だが、このクラゲの名こそカツオにちなんで付けられたのだから、説くところが逆ではないか。

カツオ群来の予告者たちには、大洋を回遊するクジラやジンベエザメ、カツオ群の上空を群舞する海鳥などがある。カツオの所在を知らせてくれるのを有り難がって、漁師たちはクジラやサメのことをエビス様と呼んだり、この海鳥をカツオ鳥の通称で呼ぶ。だが、その逆にカツオをクジラウオ、サメウオなどと呼ばないことも、この説の否定材料となっている。

これに対し『さかなの雑学』（篠崎晃夫）の説には納得させられるものがある。

武家が勃興した鎌倉時代より以後のことであり、おそらく戦国の世のことだと思われるが、カツオが勝魚、勝男に通ずるところから、勝利を祝う縁起魚として出陣や凱旋、元服の式、その他もろもろの祝宴に供えられるようになった。江戸時代に入ると将軍家がカツオを好み、左のような習慣が生まれたところから、大名の盛装とされた烏帽子《えぼし》をかぶる姿と関連が深くなり、この名が生じたというわけである。

冠《かんむり》と兜《かぶと》の間《あい》へ烏帽子魚

烏帽子着る魚藍縞《あいじま》の熨斗目《のしめ》也

（千代田城では、初ガツオが上納されることになると、冠〔雛の節句〕と兜〔端午の節句〕の中間の祝儀として、大名たちはエボシをかぶり、藍縞の熨斗目《のしめ》〔礼服の一種〕を着用して登城し、祝詞を言上することになっていた。ここにカツオはエボシとの切っても切れぬ関連を持っていたのである。）

丸の内まだ薄暗き初鰹

（上納される初鰹はできるだけ新鮮でなければならぬ。鎌倉の海から夜通しかけて魚問屋の店頭に夜明け方に着くと、正装した店主はまだ暗いうちから、御用の提灯《ちょうちん》または高札《こうさつ》を先頭に竜の口〔現在の丸の内一丁目〕の賄所に納めるために走った。）

烏帽子魚天びん棒は太刀のやう

（上納が終わると、エボシウオを市中へ売り出すことを許される。魚屋はカツオ荷の重さで太刀のように反《そ》り返った天秤棒で盤台をかつぎ、市中に走って売りに出た。）

先に藍縞《あいじま》の熨斗目《のしめ》に烏帽子を着用した大名と初ガツオに関する川柳について紹介したが、カツオの魚体には偶然といおうか、藍色の縞があるところから、川柳では「**藍縞魚**」とか「**筋隈魚**」の雅称でも登場する。また「はしり魚」と旬《しゅん》を強調されもした。

藍縞の魚袷《あわせ》より質が高し

（質屋へ入れるあわせよりカツオの値のほうが高い。）

桐が八つ出る鎌倉のはしり魚

（鎌倉の海からくる初鰹は、一分金《いちぶきん》〔桐の刻印がある〕八枚〔計二両〕より高い。）

4 鰹節の異称

カツオの乾製品つまり鰹節を表す異称、雅名の類は、カツオにくらべてごく少ない。

堅魚、鰹、煮堅魚、鰹脯、鰹干、松魚節、佳蘇魚

この程度で、佳蘇魚を除けばあまり解釈に悩むほどのものはない。堅魚、鰹は通常は生魚を意味するが、古代から室町時代にかけては乾製品の名称にも使われた。ただし現在の鰹節とは違い、生ガツオを大は六ツ割、小は四ツ割程度にタテに割って日乾した粗製品であった。煮堅魚は右のとおりタテ割りにした後、煮て日乾したもので、生利節程度の柔らかさのものもあれば、鰹節程度の固さのものもあったとみられる。

「**鰹脯**」の脯はホジシと読み、古代中国では獣肉を断ち割った乾製品（割干肉）の意味に使った。古代日本ではこの文字を借用して、雉脯、鹿脯（『和名抄』）、堅魚脯（「延喜式」巻第十五内蔵寮陰陽寮）、雑魚脯、鯛脯（「延喜式」中男作物）等、鳥や魚介類等の割乾肉にも使っている。この字は日本人にあまりなじまなかったのか、後にしだいに姿を消していくのだが、江戸時代になっても文字をもてあそぶ漢学者の類が、鰹節に限ってはその異文字として使った。明治を迎えたころから、しだいに使われなくなっていく。

「**鰹干**」の語は、『書言字考節用集』に載るが、他に用例はない。なお、鰹節の愛称として、「**おかか**」がすでに江戸時代から使われており『皇都午睡』に左の記述がある。

「上方にて買《かう》て来るを、江戸にては買って来る。（中略）鰹節をかつぶし又おかか……。」

「**松魚節**」はかつおぶしと読んだものである。松魚については前記のとおりである。なお『見た京物語』には「鰹節の事は、**ふし**とばかりいふ」とある。伊勢、紀伊方面ではカトボシといった。

「**佳蘇魚**」は、清国から琉球へ使いした冊封使《さっぽうし》の記録に見られるが、それ以外の使用例は見当たらない。

まず江戸初期、天和二年（一六八二）の『使琉球雑録』（汪楫）には、左のとおりに出ている（以下、読み下し文に改める）。

「佳蘇魚ハ長サ半尺バカリ、方体、鋭末ニシテ、形梭《さ》ニ類シ、色朽木ノ如シ。国人食スルノ時、温水ヲ用イテ略々浸シ、沸シテ以テ肉湯トシ、薄ク削リ紙ノ如クシテ、以テ客ニ供ス。矜《ほこ》リテ上品トナス。」

佳蘇魚は、角ばってその先はとがり、機織《はた》りの道具の梭（通称「ひ」、船形状）にそっくりだと、鰹節の形状そのままの説明である。

冊封使は文字の国の人らしく、佳蘇魚の意味を琉球国の役人に問いかけたが、解答は得られなかった。これにつき、斎藤拙堂（幕末の儒学者、津藩士）は、「佳蘇の説」を立てて左のように解説している。

「晩春初夏となり、薫風《くん》（南風）がそよぎ、杜鵑《ほととぎす》が鳴き、籬《まがき》（竹、柴などを編んだ垣根）の下で卯の花が真白に咲き誇るころを佳蘇の候という。その時候にふさわしく現れるから佳蘇魚という。」

晩春初夏の候に南方より出現するところから、この雅称は贈られたものだというのである。佳蘇魚は、冊封使の記録以外には見られず、冊封使がその意味を問うていることにも明らかなように、その出生地がはっきりしないが、その語源につき『日本水産製品誌』は「カツオの仮音」だとしている。

日本製ではなく、中国製だとみられる鰹節文字は左のとおりである。

木魚、戞魚、鋦錘魚、鮰鯶魚、鉛錘魚、鮰魚、鮰鰩魚、溜魚

黒潮は中国沿岸に近づかぬ上に、海岸線の長大な中国では、カツオを知る人は少なく、地によってばらばらの異名が生じるのは当然である。むしろこのように多数の鰹節文字のあること自体が驚きである。日本の鰹節を知るより早く、東南アジアやモルジブの鰹節を知ったときから名づけられた可能性も考えられ

よう。これらの文字がわが国へ知られたのは、江戸時代から明治初年にかけてである。

　斎藤拙堂は「佳蘇の説」を次のように続けている。「佳蘇魚は、閩《びん》の書物にいふ鮰鯶魚のことである。乾し、刻んで、梃《てい》（テコ）のように仕上げたものである」。表現は簡単だが、閩（福州）人は鰹節に鮰鯶魚と名づけていたことが知られる。鮰鯶魚と似た文字に鮰魚、鮰鰷魚がある。『日本水産製品誌』によれば、これらは「長崎来船の支那商が称し」たものであり、「『台湾府志』、『日用襍字母』等に其文字をカツオに用いるものあれど、是亦因て来る所明ならず」と説いている。『台湾府志』には「鮰魚、俗呼鮰鯶」、『襍字母』には「鉛鯶魚」と記してある。製品誌はこれらをカツオとしているが、これには疑問があり、鰹節を指すと見るべきである。なおまた『日本水産製品誌』は、「鰹節は、古来琉球より支那福建に輸出し、長崎渡来の支那人携帰するものありて、之を木魚《むい》、戛魚《もい》と称し、嗜好するものありしも、今は殆ど中絶同様にして、福州府の如き六十歳以上の人にあらざれば木魚の何たるを知らざるに至れり」とある。

「戛魚の戛《かつ》は、「ホコ」、「金属の触れ合う音の形容」の意味である。これを音訓《よ》みすれば、「カツギョ」となるから、わが国の「カツオ」の呼びに漢字を当てたのかもしれない。

　木魚は、木のように堅い魚の意味だからよく特徴を表している。わが国でも古くは坊さんたちが隠語として使ったというが、僧家の隠語としては、このほかに「牛の角」というのもあった、と『かつをぶし』に見えている。また同書によれば、芸人仲間は「巻紙《まきがみ》」と呼んだという。芸人（今でいう芸能人）の間でよく贈答に使われたからであろうか。

　鮰錘魚の偏を取り換えたのが、銦（鉛）錘魚である。「鉛錘」の季節とは、「佳蘇の時節と同様に、晩春より初夏へかけてをいう。この時季は天候が定まらず、半晴半曇の日が続く。この曇り空は俗に「鉛が垂れこめたようだ」と表現される。これが鉛錘魚の生じた根拠であり、佳蘇魚同様に晩春初夏の候に出現する魚の意味である。

先に鮰鯶魚の偏を取り換えたのが鉛錘魚と書いたが、実はこれは逆で、鮰鯶の語源には意味がない。元は鉛錘魚だが、カツオが魚だからという、ただそれだけの理由から、金扁を魚扁に取り換えたのであろう。

なお、現在台湾では、鰹節を「**乾柴魚**《さあひい》」と呼んでいる。柴魚が、台湾におけるカツオの古くからの名称で、乾柴魚として鰹節に仕立て上げられたのは、日本統治時代の明治四十三年である。現在でも日本以外で唯一か所、カツオブシの呼び名が適用する（日本語のわかる年代の人の間だけ）国だが、いずれ消えていくかも知れない。しかし、その食習と製品は生き続けよう。

中国名の出処については『日本水産製品誌』によって、福建省民が琉球から輸入していた鰹節を木魚、戛魚、佳蘇魚等と呼んだとの説はそのまま受けとるとしよう。

ところで長崎へ来航した清国商人が、鮰魚、鮰鯑魚などと書いたとの説は注目される。長崎から幕府の手により日本の鰹節が明国へ向けて輸出された最初は元禄時代だが、それ以前（遅くとも江戸初期）から諸外国人によって輸出されていた。清朝以前の明朝、元朝当時でさえ、中国では鰹節がさまざまの名称で知られており、モルジブ国から輸入していたのである。

第四章　先史時代のカツオ列島

カツオが大昔の日本人とどのようなかかわりがあったか、を神話によってみよう。

1　浦島の子、カツオを釣る

『万葉集』の「水の江の浦島の子を詠む一首」（高橋虫麻呂）には

「春の日の霞める時に、墨吉《すみのえ》の岸に出でゐて、釣舟のとをらふ見れば、いにしへのことぞ思ほゆる。水江の浦島の子が堅魚《かつお》釣り、鯛釣り誇り、七日まで家にも来ずて……」

とある。

高橋虫麻呂は奈良朝初中期の歌人だが「いにしへのこと」として、浦島の子（後世の浦島太郎）がカツオやタイ釣りに出て、七日も帰らぬという昔話を、大阪の住吉の海辺で想い起こしている。『日本書紀』によれば、その「いにしへ」とは「雄略天皇（二一代）の二十二年七月」で、「浦島子、舟に乗りて釣す。遂に大亀を得たり」とある。また『丹後国風土記』によれば、浦島子は丹後国余社郡筒川の生まれで、この辺を中心とする日本海沿岸を根拠地とし、漁撈、航海に従事した海人族、日下部首《くさかべのおびと》一族のひとりといわれる。

以上により推測すれば、浦島子は大和朝廷草創期の雄略帝のころ、カツオ釣りに出かけて、七月の台風によって流された逸話をもつ漁師である。『万葉集』によれば、弱っている大亀を助けたところ、これが実は海神の娘の化身《けしん》で、助けられるとたちまちに元の美しい乙女の姿に立ち返った。深く愛し合う仲となった二人は、遠く常世の国にある海神の宮殿へ行き、夫婦として暮らすようになる。

ここから後に乙姫、玉手箱、浦島太郎伝説へと発展するのだが、これと類似の伝承は南方諸国にもあるという。南方系黒潮伝承の一つであろう。

おそらく日下部首一派の海人族は、遠く南の島から、この伝承を携え、黒潮に乗ってカツオ群を追い求めるうちに、ついに丹後半島にたどりつき、ここを漁撈の根拠地としたものであろう。今でこそ、この辺一帯でカツオを獲ることはまれだが、明治初期以前には回遊するカツオ群がみられ、漁も行われている。

丹後半島の網野と伊根には、それぞれに浦島はこの村の出だとの言い伝えがある。伊根は『丹後国風土記』にいう筒川の村であり、ここには浦島児を祀る宇良神社があり、浦島太郎の子孫と称する家（アマ部落の特徴を示す船屋）まで実在する。アマたちは、この船屋を船溜まりとして、今に至るまで漁撈を続けている。浦島の伝説は彼らの先祖である、日下部一派の海人族が、その昔はタイやカツオを釣ったことを物語るものである。

日本海へそそぎ入るのは黒潮の分流、対馬海流であり、本流は太平洋沿岸を北上するから、カツオの回遊は太平洋側に圧倒的に多い。以下に紹介する二つのカツオ神話は、カツオの大群が黒潮洋上から襲来したことを物語る。

2　イワカムツカリノミコト、カツオを釣る

有史以来、明治時代を迎えるまで、天皇家代々の料理役を受け持つ家系は、膳臣《かしわでのおみ》、高橋氏と定められていた。その祖を磐鹿六獦命《いわかむつかりのみこと》といい、孝元天皇（第八代）の後裔と伝えられる。

高橋氏成立の由来を伝える『高橋氏文《うじぶみ》』（伴信友によれば、『日本書紀』よりその成立は古いという）に左の記述がある（略記）。

「景行天皇（一二代）五十三年（五世紀ごろ）十月、天皇は上総国の安房《あわ》にある浮島《うき》にお着きになった。そのとき、イワカムツカリノミコト（以下ミコトと略称）も御供した。天皇が下総国の葛飾野へ狩りにお出になった時、皇后の八坂媛《ひめ》は浮島の仮宮にお留まりになり、ミコトも留まって媛に仕えていた。

ある日のことミコトは、八坂媛の仰せで遠くの浦まで不思議な鳥を追いかけて出かけたが、ついに捕えることができなかった。しかたなく船で浮島を目指して帰るとき、ふと船尾のほうに眼を向けると、たくさんの魚が追いかけてくる。試みにミコトが角弭《つのはず》（弓の端の弦をかける部分、先端の鹿角部分が爪型になっている）をその群の中に差し入れると、たちまちに喰いついてきた。繰り返し、差し入れてもむさぼるように、『頑《かたく》な』に喰いついてくるので、たちまち大量に釣り上げることができた。そこでこの魚に『頑魚《かたくなうお》』と名づけたのである。今（平安朝当時を指す）、鹿の角を使い、釣針の柄を鹿の爪の形にこしらえて、カツオを釣るようになったのはこうした由来によるという」（「かたくなうお」は現在に至るまでカツオの別名の一として伝えられている）。

3　三島大明神、黒潮上のカツオを招く

以上は安房（房総半島南端辺の国名）でのはなしだが、その南方に位置する伊豆の島々から伊豆半島周辺も古来カツオの大群の押し寄せる海で、この地方に伝わる『三島大明神縁起』にも類似した神話が載っている。創作年代は不明だが、鎌倉末期まではさかのぼるといわれる。伊豆白浜（現在下田市）の三島神社の祭神、三島大明神は、遠い昔三宅《みやけ》島より遷祀されたといわれる（右の「縁起」が、別名『三宅島薬師縁起』略して『三宅記』と呼ばれる所以である）。

船が着いた白浜の海辺（白浜神社）

奈良朝時代になり、現在の三島の地に国府が設置されたのち……再度遷宮され、地名も三島と名づけられた。『神階帳』によれば正一位の大社とある。現在の三島大社がそれで、伊豆白浜の社は以後、古宮（通称白浜神社）と称され、三島神の后神、伊古奈比咩命《いこなひめのみこと》を主神としている。

ところで三島大明神とは、大山祇神《おおやまつみのかみ》か事代主命《ことしろぬしのみこと》か、すでに江戸時代から論争が起きて、今でも決着がついていない。大山祇神は山の神であるが、山は海上航路の指標となり、船材の供給地ともなり、さらに豊かな森林の茂る山を望む海には、魚介類が群集するところから、海の民の尊崇する神ともなっている。

事代主命は神代紀に「三穂之崎（出雲国―島根県）ニ在リ、釣ヲ以テ業ト為ス」とあるように、釣り漁法を教えた神としても知られる。

事代主命はまたヱビス様とも称され、釣り竿をかつぎ、鯛を抱えた姿は人々になじみが深い。どちらが祭神であっても、これから記す『三島大明神縁起』の中にある、カツオ釣り神話にはぴったりであろう（注：源頼朝が伊豆白浜の三島明神から分祀・建立した、神奈川県葉山町の森戸神社の祭神は、大山祇神、事代主命の両神である）。

『縁起』の発端は、三島大明神の生い立ちから記され、大明神が「若宮」（アマノコヤネノミコトの長子？）をお伴にして、丹波の海から船出して、富士山の神「神明様」の所へ向かうところから始まる。丹波の国は浦島児の故郷とされる丹後国の隣国である。三島大明神もこれから記すように、カツオを釣ることになるのであって、今ではカツオ釣りに無縁となった両国が、カツオ神話発祥の地となっているのは興味深い。『縁起』に話を進めよう。

「三島大明神が船首におわしたところ、あやまって法華経八の巻を落としてしまった。それを弓弭（ゆはず、角弭《つのはず》ともいう。前出）でかきよせて取り上げようとしていたら、その角弭にカツオが喰いついてきたので釣り上げて船中に投げこんだ。それをまねて舟人たちが角弭を海中へ入れても一つも喰いつかぬが、大明神が入れるといくらでも釣れた。そうこうするうちに、船は富士山に近い、おの崎という海辺に着き、若宮等の従者と共に、神明様にお会いになったのである。大明神は神明様に向かって『私に伊豆の国と海を下さい』とお願いすると『いいですとも、この伊豆国をもっと広くして、宮殿を造り、その後にはこの国の守護神となりなさい』と仰せられた。

これは第六代孝安天皇の二十一年のことであり、以後三島大明神は国造りに励み、伊豆半島だけでなく、海中にも大島、三宅島等を島焼きによってお造りになった。」

「島焼き」とは噴火による造山活動を、神話的な発想から生み出した表現である。『日本書紀』によれば、天武天皇十三年（六八四）冬十月には伊豆大島の噴火が、また『続日本後紀』によれば、承和七年（八四〇）九月には神津島の噴火がそれぞれ記録されている。この噴火のすさまじさ、人々の恐れおののくようすがさまざまに形容された上で、『神、是ノ島ヲ造ル』と記された。さらに、噴火の結果、島に鎮座する神々の神殿が新造された旨の記述もある。

『三宅記』は、恐ろしい噴火活動を畏怖し、造山活動を三島大明神の島造りだと、畏敬の念を以て感じ取っていたことを示している。このようにして大明神が伊豆国の守護神になったのは、孝安天皇の御代としているが、この天皇は実在を疑問視されており、神話のヴェールに包まれた時代の話ということになる。ともあれ、神代、つまり大和朝廷草創のころ、あるいはそれ以前からカツオは弓弭にさえも猛烈にくらいつく習性を知られていたように見える。

「あるとき、三島大明神は富士の山頂にお登りになって『壬生《みぶ》の御館《みたち》』という人に出会われた。この人こそ、後々の世まで三島大明神の神官を勤めることになる壬生氏の先祖、実秀であり、この時から大明神のお傍に仕えるようになった。ある日のこと大明神は若宮に向かって、『先だって、丹波から富士の裾野へ向けて渡海してくるときのように、またカツオを釣ってきてくれぬか』とおっしゃった。すると若宮は『私たち神々には神通力《じんつうりき》があってたやすく釣れますが、後の世の人々は、はるか遠くの海まで船出してもなかなかたやすく獲れないでしょう。伊豆の島々にいながら、壬生の御館らによく釣れるようにしてやってはいかがでしょうか』と申し上げた。

大明神は『大変に善いことだから、どんなにしてでも実現させなさい』と仰せられたので、若宮は大明神の宮の前にある渚の岩に渡り、西の方を向いて手招きすると、はるか彼方から黒潮に乗ってカツオの大群が押し寄せてきた。若宮は壬生の御館と話し合い、船人を集めて船を取りそろえた上で、鹿の角に金を細く伸ばして曲げ入れ、竿につけた麻糸の先に結びつけ、その釣り竿を船頭たち一人一人に持たせた。彼らがそれぞれにこの針を海へ投じると、たちまちにカツオが次から次へと食いついてきりがなく、それを船へとり入れる有様は壮観であった（擬餌針のはじまりか）。

三島大明神はこの光景を西の門《みかど》の外へお出になられ、喜んで御覧になった。そうこうしているうちに、壬生の御館は船一杯にカツオを釣って帰ってきたので、若宮は大明神や后や御子たちにお配りになった。」

「西の御門」とは、三宅島阿古の富賀浜《とがはま》の崖上に立つ鳥居をいい、今もこの鳥居は海から富賀神社を遥拝するための目安となっている。西から押し寄せる黒潮は、この富賀浜（や阿古港の辺）にぶつかるので、カツオ群の来集も多く、三島大明神の釣りをなさった場所とみなされたのであろう。

富賀浜を含む阿古は、三宅島西岸一帯を占め、漁業に好適の位置にあった。中でもカツオ漁は重要なものであり、鎌倉時代末とされる『三宅記』の創作された時代には早くもカツオ群を目の当たりにし、カツオ釣り法の工夫されていた様子がうかがわれる。

『三宅記』の三島大明神によるカツオ釣りの神話は『高橋氏文』の中のイワカムツカリノミコトによるカツオ釣り神話と相通じるところがある。安房国も伊豆、駿河両国も、すでに平安朝時代には堅魚（当時のカツオ製品、後出）の朝廷へ向けた貢納十か国に含まれている。また伊豆国三嶋郷（伊豆七島を指すが、この場合三宅島とみるのが順当）や賀茂郡（伊豆半島西岸）の田子や駿河国等には、天平年間（奈良朝盛期）に朝廷へむけた堅魚の貢納を記した木簡《もつかん》の存在が明らかにされている。

カツオ神話の生まれていた奈良・平安朝時代には、カツオは大集団で南方の海から遊泳してきて、釣り針を投げれば無数に釣り上げられる習性をもつことが知られ、大量に釣獲したカツオは、保存、交易等の用に充てるため、乾しカツオ―堅魚にする製法が生まれていたのであった。

これらの神話が物語る時代は、大和朝廷の草創期あるいはそれ以前、考古学的区分に従えば古墳文化時代ということになろう。あるいはそれよりさらにさかのぼって、縄文―弥生時代にカツオ神話の萌芽が生じていたかも知れない。というのは、約七千年前の縄文早期以降、カツオの遺骨が各地で大量に発見されており、カツオと原始日本人とのなみなみならぬ関係を感じとることができるからである。

4　縄文のカツオ遺骨

縄文時代は弥生時代（約二三〇〇年前に始まる）より以前の、約一万年間を指す。いわゆる原始時代だが、これほどの長年月の間を縄文人が、無為に時を過ごし、十年一日の、いや万年一日の原始生活に甘んじていたはずがない。食事内容にしても、当然に進歩変遷がゆるやかながらあった。大まかにいえば縄文早期には草木の実を採り、野獣、魚鳥介類を獲って生活していたようだが、後期には食物の栽培が、晩期には一部地域では稲作まで行われている。

残念ながら漁撈の分野では、陸上ほどに目立った変遷が生じたか否かがまだ明らかにされてはいない。カツオ漁についても同様で、いつごろからどの方面でとられたかが、おぼろげながらわかる程度である。カツオ漁のはじめを知るには、日本列島沿岸が形成され、人々が住み出したころを探る必要がある。

最終氷期が終わって後期に向かうと、氷が溶けだして海水が陸上の低地に浸入する。この大海進が始まり、海面がマイナス八〇メートルまで上昇したころ、日本列島を取り巻く海峡はすべて通じた。一万二、三千年前、縄文人が東日本の海岸に住みついたころには、暖流はその最北端まで到達していた。対馬海流

八戸遺跡出土カツオ遺骨（八戸市教育委員会）

表4　東西日本の魚骨出土点数比較

	東日本	西日本
マダイ	132	10
スズキ	95	4
クロダイ	72	3
マグロ	37	5
カツオ	17	1

出所　『日本縄文時代食糧総説』（酒詰仲男）

（日本海側の暖流）も約一万年前から発達しはじめていた。縄文人が列島沿岸に住みついたその初めから、暖流に乗ってくるカツオの大群がみられ、人々の漁獲意欲はいや増しにかき立てられたことであろう。

その後気温がますます高くなるにつれて海進はさらに発達し、頂点に達した約六千年前には、現在の海面より約三メートルも上昇している。例を関東平野にみると、海水は現在の低地沿いに奥深く浸入して、最も遠い所で群馬県の藤岡付近まで到達した。現在の東京湾よりはるかに広大で奥深い、古東京湾が出現したのである。

カツオが古東京湾の岸辺に住む縄文人に獲られていた証拠は、利根川河口より約二五キロメートル上流の千葉県小見川町や多摩川河口から二十数キロメートル上流の調布市にある遺跡等でカツオ遺骨の発見されていることでも分かる。現在の東京下町や広々とした関東平野の沖積低地の上空をカツオ群は思う存分飛んでいたことになろう。三陸海岸でもカツオ遺骨は現在の海岸よりずっと奥深い位置で発見されている。現在の台地状を呈するところが、縄文時代の岸辺であった。

暖流に乗り、餌のイワシ群を追って、おびただしい数のカツオ群が岸辺近くまで押し寄せたとき、それをまのあたりにした人々はおそらく岩の上でも釣れ、時には小さな丸木舟に乗って稚拙な釣り漁法でもたやすく獲れたことであろう。

今では海上はるか遠くを回遊するようになってしまったカツオだが、太平洋戦争後、船もなく漁に出られず、大昔の静穏な海に立ち戻ったとき、カツオ群は思うがままに遊行したようである。そのために岸壁に立ってカツオ釣りができたという（高知県室戸岬で聴取）。

現在より気温が二、三度高かった縄文時代中期（約五、六千年前）における人々の生活は、東日本のほうが西日本より恵まれていた。気候が温和で食料も豊富だったことなどにより、東日本の人口は九〇パーセントを超え、西日本より圧倒的に多かった。縄文後晩期になっても八〇パーセント余と西日本を圧していた（『縄文時代』小山修三）。東西日本の人口比が逆転するのは、米栽培を基とする農業生産の盛んになった弥生時代以降のことである。

縄文時代は人口比に対応するように、当然東日

表5　縄文時代におけるカツオ遺骨出土状況

所　在　地		遺　跡　名
青森県	八戸市(旧三戸郡是川町)	一王寺
	八戸市(旧三戸郡大館村)	赤御堂，長谷地
岩手県	大船渡市赤崎町	大洞
	大船渡市	細浦上の山
	陸前高田市小友町	獺沢
	上閉伊郡大槌町	類家，△野島
宮城県	石巻市	沼津
福島県	いわき市	大畑，弘源寺，寺脇
千葉県	香取郡小見川町	良文，△野島崎
神奈川県	中郡旭村(平塚市)万田	万田？
	三浦市三崎町	諸磯
福井県	三方郡三方町	鳥浜
東京都	調布市	千鳥窪
鹿児島県	日置郡西市来村大字川上	西市来

注　△印野島は，岩手，千葉どちらの県が正しいか不明。
この資料は，『日本縄文時代食糧総説』（酒詰仲男）を主体にし，一部は『縄文時代の漁業』（渡辺誠），『大畑貝塚調査報告』『鳥浜貝塚発掘23年』（森川昌和）で補った。

表6　寺脇貝塚における4種の魚骨出土比率

魚　名	縄文後期	縄文晩期
カツオ	5.8%	1.3%
マグロ	3.9%	8.0%
マダイ	70.9%	52.4%
サメ	19.4%	21.6%

出所　『縄文時代の漁業』（渡辺誠）による。

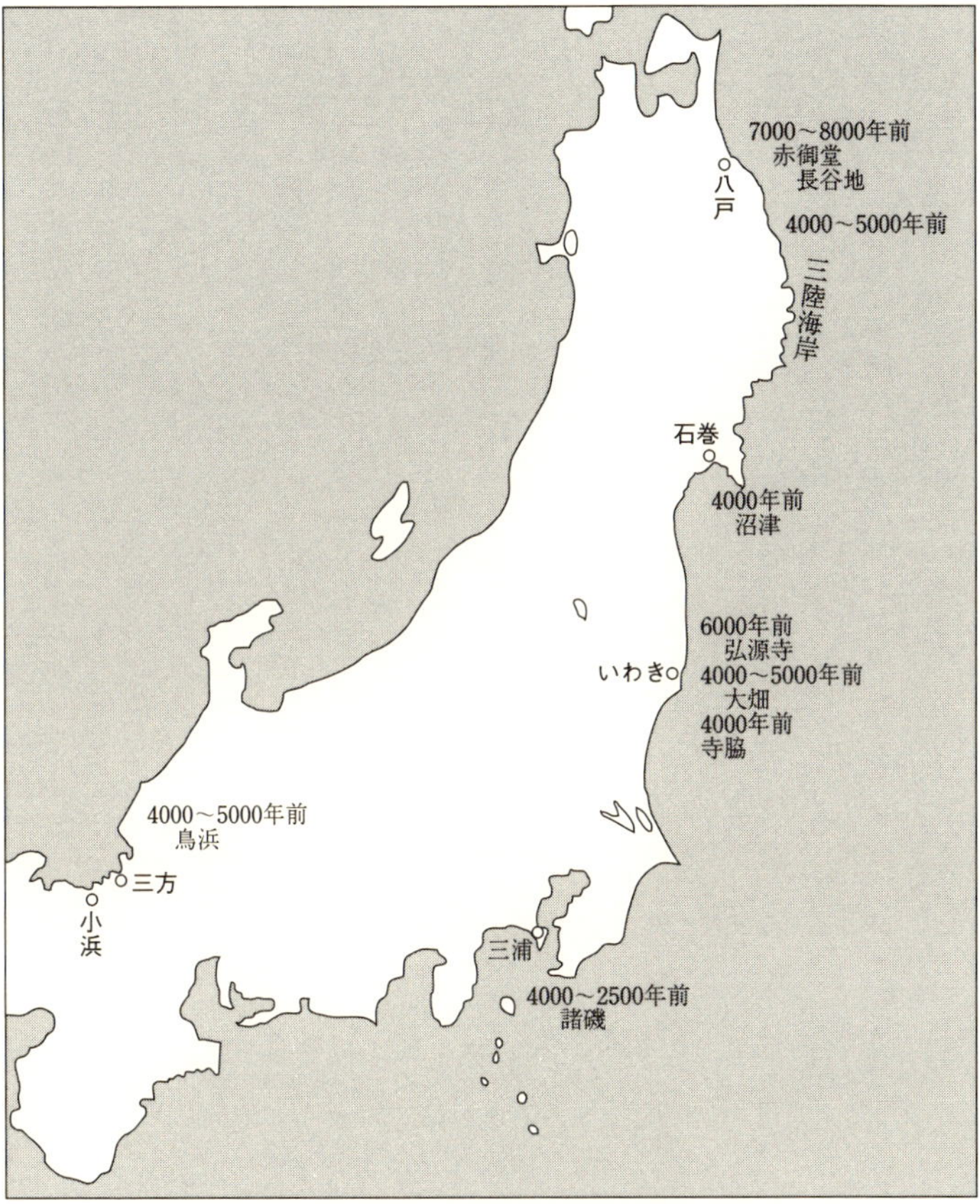

表5によるカツオ遺骨年代別出土略図

本の漁撈活動は西日本よりはるかに活発だったことが表4により明らかとなる。東日本の遺跡からの魚骨出土数は、表記五種のうちマグロの八八パーセントを例外として、九三〜九六パーセントと西日本を圧倒して多いのである。

　またカツオにも関係する釣り針の出土数は、さらに極端な数字を示す。『縄文時代の漁業』（渡辺誠）によれば、北海道二四点、東北六二七点、関東一五六点、中部一五点、計八二二点で九八パーセントを占めるのに対し、西日本は中国九点、九州一〇点、計一九点で二パーセントに過ぎない（近畿、中国両地方の出土数の記録はない）。

東日本の中でも出土数のきわだって多いのは、関東、東北両地方で、併せて全国の九三パーセントを占めている。

こうみてくれば、カツオ遺骨が東北地方、続いて関東地方に集中して出土する理由も納得できよう。事実、最古（今のところ）のカツオ遺骨は、青森県八戸市にある七、八千年前（縄文早期）の長谷地貝塚と赤御堂貝塚から、鹿の角で造った鉤《かかり》（かえし）のない釣針やサバなどの遺骨と共に発見されている。カツオは猛烈な食欲をもつ魚であり、無鉤の針でも次から次へと喰いついてくることが、大昔から知られており、前節の神話が根拠のない話とは必ずしもいい得ないことがわかる。神話の時代よりはるか以前から、漁業の進歩した東日本ではカツオは釣り漁法によって獲られていたのである。

表5は、縄文時代におけるカツオ遺骨出土状況（把握できた範囲での）である。前ページの図にはそれぞれの遺跡において、カツオ遺骨の出土した遺跡の生成年代を記入してある。東北地方の太平洋岸四県にそれらの遺跡は集中しており、その年代も七、八千年前から五、六千年前と古く、遅くても大多数は四千年前である。

東北方面のカツオ漁獲は、縄文中期（六千年前〜五千年前）の大海進時代に最高潮に達し、縄文後期〜晩期と時代が進むにつれ、衰えていく。例をいわき市の遺跡にみよう。いわき市の大畑貝塚は、縄文中期から後期にかけてのカツオ遺骨を出土する遺跡で、その出土量の多いことでは、この貝塚を上回るところはないだろうといわれる。カツオの遺骨はそれに続いて出土量の多いマダイやサメの遺骨とともに、この貝塚の魚類相を特徴づけるほどの出土量をもつ、重要な魚種の一つとされている（『縄文時代の漁業』渡辺誠)。大畑貝塚では、カツオ遺骨出土数は縄文中期前半を頂点として以後減少し、後期になると激減している。

同じくいわき海岸にある寺脇貝塚は、大畑貝塚より時代は下るが同様な傾向がみられる。カツオ遺骨の出土比率を表6にみると、縄文後期には五・八パーセントと、マグロを多少上回るがマダイには大差をつけられている。ところが晩期になると三分の一以下に激減して一・三パーセントと四種中最低で、マグロ遺骨の倍増とは逆の傾向を示している。マグロの増加は離頭銛《もり》の発達により、タイなどの多いのは漁網の発達によるというが(『縄文時代の漁業』渡辺誠)、カツオはこれら漁具の主要対象にならず、縄文晩期になるまでに気温の低下が続き、黒潮の流れが変化し、東北地方はとくにその影響を受けたからである。以後、弥生、古墳時代以降、カツオ漁は黒潮の恩恵を強く受ける西日本を主要漁場とするようになる。

5 海人族の登場

原始時代から古代にかけて、海にかかわる一切の仕事を取りしきっていた人々を海人族の通称でくるが、決して民族的差異を意味してはいない。これを二つの系統に分類した『日本古代漁業経済史』(羽原又吉)によれば、インドネシア系はモリ、ヤス魚撈に従い、阿曇《あずみ》海人に分類され、大山祇《おおやまつみ》神を奉じる。インドシナ(南中国)系は家船利用による、釣り、網漁撈に従う宗像《むなかた》海人に分類され、住吉神を信奉する、という。漁撈分業がこのように明確に行われたものかどうかに疑義を称える向きはあるが、日本列島へ向かって南方インドネシア方面と、南中国方面と両方向から渡来した海の民が、しだいに日本列島になじんでいったとの説には支持者が多い。

西日本へ向けて南方からの渡来（海洋）民が目立つようになり、新しい文化の要素が日本列島に加わりはじめた時代は縄文後期以降とみられる。南方からの渡航ルートは大別して二つあった。

第一の航路としては、遠くインドネシア方面から北上し、南西諸島沿いに黒潮に乗り、九州、四国、紀伊半島、伊豆半島、伊豆諸島などに漂着するルートがある。当時はカヌーかイカダの類しかなく、黒潮にもまれながらの航海は容易なことではなかったので、初めからとくに日本列島を目指したわけではあるまい。

そのはじめはインドネシア海域に活躍していた漁民がしだいに北上をはじめて、まずフィリピン、台湾方面に到達する。そこからなお北へ向かい、カツオなどを追い求めるうちに一部の人々は黒潮に押し流されて、南西諸島の一角にたどりつく。帰るのもままならぬし、意外に住みよい土地だというわけでそこに落ち着く。先住民の娘たちとの間に恋が生まれ、子が育ち、やがてその子らの中からさらに北方の浦々へ向かって冒険を試みる者が現れる。この繰り返しで、島伝いに長年月をかけてしだいに北上するうちに日本列島各海岸に漂着し、津々浦々で先住縄文人と対面したのである。

インドネシア系海人は、もともとはヒマラヤ南方山麓方面を原住地としていたといわれる。数千年前からマレー半島方面を経てインドネシア海域へ向かい、続いて南太平洋一帯の島々に拡散し、さらにフィジー、サモアからハワイ方面にまで、長年月をかけ定住地を見出していった。あの広大な太平洋上を縦横に航海しているのだから、カタマラン（カヌーを二つ以上つなぐ）やアウトリガー（カヌーの片側あるいは両側に浮板を張り出す）などによる航法の工夫を重ねたものに違いない。

日本列島へ向かった人々もこれらを使ったことであろう。『古代の船と海上の道』（茂在寅男、安井良三）によれば、夏七、八月には南西の風が吹き、マレー半島方面から海南島方面を経て日本列島に向けた航路は取りやすい。それに加えて黒潮が三分の二以上、順潮になり、北上するので、大きな船でなくても一、二人乗りの小舟（五、六メートル程度のカタマラン）で移動できたという。だが、このルートは黒潮に乗るまでの距離が長く、危険も多く、大挙して日本列島を目指した人々が多かったとは考えにくい。

第二のルートをとって渡来した南方中国系海人こそ、日本列島海人の主流となったとみられるが、彼らは漢族ではなく、古代中国の春秋時代（紀元前七七一〜前四〇三年）に揚子江の河口をはさんで南北に対立して戦った呉（北方）と越（南方）の亡国の民だ、との見方がある。「臥薪嘗胆《がしんしょうたん》」、「呉越《ごえつ》同舟」などの言葉を今に残す両国の戦いは、紀元前四七三年に呉が越に滅ぼされて終わったが、その越も一六〇年後には楚に滅ぼされた。

海人族を有力な基盤とした両国の滅亡がきっかけとなり、彼らは得意の航海術を駆使して思い思いに南へ北へと逃れ去ったが、その一部が日本列島へ渡来したといわれる。日本の歴史に当てはめてみると、ちょうど渡来人が急増しはじめ、稲作が伝来した、縄文晩期から弥生時代初期の間となる。このころ稲その他農作物の種子や農耕技術をたずさえた人々が呉越両国民の中の漁撈、航海術をもつ人々の手助けにより渡来したと考えられるのである。

弥生時代末期の日本を観察した記録として著名な『魏志倭人伝』の中に左の一節がある。

「男子は大小と無く、皆黥面《げいめん》文身（いれずみ）す……夏后少康の子、会稽《かいけい》に封ぜられ、断髪文身、以て蛟竜の害を避く。今、倭の水人、好んで沈没し、魚蛤を捕え、文身し亦以て大魚、水禽を厭う」

会稽王に封ぜられた夏后少康の子とは越人である。越人も倭人も「蛟竜」「大魚」（どちらもサメを指す）の害を避けるために水人（海人）たちはどちらも入れ墨の習慣をもつ——つまり同根だ、といっているのである。やはり倭人を説明する古代中国の書物『魏略』に「倭人の旧語（伝承）を聞くと、自分たちは呉の太伯の子孫であると謂っている」と書いてある。太伯とは周（漢族の国）の太王の長子だが、王位を弟の季歴に譲って「荊蛮《けいばん》の地」（当時の漢民族の国から見て、南方の辺境を指す）である揚子江岸に移り、進んで土地の習俗に染まり、呉の国を建てた人である。この本によれば、当時の日本の海人が自ら呉人の子孫を称していたことになる。

両書は呉越の亡国と国民の四散した状況を知り得る時代に、漢人によって書かれたものである。彼らからみれば南方の蛮族の国である呉と越が滅びてのち、日本列島へ移っていった人々のいたことを、倭人の伝承や越や呉の人々との習俗の相似点などから感じ取っていたと見受けられるのである。

呉越のルーツは揚子江の源流域で、シャンステート（ビルマのサルウィン川以東の山地）、タイ西部、中国雲南省の一部などを含む、照葉樹林文化の首唱者、中尾佐助氏が「東亜半月弧」と命名した一帯だといわれる。この一帯は温帯性の気候を持ち、照葉樹林が繁茂し、農産物、風俗、習慣、食物等においても、西南日本や東日本の太平洋側と多くの類似点をもつ。

稲作、雑穀の焼畑耕作のほか、モチ米、モチ粟など粘りの強い穀物も作る。ハレの日には赤飯（赤米のおこわ）をたき、餅や粽《ちまき》も作り、納豆と味噌状の発酵食品を好むなどの食習を持つ。未婚の男女が相対して歌い踊る求愛方法は、古代日本の歌垣《かがい》を想起させる。彼らの村境の入口に立つ門の横（笠）木の上には魔よけの鳥が「居」る。これこそわが国の神社の入口にある鳥居の原型ではないか、とも思える。

類似点の白眉といえるのは、家屋を風雨から守る目的で多くの民家に使われている屋根の止め木が、わが国の神社建築の象徴的存在となっている、千木《ちぎ》や鰹木《かつおぎ》の原型との感が強いことである。これらが現在、日本では神社だけに残されているが、右の山岳高地にあっても単なる実用価値だけでなく、なんらかの宗教的意味を持っていたのではなかろうか。

『古代の船と海上の道』によれば、揚子江口の舟山列島辺からジャンクで五島列島へ向かったとき、最も早い記録では一昼夜程度で到着しているという。順風に乗ればインドネシア方面からの航路にくらべると比較にならぬ速さで日本列島に到達できたのである。

呉越の亡国の民が渡来したというのは、確証があるわけではない。長年月の間に波状的に渡来してきた者たちもあろうが、両国滅亡のころ、符節を合わせるかのように日本列島の人口は急増している。渡来ルートも明確に二つに分けられるわけではなく、さまざまだったであろう。ともあれ、渡来した海人たちは、各種漁撈技術のほか、釣り針など金属製漁具と構造船を列島にもたらした。大和朝廷の成立するころには、海部《あまべ》といわれる海の職業人として知られるようになっていたのである。

『万葉集』にみられる数々の海人《あま》のうたによっても、それはうかがい知ることができる。

(1) マグロ獲り(突き)

鮪《しび》突くと海人《あま》のともせる漁火《いきりび》の　ほにか出でなむわが下思《もい》を

(2) スズキ釣り

荒たへの藤江の浦に鱸《すずき》釣る　海人とか見らむ旅ゆくわれを

(3) 地引網

大宮の内まで聞ゆ網引《あびき》すと　網子《あご》とときのふる海人の呼び声

(4) 海藻採取(ワカメ刈り)と製塩

志賀の海女は藻《め》刈り塩焼き暇《いとま》なみ
髪梳《すき》の小櫛《おぐし》取りも見なくに

(5) アワビ採り
伊勢の海人の朝な夕なに潜《かず》くとふ
鰒《あわび》の貝の片思《もい》にして

(6) 舟航
大船に真《ま》楫《かじ》繁《しじ》貫《ぬ》き大君の
命かしこみ磯《いそ》廻《み》するかも

(7) アワビ玉（真珠）採取
海神《わだつみ》の持てる白玉見まく欲《ほ》り
千度《ちたび》ぞ告りし潜《かず》きする海人

(8) カツオ釣り、タイ釣り
水の江の浦島の子が　堅魚釣り　鯛釣り矜《ほこ》り
七日まで家にも来ずて……

(9) 海上輸送
荒雄らが行きにし日より志賀の海人の
大浦田沼《たぬ》はさぶしくもあるか
（大宰府の命により対馬へ食料を送る船の船頭、荒雄《あらお》が遭難したことを悲しむ歌）

(10) 海藻食

うつせみの命を惜しみ波にぬれ
　伊良湖の島の玉藻刈り食む
　（注：伊良湖岬は、鎌倉時代になるとアマのカツオ船の見られるところとなる。）

6　膳臣、高橋氏の成立

イワカムツカリノミコトが、「頑魚《かたくなうお》」と名づけたほど、弓弭《ゆはず》に盛んに喰いついてカツオが釣れた話は前記したとおりである（本章2）。実はその後、浮島への帰り道、引き潮に遇《あ》って船は洲の上で動けなくなった。船を動かそうと周囲の砂を掘っていると、大きな白蛤《うむぎ》（ハマグリ）が獲れた。ミコトはこの二種の獲物を持ち帰って皇后に献上したところ、皇后は大変に悦ばれ、これらをできるだけ清らかに、おいしく料理して、天皇の御食《みけ》に供えよ、と仰せられた。

ミコトは承《うけたま》わると、武蔵国や秩父国の造《みやつこ》（国守）らを呼び集めて料理を手伝わせ、カツオとハマグリを主にし、その他いろいろの品を材料に添えて、膾《なます》（刺身）にしたり、煮たり、焼いたり、さまざまに調理した上で、紅葉の美しいハジの葉で作った高坏《たかつき》や、青葉の映える檜の葉で作った平坏《ひらつき》に美しく盛りつけた（紅葉のころだから戻りカツオを使ったことになる）。

葛飾野の狩りから帰られた景行天皇は、この料理を大変歓んで賞味され、次のように仰せられた。

「大倭国《やまとのくに》は、行う職業を以て、名付ける国である。今よりイワカムツカリには膳臣《かしわでのおみ》の姓を与える。以後膳臣氏は、次々に生まれてくるわが子々孫々の代まで、遠く長く、天皇の料理を身を清めて造り、仕えよ」

ミコトは、七二歳の秋八月、病を得て死去した。この時天皇は大変悲しまれて、親王（天皇の兄弟、皇子）の葬式に準じて手厚く葬った。そしてその子孫を永世、大膳職《だいぜんしき》（宮中にあって神々や天皇の御食《みけ》に奉仕する御殿）の長と定め、その上で若狭国を子孫に授けられた。

さらに天皇は、ミコトを大膳職の醤《ひしお》院にまつって、「高倍神《たかべのかみ》」とし、大膳職の坐神三座に加えられたのである。『延喜式』によれば、大膳職にいます神十八座の中では、御食津《みけつ》神（安房大神、従三位）と菓子所火雷神（従五位上）と醤院高倍神（従五位下）の三座は格別に重視されている。

高倍は高瓮《たかべ》（大瓶《かめ》）の意味である。醤院とは醤類を大ガメに入れて保管するところである。醤（なめ味噌、醤油の源流）が当時の代表的な調味料だったからこの名がつけられたが、奈良平安朝時代に存在の明らかになった堅魚の煎汁をはじめとする各種の調味料も管掌されたものとみてよい。調味料管掌の醤院、高倍神が三座の一に選ばれたのは、早くも神話時代から調味料が重視されていたことを示す。

高家神社

現在、イワカムツカリノミコトが、その昔カツオを釣ったと伝えられるあたり、黒潮洗う房総半島の一角、千倉《ちくら》の地に高家《たかべ》神社（祭神は高倍神だが、現在の社名は高家となっている）として祀られている。安房大神も千倉から程遠くない布良《めら》の浦に奉祀されている。安房大神が食物全般の神なら、高倍神は広義には料理神であり、狭義では調味料（鰹節）神である。

ミコトの子孫、膳臣氏は、天武天皇の十二年（六九七）にその本貫（本籍地）の高橋邑（現在の天理市和爾町辺）にちなんで、高橋氏に改めた。天皇の御膳を一手に受け持って前途は順風万帆に見えたが、突然強敵が行く手をさえぎった。海人族の首長となった安曇氏である。

7　海人宰《あまのみこともち》、安曇《あずみ》氏

『日本書紀』によれば、景行天皇（前出）より三代後の応神天皇の御代に「処々の海人訕哤《さばめき》テ命ニ従ハ」ぬ事態が生じた。このとき天皇は、綿津見神《わたつみ》（海神）の子孫である、安曇宿弥《あずみのすくね》を遣わしてその乱を鎮めさせた。その功に報いるために、海人たちを海部《あまべ》として組織してからは、安曇氏を「海人《あま》の宰《みこともち》」として、代々海部を率いるように命じた。海部は魚介類を採捕するのが主な職業だから、その頭領としては、種々の魚介類を天皇の食膳に供する役割を受けもつことになる。

こんなところから、高橋氏と安曇氏は、その後長く、御食《みけ》に奉仕する役割をめぐって争うこととなった。両氏の争いは応神天皇の御代から四百年にわたって続いたが、三十五代を経た桓武天皇の御代になったとき「神事は更改してはならない。先例に従え」と申し渡された。仰せに従って、どちらが古くから天皇の御食に仕えたかを調べることになり、延暦八年（七八九）には、両氏からそれぞれの由緒を明らかにする「氏文《うじぶみ》」が進上されたのである。『日本書紀』にも両氏の由緒が記されているが、権威はあるものの簡略に過ぎるというわけで、同書の内容と提出させた両氏文と併せ比較検討した結果、天皇によって高橋氏が先と審決された。

時の安曇氏の頭領、継成はこの結論を不服として、天皇の命に従わなかった。勅命違反は死罪に当たるが、祖先の功労が考慮され、罪一等を減じられ、佐渡島へ流された。海部の首長の流罪により海部は統制が乱れ、勢力は以後失われていくのである。

一方高橋氏は大宝律令によって与えられた大膳職、内膳司の長官《かみ》の役職に定着し、勢力隆々、天皇の料理長として名声は永く天下に聞こえた。高橋氏が日本食形成に与えた影響力には絶大なものがある。室町時代に著名になって現在の日本料理の基本をつくった、四条流、大草流などの料理の流派は、源流を高橋氏に発し、公卿料理として発達したものである。

米を主食とし、魚介類、菜藻類を副食とする基本的な日本料理は、いきおい淡味となる。したがって草創の昔からうま味を加えるために調味料が種々工夫された。早くも大宝律令（七〇一年）の中で、朝廷への貢献品の調味料として、「堅魚煎汁」が指定されているのは、高橋家の祖イワカムツカリノミコトが、鰹料理で世に出たことと無縁ではあるまい。

8　「堅魚」に怒った雄略天皇

神社、神宮の屋根に限って使われ、神秘的な美観を添える鰹木のいわれは何か、起源はいつころか等をたずねると、古代をさかのぼり、日本民族源流の地で、中尾佐助氏が「東亜半月弧」（本章5参照）と唱導する照葉樹林帯に行き着く。

鰹木（古代は堅魚木と書いた）の文字を冠するのは、古代（遅くとも奈良朝以前）において鰹の製品——鰹魚、堅魚の煎汁等が神饌《しんせん》（神々へ捧げる供物）の必須品目とされるほどに、天皇家などできわめて重視されていたことと関係があるとみなされるのである。

これらに関し、象徴的なはなしが『古事記』の「雄略天皇、皇后求婚の巻」に取り上げられている。

雄略天皇は、多くの人々を殺した残忍な天皇と見立てる向きもあるが、時は五世紀の終わりごろで、大和朝廷の天下統一に対し、播磨（兵庫県）や伊勢、吉備《きび》（岡山県）など地方の豪族の反乱が絶えず、朝権確立のためには手段を選ぶ余裕もなく、次々に反抗する者たちを誅伐したというのが真相のようである。

とくに大和朝廷にとって最大の強敵だった備後国（岡山県）の吉備氏はなかなか屈せず、たびたび反乱を起こして、そのたびに雄略天皇は討伐の軍を差し向けている。なかでも吉備《きび》の上道臣《かみつちのおみ》、下道臣《しもつちのおみ》等の反乱に関する伝承は、大和朝廷が地方豪族を懐柔と圧殺と硬軟半ばする手段を巧みに使い分けながら、天下を征服していった状況を示唆《しさ》している。

たとえば次のような話がある。雄略天皇のお側《そば》に仕えた吉備弓削虚空《ゆげのおおぞら》が吉備《きび》へ帰ったとき、首長の吉備下道臣前津屋《さきつや》は虚空を朝廷へ戻すまいとしたので、天皇は強圧手段を用いて連れ戻した。虚空は「前津屋が小さな雄鶏を『天皇の鶏』として、その毛を抜き翼を切り、大きな雄鶏を『おのが鶏』として、鈴と金のけづめをつけ、戦わせるのを見た。しかも天皇の鶏が勝ったので、怒ってこれを殺してしまった」と報告したので、天皇は大いに怒り、前津屋と彼の一族を攻め殺した。

また、吉備のもう一人の首長、上道臣田狭《たさ》の妻の稚媛《わかひめ》が美人だったので、田狭を任那《みまな》へ遣わして、その留守のあいだに稚媛を召しだし、天皇のものとしてしまった。帰ってそれを知った田狭が、恨んで謀反《むほん》をおこすと、天皇は田狭の子の弟君《おときみ》に命じて、田狭を殺させるのである。

左に挙げる河内国志幾の大県主は、吉備国の首長らほど強大な勢力はなく、天皇に対抗する野望もむろん持ち合わせなかった。「大」の字の付く有力な県主で、今日でいえば大きな郡の首長程度だったが、天皇以外には許されなかった堅魚（木）を屋根に上げ、立派な建物を造って悦に入っていた。『古事記』によれば、

「あるとき雄略天皇が若日下部主《くさかべのみこ》（後の皇后）のいらっしゃる河内国の日下《くさか》へ求婚にいこうとして、奈良の長谷《はつせ》の朝倉宮から生駒《いこま》山の南方を通る途次、坂の上から眼下に展開される河内国を望見された。すると『堅魚（木）』を上げて造った『舎《や》』が眼に入った。

天皇が『堅魚を上げて造ったあの家は誰のものか』と供の者に尋ねると、一人が『志幾の大県主の家でございます』と答えた（志幾は河内国志幾郡。現在八尾市）。

天皇は『あの奴《やつ》め、己《おの》が家を天皇の御殿に似せて造るとは許せぬことだ』と怒って、従者を遣わしてその家を焼き払おうとした。恐れおののいた大県主は、さっそく天皇の御前に駆けつけ、大地にひれ伏して申し上げた。『私は賤しい奴ですので、賤しい奴相応に天皇様の宮殿に似ているとも気づきませず過《あやま》って造ってしまいました。甚だ畏《おそれ》多いことをしてしまったと思い、深くお詫び申しあげます。罪を償うための贈り物を捧げますので、どうぞお許し下さいませ。』とひたすらお詫びした上で、白い犬に布を掛け、鈴をつけて、一族の腰佩《こしはき》という名の者に犬の縄を取らせて献上した。そこでやっと天皇の怒りは収まり、火をつけるのを止めさせたのであった。天皇はこれから日下部王の許へ行き、『今日、途中で珍しい物を得ました』と、ちゃっかりこの犬を求婚のプレゼントとして贈り、恋を実らせることになったのである。」

9　舎屋に上げたのは堅魚木

『古事記』に載せられた文章は「堅魚を上げて舎《や》を造れるは、誰が家ぞ」となっている。これによって「堅魚木と書いてないから、これはカツオである。当時はカツオを屋根の上で乾したり、貯蔵したりしていたのだ」といった趣旨の解説が、古くから一部で行われている。

だが、カツオはきわめて腐りやすいもので、丸ごと乾すことはあり得ないから、遠望してカツオと分かるはずがない。タテ割りに細分して干し上げるのだから、出し入れに都合のよい地上が日乾の場所に選ばれるのが当然である。上げ下ろしに不便な上に、急傾斜で物を置くに不適当な屋根を使うはずがない。干し上げたカツオは、湿気を嫌うから室内に保存するもので、これまた屋根は不必要である。舎屋に上げたのは、明らかに堅魚（木）である。

雄略天皇は堅魚木を上げることを臣下に許さなかったとの神話を裏返せば、その以前には、県主など多くの地方の権力者たちによって堅魚木が舎屋に上げられていた時代があったことになる。これに関連して群馬県佐波郡赤堀村茶臼山古墳から出土した、五棟の家型埴輪（五世紀前後のもの）に眼を向けてみよう。

千木と鰹木（伊勢神宮）

千木の家型はにわ（茶臼山古墳出土）

五棟は主屋と副屋、切妻の高倉、小さな納屋、寄棟《よせむね》から成り立っている。主屋は切妻平入りで、屋根にカツオ木が五本載せられ、平入りの柱間は三間の間隔で、ここに入口と窓がある。このような大型の居宅が、一般の民家の型式でないことは明らかである。おそらく当地方の一大権力者の家を模したものであろう。

茶臼山出土の家型古墳は多くの点で伊勢神宮の唯一神明造りとよく似ている。唯一神明造りは同じように切妻造り、平入りで丸柱を使い、屋根は茅ぶきで棟の上に十本のカツオ木が並ぶ。違うのは破風が屋根を突き抜け、屋上に千木となって現れていることと、高床式であることの二箇所であるが、関連性の多いほうが目につく（伊勢神宮、家型埴輪、揚子江上流奥地の家の、各屋根の形態が共通している）。

神明造りは、弥生時代に現れた高床式の穀倉とも似ており、その源流と目されるものには、現在でも揚子江上流の奥地にある高床建築がある。それはまず地面に柱を掘り立てて、床を張り、屋根には斜めに左右から竹か丸太を中央上部の棟木《むなぎ》に立てかけて垂木《たるき》とし、蔓《つる》で結びつけ、その上を茅や木の葉などで葺《ふ》く。頂上には雨風を防ぐために茅などを曲げて葺き、風に吹き飛ばされぬようにX型または一型（カツオ木型）の短い丸太を縛りつけて重しとする。破風は建物の両端において屋根を突き抜けて交差し、しっかり結びつけられて建物の大きな支えとなっている。

これらは本来の屋根を護持する目的のほかに、それぞれに呪術的な意味が付与されているものとみられる。カツオ木状の棟上の押さえ木は、大切な食糧貯蔵庫を悪霊から守り、千木の原型は中天に突き出て悪霊を威嚇《かく》しているのであろう。村の入口にある鳥居の原型に、村を守る呪《まじない》が込められているのと同様である。

茶臼山古墳で発見された家型埴輪《はにわ》に見られる押さえ木の太さは、家の大きさと対比すると、現在の神社の鰹木と変わりはない。形状も似ているが、円筒型に近く、太い丸太の両端を切り、棟に接しやすくするために、中央部をやや平たく削ってある。押さえ木は主屋にだけ上げられている。主屋には、この地方の権力者一家が居住し、さらに彼らの神と神宝を祭る神棚がしつらえてあったのであろう。権力者とその先祖の霊はまず悪霊から守らねばならぬという、原始的宗教思想が彼らの主屋だけに押さえ木を置いた理由と考えられる。志幾の大県主が「堅魚」木を上げたのも、天皇家—神社、神宮がそれを独占したのも、同様な観念から発したものである。今も千木、鰹木は正殿、宝殿、御饌殿等、神の生活にかかわりを持つ建物だけに置かれて、往昔を偲ばせてくれる。

揚子江上流地方に原型があるのは、大昔にわが国の神社、神宮の鳥居、高床式建物、千木、鰹木を連想させる構造物が日本列島へ伝来したものか、偶然にも両地域に同様な形状を生んだのか、明快な解答は出されていない。だが、偶然にしてはあまりにも似ていすぎる。南方から到来した海人族がもたらして、日本列島の自然的、社会的条件に応じて変化していったものかも知れない。原初的な構造様式が、わが国において装飾化されたのが千木、鰹木なのである。

10 天皇家によるカツオ木独占

大和朝廷は、日本武尊の東征神話や、景行天皇の東国行幸のさいのカツオ釣り神話などの物語るように、四世紀から五世紀にかけて東国平定に力を尽くしている。五世紀の終わりごろになると、雄略天皇が近畿、中国地方において、王権確立のために血みどろの死闘を繰り返している。後世のカツオ漁業地は、南九州を除いておおむねこのころから大和朝廷の支配下に入るのである。

これよりはるか以前から、天皇家は先住弥生人たちの主屋にだけ置かれた押さえ木に気づき、その意義に注目していたはずである。雄略天皇と堅魚木の神話からみれば、それ以前からカツオ木の名称も生まれていたことになる。だが、まだそれは天皇家の独占物ではなかった。

志幾の大県主が、天皇の御舎を真似たのではなく「気づかなかった」と弁解しているのは、言い逃れではなかったかも知れない。おそらく先住人にならって、大県主など有力な首長クラスがカツオ木を上げていた時代が長く続いていたのであろう。天皇がその特権を独占しようと企てて臣下の使用禁止を言い渡したが、まだその禁令が徹底していなかったのであって、必ずしも天皇の眼を盗んでいたわけではない、との見方も成り立つ。

雄略天皇が怒ったのは、神宝を置き、皇祖皇宗の神霊を祀る天皇の大殿（御舎）こそは、唯一絶対に堅魚木や千木によって守られるべきものなのに、「御舎」に似せた臣下の堅魚木の存在は、皇祖の神霊に対する大きな冒瀆と見なしたからである。このころすでに押さえ木はカツオ木と名づけられており、ふくらみのある円筒の形状は現在の神社に見られるような、カツオの頭と尾を切り取った魚体を象徴するものとなっていたのであった。

なぜ、同様の魚形なのにブリ木やマグロ（シビ）木とは呼ばれなかったのか。なぜ数ある魚類中、カツオが選ばれたのであろうか。その解答は、カツオ木が最も重視されてきた、伊勢神宮（古代から日本国の一の宮である）において示されている。神宮創建の当初から、堅魚—鰹節は数ある魚類の中では唯一種、欠くことのできぬ第一等の神饌に定められているのである。いわば神の魚とみなされたのは、年々一定の季節に一定の方角から現れ、人々に大きな幸をもたらして、やがて消えていくその不可思議さ故に、古代人の目には神霊の宿る魚と映じていたからにほかならない。実は定期的に出没する魚は他にもあるが、カツオほどに古代人が貴重視したものはない。その理由は、もたらした海幸——すでに有史以前から知られた調味料としての有用性にあると考えられる。その証拠は古代の支配社会において米食中心の食事が形成されて以来、カツオの煎汁だけがとくに選ばれ、大豆製の発酵調味料と肩を並べていた事実や、前記伊勢神宮の神饌として「堅魚」が、米塩に次いで重視されていたことなどにより明らかとなる。

　神事は故実をことのほか重んじるものである。例えば天皇の御食事の内容が時代の進むにつれて変化していったときにも、神饌は故実を守り続けた。したがって神饌によって神代における天皇の食事の内容、有様が想像できる。同様に天皇の御殿も時世の移り変わりに合わせて変容していったが、神殿は神代の姿そのままに建てられている。

　神殿建築といえども大昔に比べれば変容もあったであろうが、現状に落ち着いたのは、六世紀半ばの仏教伝来に伴う、寺院建築に刺激されて以来のこととされている。『古事記』の成った七一二年ころには、原始時代からの建築様式はすでに神社だけに使われるように変化していたが、これは大陸の建築様式を採り入れて天皇の御殿の模様変えが進む一方では、尊崇する皇祖、天照皇大神には、先祖代々受け継がれた御殿建築の中に永久に鎮座していただこうとの配慮がなされていたからである。その神殿の象徴的な存在として千木と堅魚木が選ばれたのであった。

　鰹木がとくに皇統神の神殿で重視されたことは、伊勢神宮の唯一神明造《ゆいつしんめいづくり》にみることができる。鰹木と千木は、他の神社建築にも許されたが、厳格な規定があった。神明造り以外では、千木は屋根を突き抜ける本来の形式のものではなく、棟の上にのせるだけの置き千木である。鰹木は伊勢神宮を上回る数を許されてはいない。大嘗宮（天皇即位のさい、建てられる御殿）が八本、大社（出雲）造が三本、住吉造が五本、春日造が二本などと決められている。

第五章　古代人のカツオ

1　カツオ漁の浦々

大和朝廷草創の五世紀ころとなると、気温も列島を取り巻く海流も現状に近づいており、カツオの来集する海域もまた、おそらく（具体的に来集状況の摑める）江戸初期当時に似てきていただろうと推察できる。今から一千数百年前のこと故、カツオの沿岸接近を阻害する要因は生じておらず、列島全域は亭々と生い茂る森林の緑に彩られ、漁民もまばらだったであろう。海岸や河川流域の自然を破壊する要素が少なかったのだから、沿海のプランクトン増殖は留まるところを知らず、それをねらって集まるイワシなど小魚群は充ち満ち、さらにそれらを餌とねらうカツオ群も自由に沿海を遊泳したであろうことは容易に想像できる。

とくに黒潮本流が海岸を洗い、あるいは接近する浦々では、ごく近間でカツオ漁が行われていたことは確実である。黒潮が最初に押し寄せる与那国島や東シナ海から太平洋へ向かって激しく流れこむ位置にあるトカラ列島などは、明治年間の書物が「カツオの巣窟」と形容したように、古代にはむろん、カツオ群で充ち満ちていたことであろう。

それより北上した黒潮は、随所に分流や反転流を生んでカツオ群を沿岸に誘いこんだので、良港のあるところはどこでもカツオ漁を盛んにした。そして遅くとも奈良朝時代には、他の魚類にはないカツオの特質が知られて、食事をおいしくするためにその利用法が創案されていた。堅魚《かつお》、煮堅魚、堅魚煎汁《いろり》などの製品がそれである。

古代の堅魚製品貢納の南限として知られるのは日向（宮崎県）、豊後（大分県）両国である。『古事記』によれば、神武天皇が東征のために船出して、潮流の速い「速吸之門《はやすいのと》」（豊予海峡）を越えようと難渋していたとき、亀の甲に乗って釣りをしている一人の漁人《あま》に出会った。天皇の仰せによって水先案内を無事に勤めた功により、「椎津彦《しいつひこ》」の名を与えられたこの人は豊後海人である。今ではカツオの遠ざかってしまった豊後国だが、椎津彦に象徴される古代の海人たちは、隣国、日向海人らと共にカツオを釣っていたのである。両国で製された堅魚は瀬戸内海を通り、住吉《すみのえ》の津を経て、大和の国の朝廷へ向けた貢納品とされたのであった。

住吉の津は難波《なにわ》（大阪）の南部にあって住吉神社が近くに鎮座し、古代における大陸に向けた玄関口ともなった重要な港である。その辺一帯には、浦島の子の属した海人族、日下部氏の一派が、本拠地である丹後半島から移り住み、航行と漁業に従事していた。『万葉集』に載る高橋虫麻呂の「水江の浦島の子を詠む一首」は、住吉（墨吉《すみのえ》）の岸に出て釣舟の往航するのを見て、浦島子を偲び、歌ったものである。

ここから出た船が浦島の子のようにカツオ釣りに出かけたかどうかは不明だが、黒潮本流が紀伊半島の南端にぶつかって生じた分流は、半島の西岸を北上して紀淡海峡に到達しており、そこにはかつてはカツオ群さえ見られた。

黒潮の分流が色濃く回遊する土佐湾は、湾岸一帯が大昔からの海人族の居住地であり、湾央の大暗礁を中心にカツオ群の大回遊の見られたところである。沿岸には良港も多く、古代には、紀伊国と並ぶ西国の二大「堅魚」産地であった。

紀伊半島は本州中では最も太平洋上へ突き出ており、黒潮の影響も大きく受ける上に、半島沿岸到る所に良港があり、その上沿岸に沿って都へ向けた航路も古くから開けていた（都人の熊野詣では、古代においてきわだっていた）。カツオ漁、堅魚の製造が盛んになる環境は、最もよく整っていたのである。

先記した『白浜大明神縁起』（『三宅記』）によれば、「白浜大明神」は丹波国から出雲国を過ぎ、紀伊半島沿岸を経て、伊豆の三宅島に移られたという。紀伊国には、来往した出雲海人がもたらしたという「熊野の諸手《もろた》船」があった。伊豆へはこの快速船で移動し、その後をカツオ群が追いかけたものであろう。熊野の諸手船に対し、伊豆には伊豆の人々の手に成った「伊豆手船」があった。つい最近まで伊豆半島には樹齢数百年を超える楠の巨木が多数みられたほどだから、その昔は全域が太古以来斧鉞《ふえつ》の入らぬ、うっそうたる照葉樹林（楠など。高地は杉林など）に覆われ、昼なお暗い景観を呈していたことであろう。船材はどこでも得られたが、仁科《にしな》川、狩野《かの》川など、輸送に便利な流域が伐採地に選ばれた。仁科川河口には良港がある。『皇年代記』に「崇神天皇十四年、伊豆より大船を貢納す」とある造船最古の記録は仁科を指すといわれる。

崇神天皇より五代後の応神天皇の五年「伊豆国に科《ふれおお》せて船を造らしむ。長さ十丈（約三〇メートル）。軽く浮びて疾《と》く行くこと馳《はし》るが如く……その船を名《なづ》けて枯野《からの》と曰ふ」（『日本書紀』）とある。枯野から転訛した軽野、狩野は伊豆の地名として残る。狩野川上流にある軽野神社で建造したのが「枯野」船で、伊豆手船の元祖といえる。

仁科川口に近く田子港がある。ここは奈良朝時代から現代まで続く、堅魚―鰹節の最古の産地である。

また狩野川が流入する内浦湾は、やはり大昔からカツオ群の押し寄せるところであった。これら二か所以外にも伊豆半島西岸には良港が多く、カツオが昔から最重要の漁獲物となっていた。伊豆半島突端の白浜(下田)から三宅島など伊豆の島々の古代におけるカツオ漁の盛んだった状況は、『白浜大明神縁起』により、房総半島のカツオ漁は『高橋氏文』によってそれぞれ片鱗がうかがえる。

2 海産物貢納

大宝元年(七〇一)八月、唐令にならって制定された律令の中には、大和朝廷が初めて定めた税制が「賦役令《ぶやくりよう》」の名でのせられていた。残念ながら現在まで残されていないが、律令は近江朝時代(六六七〜七一)に初めて制定され、大宝元年に完成し、養老二年(七一八)に改訂されたといわれるから、今に伝わる養老律令に収められた賦役令をみれば、日本最古の租税制度のおよそがわかる。

それによれば税の種類には、租《そ》、庸《よう》、調《ちよう》の三種がある。このうち調は各地の産物を納めさせるもので、正調と調の雑物に分けられる。正調は、絹、絁《あしきぬ》、糸、綿、布等、七種の中から、それぞれに郷土で産出するものを納める。調の雑物は、正調を産しない土地の者が、(1)鉄十斤、(2)鍬三口《みふり》、(3)海産物のうち、どれかを納める。

貢納品として指定された海産物は二九種。このうちどれか一種を、正丁(二一歳から六〇歳までの男子)は規定量だけ納めなければならない。また次丁(六一歳〜六五歳)は正丁の半分で、中男(一七歳〜二〇歳)は次丁の半分を納めることと定められた。

このほか、正丁だけが上納する調の副物があった。これは今でいえば付加税のようなものである。納める品は土地柄に応じて異なっており、山の物、畑の物、工作品等々三六種に及ぶが、海産物では、わずかに塩一升、雑腊《きたい》二升、堅魚煎汁《いろり》一合五勺の三種だけが規定されている。カツオの煎汁は、このころすでに塩と並ぶ重要な調味料として格別に扱われていたのである。そればかりでなく堅魚（干しカツオ）も格別視されていた。

先に挙げたように、調の雑物は正調を産しない国々が規定により貢納するもので、堅魚に関する部分を「令義解三、賦役」に見ると左のとおりである。

「正丁一人絹絁八尺五寸六丁、成レ疋（中略）若輸二雑物一者（中略）堅魚卅五斤」

正丁一人が絹絁の代わりに雑物を貢納する場合に、魚名を明示されたものは堅魚だけだったのである。

表7　海産物貢納高（養老律令より）

海産物	貢納高	海産物	貢納高
アワビ	18斤	オウ（白貝）	3斗
煮カツオ	25斤	カツオイロリ	4斗
イリコ	26斤	煮塩アユ	5斗
イカ	30斤	近江フナ	5斗
サザエ	32斤	雑スシ	6斗
カツオ	35斤	ウニ	6斗
雑魚スハヤリ	50斤	ガセ	6斗
雑ホシイオ	100斤	雑キタイ	6斗
アワビスシ	2斗	ニシ	6斗
イカイスシ	3斗	ムラサキノリ	49斤
シオ	4斗	コルモハ	120斤
		ニギメ	130斤

一人当たりの貢納量は、少ないものほど貢納価値は高いことになる。養老令による一人当たり海産物貢納規定量を一覧すると、表7のとおりで、アワビに次ぎ「煮堅魚」が二位を占め、断然評価は高い。「堅魚」は六位だが魚類では最高位で、その上位はイリコ、イカ（スルメ）、サザエなど、魚以外の加工品で占められる。

海魚類では、堅魚のほかはすべて「雑魚」と一括され、固有名称は現れていない。しかもそれらの評価は、例えば雑魚の楚割《すはやり》の場合は、煮堅魚のちょうど半分に過ぎず、堅魚と比べてもかなり低かった。雑腊《ほしいお》（さまざまの干魚）はさらに評価が低く、煮堅魚の四分の一、堅魚の三分の一に過ぎなかった。量目（斗）で表示された堅魚煎汁の場合も、アワビ鮓、イカイ鮓には及ばないが、煮塩アユなど主として魚類の加工食品よりは高く評価されていた。

調の雑物として貢納されたカツオの加工品は、煮堅魚、堅魚、堅魚煎汁の三種になるが、一種の海産物が多種類の貢納品に指定された例は、他にはアワビの例（加工品一七種）があるだけである。またアユ、コイ、フナなどの淡水魚は別として、タイのような高級魚をも含めて、カツオ以外の海産魚類の固有名称はいっさい見られない。カツオ製品が単なる魚の加工品と見なされていたなら、これほど格別視されなかったであろう。

3　カツオの貢納品六種

延喜式で貢納品として規定されたカツオ製品は、堅魚、煮堅魚、堅魚煎汁と手綱鮓（駿河国貢納の中男作物で、カツオの尾に近い部分を使った）の四種だが、これとは別に紀伊国からは醢《ひしお》堅魚（塩辛）と生堅魚が贄《にえ》として貢納されていた。

「堅魚」とあるのは「煮堅魚」に対する用語だから、生魚を縦に細く何条にも切って、そのまま干し上げたものである。次項に記すように、貢納国から差し出された記録（木簡）には「麁《あら》堅魚」と記されている場合が多い。麁は粗の意味だから、煮堅魚にくらべて粗製品だということになろう。

「煮堅魚」とは、現在の鰹節の原形というべきもので、煮てから干したものである。江戸期以来、生利《なまり》節《ぶし》のことだと説く書物が多いが、都に近い紀伊、伊勢両国の一部を除いて、生利節は考えられない。例えば伊豆国から平城京までの法定運送日数は二二ないし二三日だったから腐りやすい生利節を貢物として伊豆国や駿河国から都まで輸送することは不可能である。麁《あら》堅魚に対する乾燥精製品とみるべきである。麁堅魚よりそれは目方が少ないのに評価の高いことからも推察できる。

生魚を干すのと違って大きな煮釜を必要とするが、貧しい海浜の人々が入手することは困難だろうから、地方の役所が貢納完遂のために用意したものであろう。煮釜には伊豆の場合、堝《なべ》型土器が使われた。三宅島でそれが発見されている（橋口尚武氏）。煮堅魚は、製造に手間も燃料も必要になるので、麁堅魚の三五斤に対して二五斤の貢納で済んだ。つまり三割方高く評価されていたのである。「堅魚煎汁《かつおのいろり》」は、カツオを煮たあとの汁を煎じつめ、濃縮した黒褐色のアメ状液である。今も鹿児島県の山川や屋久島でつくられているセンジに当たる。だが当時の堅魚製法は粗雑だったであろうから（あるいはもともと骨つきの肉を入れるかして）肉分が多く入って、センジより美味だったことであろう。調の中では唯一の調味料で動物性でもあり、独特のうまみが喜ばれたらしく、調の雑物の中ではきわめて貴重なものとされている。塩の三斗に次ぎ煮塩鮎と同量の四斗となっているが、調の副物では塩の一升に対して堅魚煎汁一合五勺とあり、断然評価は高い。

堝型土器（橋口尚武氏提供）

カツオを使った三種の製品の中で、堅魚煎汁が調味料とされたことは明らかだが、堅魚や煮堅魚にも同様な用途があったかどうかははっきりしていない。しかし、カツオ以外の魚名は貢納品の中に見出せぬこと、堅魚と煮堅魚と二種の製品名が特記されていること、貢納価値が非常に高かったことなどの事実が注目される。さらに伊勢神宮の日別朝夕の大御饌《みけ》（天照皇大神に捧げる朝飯と夕飯）には飯、酒、塩に次いで堅魚が欠かせぬものとされ、その他の副食類……海藻、野菜、生干魚類と区別されていることなどを総合すると、単なる干し魚とは見なされてはいなかったと考えられる。おそらくその削り物（『厨事類記』に出てくる）としての独特の用途――副食にもなれば調味料にもなる――が重宝がられていたものであろう。堅魚より貢納価値をさらに高く評価されたアワビもまた伊勢神宮ではカツオと並び、他の魚介類とは別格視された神饌である。

4　堅魚類貢納の実態

紙の貴重だった古代には、写経や重要記録を除けば、木材や割竹を削って作った木札が、しばしば紙代わりに使われている（これを木簡《もくかん》という）。平城宮の跡からは、国々の貢納物の品名、数量や貢納の地名、人名などを記入した木簡類がたくさん出土しており、その中にはカツオの貢納に関するものも発見されている。

① 駿河国有渡郡嘗見郷　戸主有刀マ忍万呂　戸有刀マ古万呂　調堅魚十一斤十両　天平十九年十月（駿河国の有刀マ忍万呂、古万呂が調としてカツオ十一斤十両を納めた）

② 遠江国山名郡進上中男作物　堅魚十斤　天平十七年十月（山名郡の未成年者がカツオ十斤を進上した。）

③ 伊豆国賀茂郡三嶋郷戸主占部久須理、戸占部広遅　調　麁堅魚拾壱斤十両　員十連三節　天平十八年十月（伊豆の三島郷――三宅島に住む占部久須理が粗カツオ十一斤十両、員数にして百三本を一籠に盛って納めた。次頁写真参照）

④ 駿河国駿河郡古家郷の戸主春日部与麻呂　調煮堅魚捌斤伍両　天平宝字四年十月（駿河国の春日

部与麻呂が、煮カツオ八斤五両を貢納した。）

右のほか堅魚に関する木簡は、志摩国一、遠江国一、伊豆国六の発見例がある。

正丁一人当たりの調の「堅魚」貢納量は、大斤で三十五斤と定められていたが、これを三等分してそれぞれ籠に盛りこみ、貢納した。一籠は①、③の例にみられるように十一斤十両である。三籠を合計すると三十五斤になる（十五両を以て一斤とするので、三籠で三十三斤三十両、つまり三十五斤となる）。

例④の煮堅魚の場合も、八（捌）斤五両とあるのは一籠分で、やはり三籠を合わせると、ちょうど規定量の二十五斤となる。例②の場合、中男（満一六歳より二〇歳まで）作物は、正調の四分の一が規定だから、八斤十一両余のはずだが十斤と多めに納めている。

例③の重量の下に書いてある、員十連三節は、カツオの数量を表す。別の例では、

⑤「麁堅魚壱拾斤太盛十連四節」（麁カツオの大斤で十斤を十連四節分一籠に盛る）。

とあるから、一籠に盛ったようである。節は本数を意味し、連は十節つまり堅魚十本を示すから、例③の十連三節は百三本、例⑤は百四本となる。

伊豆三宅島よりの堅魚貢納を示す木簡

例③による堅魚1節(本)の重量

1斤	670g
11斤10両	約7,415g
7,415g÷103本	72g
	（1本の重さ）

正丁1人当たりの貢納本数

現在の鰹節の大きさで計算した場合（250g とみて）		
堅　魚	35斤	23.45kg÷250g＝93本
煮堅魚	25斤	16.75kg÷250g＝67本
延喜式(平安時代)の貢納堅魚での計算(70g とみて)		
堅　魚	35斤	23.45kg÷70g＝335本
煮堅魚	25斤	16.75kg÷70g＝239本

例③によれば十連三節の目方は十一斤十両となっているので、これから当時の堅魚一節（一本）の重量が計算できる。この場合の一斤は大斤で六七〇グラムに相当するから、十一斤十両は七四一五グラムとなり、一本の目方は約七二グラムとなる（上表参照）。なお例⑤によって計算すれば約六四グラムとなるから、平均して約七〇グラムを堅魚一本の目方とみることにしよう。

現在標準的な大きさのカツオは、三枚におろしてのち、さらに両断して四本に仕上げる。その場合の鰹節一本の目方は二〇〇～三〇〇グラムだが、平均二五〇グラムとみることにすると、古代の堅魚（約七〇グラム）一節（一本）はその三分の一以下になる。小さなカツオでも二分の一以下になろう。

これからみると、古代の堅魚を製造する際の生カツオの切り身は、現在のように三枚におろしてから、さらに三細分ないし四細分したことになる。あまりにも細小なところからみて、ソウダカツオを使う場合が多かったのかも知れない。この当時楚割といわれたものと、製法が似ていたのである。焙乾法が知られていなかったのだから、仕上がりを早くして、都までの長途の輸送に際しても腐敗させぬよう充分に乾燥させるためには、細断する必要があったのである。現状の大きさの生切り製法では、日乾途中で腐敗する確率が高い。

なお正丁一人当たりの堅魚と煮堅魚の貢納量は、既述のとおり三十五斤、二十五斤である。これらを現在の鰹節の大きさと同じにみた場合の計算は、堅魚九十三本、煮堅魚六十七本となる。また延喜式による平安朝当時の大きさによってみれば、堅魚は三百三十五本、煮堅魚は二百三十九本となる（注：煮堅魚の重量の計算できる資料は見当たらぬので堅魚と同じ重さと仮定した）。

5　堅魚類の貢納地

大宝律令、養老律令は大綱であり、細目は作られていないので、貢納地までは記録されていない。律令発布（七〇一、七一八）より約百年後の弘仁十一年（八二〇）には、その細目を記した「弘仁式」が、さらに約百年後の延長五年（九二七）には「延喜式」が撰上された。年代が二百余年も経過しているが、養老令の規定量が重税だったことが考慮されたのか、延喜式の税制では左のとおりの変化が見られる。

「延喜式廿四巻、主計式」によれば、

「凡諸国輸調（中略）堅魚九斤、西海道諸国十一斤十両、凡中男輸作物（中略）堅魚一斤八両三分、西海道諸国二斤」

とあって、正丁一人当たりは養老令の三十五斤の約三分の一に減少を見せているのである（十一斤十両の三倍は三十五斤である）。

堅魚の貢納国は大宝令、養老令に記載がないが、延喜式には全貢納国があげられている。これらの貢納国は、約一千年を経過した江戸後期になって明らかにされた鰹節産出国の中にすべて含まれている。カツオの漁撈と堅魚――鰹節製造は、その条件に恵まれた国々だけが、伝統としてそれらの技術を大切に守り続けたものだから、改変はあり得ない。したがって大宝律令と延喜式の両時代に制定された堅魚の貢納地

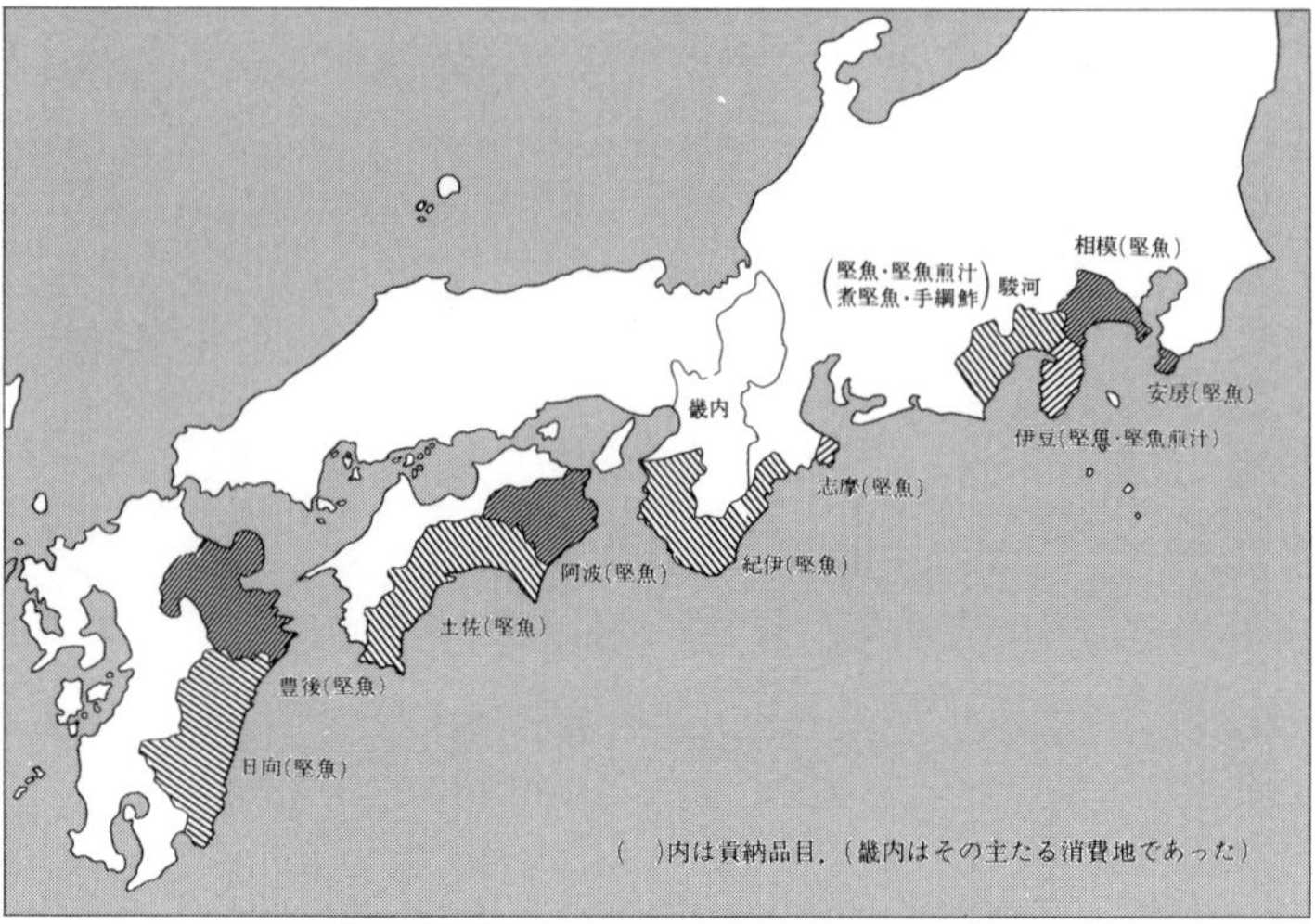

平安朝時代のカツオ製品貢納国（延喜式による）

表 8　堅魚類の貢納国別品目

国　　名	調	庸	中　男　作　物
志摩(三重県)	堅　魚	堅　魚	
駿河(静岡県)	煮堅魚　2130斤13両		手綱鮓　39斤13両 2 分
	堅　魚　2412斤		堅魚煎汁
			堅　魚
伊豆(静岡県)	堅　魚		堅魚煎汁
相模(神奈川県)			堅　魚
安房(千葉県)			堅　魚
紀伊(和歌山県)	堅　魚		堅　魚
阿波(徳島県)	堅　魚　535斤 8 両		
土佐(高知県)	堅　魚　855斤		堅　魚
豊後(大分県)			堅　魚
日向(宮崎県)	堅　魚		

には、あまり変化はなかったであろう。

延喜式「廿二巻、民部省の上」によれば、輸送上から国々を左のとおり遠、中、近の三種に分けている(江戸期以前にカツオ漁を行っていたおもな国をあげた。傍線は延喜式による堅魚貢納国で、後年の主要鰹節産地となる)。

近——伊勢　志摩　阿波　紀伊
中——遠江　駿河　伊豆　相模　伊予
遠——上総　下総　安房　奥羽　日向　薩摩　豊後　肥前　肥後　土佐

右のような近、中、遠の区別が、貢納にどのような影響を及ぼしたかは不明である。前ページの分布図を一覧すると、すでに延喜式の時代に黒潮の及ぶほとんどの国々(奥羽、薩摩を除く)が、堅魚類貢納国となっていた情況が明らかとなっている。さらに堅魚類の貢納国別品目表(表8)を見ると、駿河(四品目貢納)、伊豆(二品目貢納)、土佐、阿波(両国共に堅魚の貢納量の記入がある)、紀伊(調、中男作物の双方で貢納している)、志摩(調と庸の貢納がある)の六か国が主要貢納国で、相模、安房、豊後はごくわずかの貢納をしていたに過ぎないことなどが明らかにされている。

6　貢納された堅魚類の使途

朝廷へ貢納された品々は、原則として都へ集められた上で、各方面へ給付されるべきものである。しかし輸送手段の整っていなかった古代において、全量を都において集散することは不合理であり、不可能でもある。田租の場合を例にみると、貢納された稲米の大部分はそれぞれの地方役所にとどめておき、必要部分が都へ運ばれている。堅魚を貢納させていた一〇か国の国府でも、朝廷の命を受けて、地方に留める部分と朝廷へ送る部分とを分けていたものであろう。

全貢納品は朝廷をはじめとし、国府等に勤務する役人や神社、神宮、大寺院などに、それぞれの格式に応じて支給されたものである。海藻類などは当然のことながら寺院に多く支給されたが、カツオの場合は仏教の殺生禁断の戒律によって、寺院には給付されなかった。

延喜式によれば、カツオは朝廷における祭事や神社、神宮の神饌として用いられることが多かった。カツオを用いた祭事の数は約一七〇回、神饌を供進した件数は四四九回に上っている。左に延喜式神祇に記載された各種神事、各神社へ支給された記録からカツオの神饌（神々への供物）供進量を掲げてみよう（カツオは、水産品の中ではアワビ、海藻、塩とならんで、欠かせぬ神饌品目とされていた）。

四時祭	八百十一斤四両	
臨時祭	二百九十六斤二両	外に三十一籠十連
伊勢大神宮	四十六斤	
斎宮其他	三百九十二斤十三両	
大嘗祭	三百三十斤六両	外に十五籠
各省祭	二百十九斤四両	外に六籠
合計	二千九十五斤十三両	外に五十一籠十連

一籠に盛られるカツオは十一斤十両であるから、五十一籠を換算すると五百九十五斤となり、総計で二

千六百九十斤余となる。以上は『延喜式内水産神饌に関する考察』（渋沢敬三）に拠った数字である。渋沢氏は、右のほか現物支給した量が九千斤以上あるから、合わせて一万二千斤近くが消費されたと説いている。一万二千斤は八〇四キログラムに当たるから、現在の鰹節を一本二五〇グラムと見て本数に換算すれば三二〇〇本となる。これを四つ身におろしたとして生カツオの本数を計算すると八〇〇尾が使われたことになろう（当時の「堅魚」の本数で計算すれば、一本が約七〇グラムだから一万本程度の製品となる）。

ところで延喜式による国々の堅魚貢納量は、駿河、阿波、土佐の三か国分しか記録がなく、その合計は約六千斤である。三か国の中では駿河は最大の堅魚貢納国であり、土佐、阿波も有力な貢納国である。貢納量の記載のない有力な貢納国に伊豆、紀伊、志摩があり、その他の貢納小国、安房、相模、豊後、日向の貢納分を合わせ推定すると、渋沢氏計算による一万二千斤のうちの残り、六千斤を充足できそうである。

7　堅魚類の神饌

神饌《しんせん》とは、神々の食事の料のことで、古くはミケ、オオミケなどといわれた。その言葉どおりに解釈すれば、とくに神前だけに捧げられる、一般には縁のない食物のように思われる。だが、これこそわが遠つ祖《おや》の食事の有様を偲ぶことのできる最古の手がかりなのである。

神の祭はすべて古儀を尊び、変革を忌むものだから、神代のさまざまな生活様式は、今に伝わる祭の中に生きているとみてよい。ことに神饌の場合は、すでに飛鳥～奈良朝の昔から、政令によって旧慣を厳守するよう戒められていた。だから神饌の様式、内容などを調べることによって、われわれは神代以来の調理法、食膳の配置、食物等々についてかなり詳細に知ることができる。具体的にいえば古墳時代のころからの食事内容が示されていると見てよく、大和朝廷草創期を迎えたころには天皇の盛饌となっていたものであろう。神前に備えた後は、下げられた神饌を天皇以下が頂き、神々との一体感を嚙みしめたのである。

わが国の諸制度は、大宝律令の発布により初めて大綱が決まった。さらに弘仁式、貞観式の制定により細則がしだいに定まり、延喜式により集大成された。延喜式第四の伊勢大神宮式には、

「凡ソ祭ニ供スル物、式条ニ載セザルハ旧ニ依リ供用シ前例ヲ改ムルコト勿レ」

とある。神饌こそは、古儀を最も重んじるものであることがここに明らかにされている。

神饌には、熟饌と丸物神饌とがある。神饌の本体は、調理してすぐ召し上がれるようにした熟饌である。その場合、米は飯、粥にし、生の魚鳥は切り身とし、腊《きたい》（丸干しの魚肉）は刻み、アワビや海藻類は汁漬または羹《あつもの》（吸物）とした。堅魚、煮堅魚は削って用い、堅魚煎汁は、羹《あつもの》などの味付けに用いたものであろう。

祝詞では、神々へ供える大小の動物を総称して、「毛の麁物《あらもの》、毛の柔《にぎ》物」といい、海藻を総称して「沖《おき》津藻《つも》、辺津藻《へつも》」という。魚類の総称は、「鰭広物《はたのひろもの》、鰭狭物《はたのさもの》」で、鰭《ひれ》の広い物（大魚）と鰭の狭い物（小魚）を意味する。鰭広物、狭物の内容を示す好例が延喜式の中にある。「神祇《じんぎ》」（天つ神と国つ神、つまり八百《やお》よろずの神）に供える神饌（神々への捧げ物）の項目の中に左のとおり定められている。

鮮《なま》の魚介

鯛（平魚）、鮭、堅魚、比佐魚、与理刀魚（さより）、年魚《あゆ》、鯉、烏賊《いか》、蛸《たこ》、鰒《あわび》、棘甲蠃《うに》、生螺《にし》、螺貝、

焼塩、細螺《しだたみ》

神饌に生鮮のカツオが使われているのは、大和朝廷草創のころから天皇をはじめとする支配階級の間で食用とする習慣があった名残と見てよい。そのことを確実に裏づけるものとして、延喜式の撰上より約二

三〇年もさかのぼった持統天皇のころ（六九四〜）、すでに生カツオが藤原宮（現在の橿原市周辺にあった）で食用とされたことを示す記録が発見されている（本章11参照）。貢納品（調）とは別ルートで、贄《にえ》（神々や朝廷に奉る、土地の産物、食物）として、生カツオが奈良平野へ運ばれ、神饌や天皇の食物とされていたのである。

神饌に定められたカツオには、生カツオのほかに、煮堅魚、醢堅魚がある。「煮」の文字が使われた調の魚は他にはない。調《みつぎもの》として駿河国からの貢納品にも煮堅魚があるが、これは煮て充分に日乾させた製品であって生利節ではない。同様に調の「堅魚」もまた生ではなく、細長く小さく切りさばいて日乾したものである。

しかし神饌には生カツオがあったのだから煮堅魚が時に生利節であっても不思議ではない。駿河国から都まで運ばれた貢納品としての煮堅魚（干物）と、伊勢、志摩の海辺から伊勢神宮に献納されたり、紀州の海辺から飛鳥や奈良の都へ送られた煮堅魚（生利節）とは、時により区別する必要がある。

醢《ししびしお》カツオについては『延喜式巻第十五内蔵寮陰陽寮』の儺祭の料として「脯《ほじし》（干しカツオ）、醢堅魚」が載せられている。生カツオの頭尾だけ取り去り、切りたたいて作った塩辛状の食物である。元禄年間の書物『本朝食鑑』に、大要左のとおり「鰹の醢」の作り方が紹介されている。

「新鮮な鰹、七、八尾の頭を切り、鮮血を出してから、たたいた肉を血中に入れ、その鰓《えら》中にある海潮の塩分を利用するだけで、塩は用いない。そのまま壺に入れ、地中に埋め、覆いをしておく。」

貢納品の中にはなかった生堅魚や醢堅魚が、神饌の中に含まれているのは、調とは別ルートで（贄として）生カツオが神々へ献納されていたことを示している。とくに堅魚（生カツオ、干しカツオを含む）の神饌をきわめて重視した伊勢神宮の場合は、伊勢、志摩にあった料地の内に多くのカツオ漁の浦を有したから、カツオ群が沿岸近くまで押し寄せたと思われる古代には献納される生カツオは多かったことであろう。

神饌に定められた品々は魚類関係のほか水、神酒、米、粟、雑穀、餅、海藻、菓（果物）、作菓（菓子）、調味料等多彩である。その中にあって、カツオの類はアワビ、タイと並んで、魚介類中では最重視されていたのである。古代人がカツオをアワビと並んで大切な食物としていた証《あかし》はたくさんある。神饌や調《みつぎもの》、贄《にえ》等の中に生カツオのほか堅魚（干物）、煮堅魚（干物、生利節）、堅魚の煎汁、醢堅魚（塩辛）、手綱鮨などさまざまな加工品がたびたび出てくるのは、最も良い例である。魚介類の中で多種類の加工品が作られていた例は、他にはアワビしかない。種々の加工法が工夫されていたのは、それだけ特別に価値ある食物とみなされていたことを示すものである。このほか次のような話もある。

『今昔物語』の巻五「天竺、付仏前」に左のような話が載っている（略記）。

「今は昔、天竺にウサギ、キツネ、サルの三匹のケモノがいた。共に誠の心を持ち、菩薩の道を行っていると聞いた、帝釈天が天からこれを見て感じ入り、下界に降って三獣を試そうと、哀れで飢えた老人の姿に変えて、食べ物を乞うた。すると三獣は、こういう困った人を救うことこそ私たちの本心です。早速お助けしましょうと、口々に慰めた。そしてサルは木に登り、クリ、カキ、ナシ等を取り、持ってきた。また里に出ては、ウリ、ナス、大豆、小豆等を持ってきて、好きなものを食べてもらった。キツネは墓屋の辺に行って、人の供えて置いたモチやアワビ、カツオ、その他種々の魚類を持ってきて、好きな物を腹一杯に食べてもらった。」

『今昔物語』の作者、源隆国は、承暦元年（一〇七七）に没している。延喜式の撰上より約一五〇年後、平安中期のことである。延喜式の諸神祭における神饌の大部分にも、米のほかアワビ、カツオ、シオなどが含まれており、『今昔物語』に出てくる墓前の主な供物とほぼ一致している。仏事に生臭《なまぐさ》を用いる物語は、現代はともかく当時は不思議ではなかった。計り知れないくらい遠い昔から馴れ親しんで、祖先へ捧げる大切な供物としてきた前記食物類は、民間では仏事、神事を問わなかったのである。

8　伊勢神宮の神饌

先に紹介した神饌の数量をみるとき、伊勢神宮と斎宮《いつきのみや》（伊勢神宮に仕える未婚の内親王）関係への堅魚の給付は約四百四十斤に上り、総量の二割を超えたことになる。伊勢神宮は、このほか近隣神領からも大量の献納を受けている。他の神社、神宮とは比較にならないほどにカツオの神饌を重視していたのである。伊勢神宮が皇室の宗廟であることからして、悠久の昔から古代人――支配者層とカツオとの並々ならぬ深いかかわり合いに触れる思いがする。

いうまでもなく伊勢の皇大神宮は、天祖御自ら天孫に授けられた宝鏡を御霊代《みたましろ》として天照皇大御神《あまてらすおおみかみ》を祭るお宮である。御鎮座は、倭姫命《やまとひめのみこと》によって垂仁《すいにん》天皇の御代に大和の笠縫邑《かさぬいのむら》（三輪山山麓にあり、今は本伊勢と称し、檜原神社がある）より遷されて以来である。倭姫は神宮御遷宮の後、勅命により伊勢志摩の海辺を巡行されて、御贄《みにえ》所（各種神饌の献納適地）をお求めになった。『倭姫世紀』によれば垂仁天皇の二十六年、倭姫は鰒《あわび》と堅魚をとくに神饌として指定されたという。

伊勢神宮で行われるお祭は、臨時祭、例祭と数多いが、その中で二十年に一度の新宮御造営の際の用物と、神嘗の大祭の大御饌《みけ》、それに最も意義深い「日別《ごと》朝夕の大御饌《みけ》」等について紹介することにしよう。

新宮御造営のさいの「宮地鎮謝」の用物としては、雑魚二斗五斤、堅魚三斤、鮑三斤、海藻二斗五升、塩二升。「木本祭」の用物として、鮑三斤、堅魚二斤、雑魚腊《きたい》一斗、雑海菜二斗、塩二升が奉進されてい

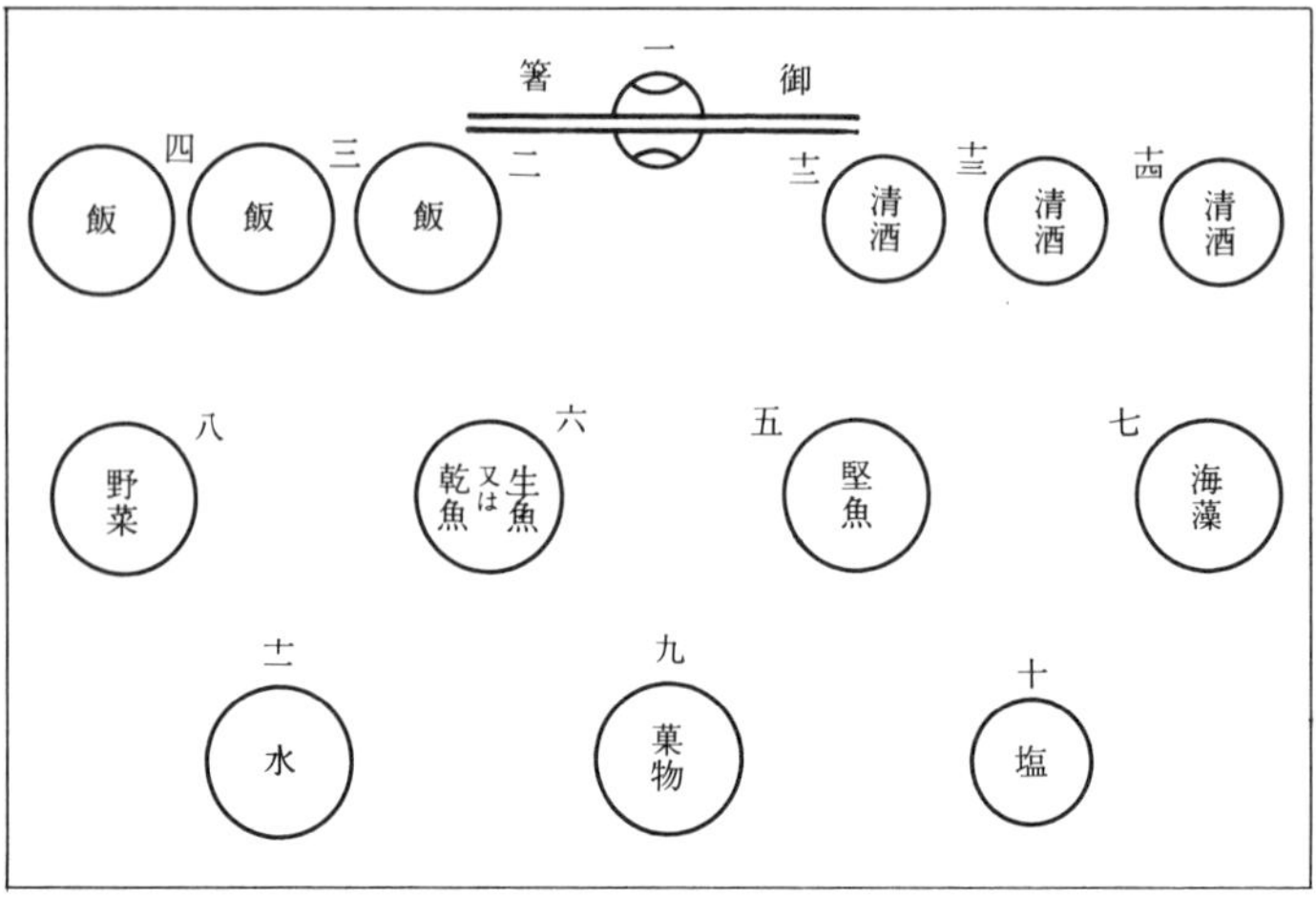

伊勢神宮日別朝夕の大御饌

る。なお木本祭の用物の鮑と堅魚は生のものである。

その年の新穀による大御饌を最初に天照皇大神に奉る「神嘗祭」は、垂仁天皇の昔、内宮鎮座の時より行われており、神宮第一の重儀とされている。その神饌は古儀を守る定めにより、大昔と変わりはないとみられる。そこで用いられる魚介類は、

タイ、アワビ、キス、サザエ、カマス、エビ、サメ、ムツ、アユ、イリコ、カツオ、コイ

の一二種類である。ここではカツオは、数ある神饌魚介類の一つに過ぎなく見えるが、日別《ひごと》朝夕の大御饌《みけ》では、副食の第一等品として欠かせぬ品となる。

日別朝夕の大御饌は、毎日、朝夕一度ずつ奉られる（大昔は二食であった名残であろう）。大御饌を調進するのは、豊受大神宮（外宮《げくう》）の東北隅に位置する「御饌殿《みけどの》」である。御饌はここから内宮、外宮の正宮はもとより、相殿神《あいどののかみ》から別宮にまで奉られる。

豊受大御神《とようけのおおみかみ》は、雄略天皇の御代に天照皇大神の御食神《みけつかみ》となるため、丹波国から現地へ遷宮された。御鎮座以来今日にいたるまで絶えることなく、各宮々への朝夕の大

御饌《みけ》を奉り続けているのである。雄略天皇の在位年代は五世紀と推定されるから、それ以来一千数百年も続けられているわけだが、現在、その大御饌の中で、堅魚は飯の次に奉奠《てん》される重要な神饌とされている。奉奠の順序は左のとおりである（前頁の図も参照）。

飯・乾堅魚・生魚（または乾魚）・海藻・野菜・菓物・塩・水・清酒

飯のつぎに堅魚（現在は鰹節）が運ばれる上に、堅魚だけが魚名を明記されているのに他は生魚、干魚、海藻、野菜と一括して表示されるだけで、固有名称は使われていない。

神饌によって神代における支配層の食事内容の知られることは既述のとおりだが、伊勢神宮の斎宮の月々の食料にその裏付けを求めることができる。斎宮《いつきのみや》とは、その昔、皇太子でさえ践祚《せんそ》（天皇の位につく）した上でなければ、奉幣を許されなかった伊勢神宮に昇殿して、朝夕奉持した内親王のことである。天皇が即位するごとに、未婚の皇女の中から選ばれ、神宮境内の斎宮寮に居住する習わしとなったが、それは初代倭姫以来のことといわれる。延喜式によれば、斎宮へ供与された月料の中に左の魚介類が見られる。

干アワビ、煮カツオ、イカ、押アユ、イワシ、魚汁、腸漬アワビ、貽貝鮓、タイ楚割、サメ楚割、カツオ煎汁

9　堅魚の煎汁《いろり》

神饌とされたのち、神前から下げられたり、給与とされたりしたカツオ類は、どのようにして調理に使われたか。堅魚は削り物とされた（本章11参照）が、古代において重視されたのは堅魚煎汁である。

すでに飛鳥奈良朝当時から、大陸伝来の発酵性調味料である酢、醤、末醤等が、盛んに用いられていたが、非発酵性調味料で、しかもわが国で唯一の固有調味料といってもよい堅魚の煎汁もまた、それらと肩を並べて重視されていたことが、平安朝前期（十世紀半ば）の『倭名類聚抄』（『和名抄』）によって左のとおり明らかにされている。

塩梅《えんばい》
梅酢
白塩
黒塩
堅塩
酢　俗に苦酒という
醤《ひしお》　豆醢《びしお》である
煎汁《いろり》　延喜式にいう堅魚のイロリである
末醤《みそ》　高麗《こま》醤、味醬とも書く
豉《くき》　五味の調和したものである

塩梅とは、梅の塩漬けによって生じる液汁、つまり梅酢である。古代には、これがよく使われ、味を左右する調味料だったようで、「塩梅《あんばい》はいかが?」というのは、「味つけはいかが?」の意味に用いられ、それがさらに高じて「好いあんばいです」と、お天気具合を示す用語になったことはよく知られている。実はこの塩梅もまた、他の発酵性調味料等とともに古代中国でも使われたものである。

大豆または米を使った発酵性調味料、醤、末醤、豉、酢の類が、稲作伝来に付随して伝えられたのか、それより後に伝来したのかについては諸説があるが、『万葉集』には左のとおり醬、酢の歌があるのだから、堅魚の煎汁同様に大和朝廷草創時代には使われていたものとみてよかろう。

醬酢《ひしおす》に蒜《ひる》搗《つ》き合てて　鯛願ふ　われにな見せそ　水葱《なぎ》の羹《あつもの》

これらに対して堅魚煎汁は『和名抄』ではわが国固有の調味料として独り気を吐き、延喜式の調の部でも重要な貢納品としてあげられており、昔にさかのぼるほどに貴重視されていたことは明らかだが、逆に時代の経過とともに大陸伝来の発酵性調味料にその座を奪われていった。平安朝末期となると、堅魚の煎汁が料理に使われる度合いはごく少なくなっている。

鎌倉初期に書かれた宮廷料理書に『厨事類記』がある。食物料理はもともと保守的なものだが、とくに朝廷の場合は旧慣を固く守るから、この本に書かれた料理法は、優に平安朝初期までさかのぼった内容を含むものと見てよかろう。これによれば『和名抄』の調味料の部には見られなかった酒が現れ、酢、醬、塩と合わせて「四種器」と記され、これらが主要調味料であることを示している。

同書はまた「或は醬を止めて色利を用ゆ」と煎汁（色利）を時によって醬の代わりに使うように説いている。同書はこの「色利」について「大豆を煎たる汁なり、或いは鰹を煎たる汁なり」と注記しており、新たに出現した大豆の煎汁をも加えており、その分、堅魚煎汁の重要性は薄れたことを示している。ともかく煎汁は醬と同様の調味料ではあるが、代用品の座に格落ちしている。まだ醬の類にうま味を加重する、だしとしての効能までは認められてはいなかった。カツオ製品にうま味の存在が強く意識されるようになるのは、味の度合いが画期的に進展した室町時代に入って、鰹節が創案されてからのことである。

10　生カツオは古代にも食べていた

昔は、上流の人々の間では、カツオを生《なま》では食べなかったとする説が、かなり広範に流布されている。この場合の「昔」は、鎌倉時代より以前を指すようであり、そのわけは室町時代に書かれた『徒然草』の一節に影響された面が多分にあるからである。その内容についてはさまざまに解釈されているが、要するに昔は食べなかったとする『徒然草』の一文は、そのままには受け取れないものである（第六章6参照）。

持統天皇の六九四年から元明天皇の和銅三年（七一〇）に平城京へ移るまでの間、三代（持統、文武、元明の三天皇の御代）一六年間は、藤原京が都に選ばれた。同京は、畝傍、耳成、香具の三山に囲まれた〝大和し美わし〟の名に恥じぬ風光明媚な地を選び、現在の橿原市高殿を中心として創建された。この宮殿趾から贄《にえ》として献上された「生堅魚」の木簡が発見されている。生堅魚の神饌とされた例は多々ある（本章8「伊勢神宮の神饌」参照）。

『万葉集』の浦島児の歌に出てくる住吉は、大和川の河口にある。この川は、上流にある飛鳥京や藤原京との物資交流によく使われた重要な交通路であった。当時は住吉辺から、おそらく紀州の加太と淡路の由良の間にある友ケ島辺に出漁すればカツオ（ソウダカツオ）は獲れたから、その日のうちに大和川をさかのぼって藤原京までもたらされたものと考えられる。腐りやすい魚なのに、盆地の内奥部まで運ばれたほどなのだから、江戸時代の初ガツオブームほどではないにしても、当時の宮廷の内外では、生カツオ礼讃の声が聞こえていたことであろう。ともかくも、この木簡が、古代において生カツオの食べられていた有力な証拠である。

降って聖武天皇の天平九年（七三七）六月、悪疫が流行したときに、朝廷は諸国の国司に対して食物について布令を出し、サバ、アジ等の食用を禁じたが、カツオについては「堅魚之類煎否皆好」と、煮ても生でもどちらでも食べてよいと認めている。藤原、奈良朝時代にカツオの生食が喜ばれていたことはこれらによって明らかである。

平安朝時代になっても変わりはなく、『宇津保物語』によれば紀伊守が京へ上るときに持参したみやげの中に「口結ひたる壺四つ」があり、中に「鰹、壺焼の鮑《あわび》、海松《みる》、甘海苔」が入っていたとあるが、この場合のツボ四つは中味がみな生である（『宇津保物語』は平安中期——九〇〇年代の終わりのころ——の作とされる）。

ツボ焼とある以上は、アワビは生に間違いない。ミルは生でこそ、美しい緑色が鑑賞でき、シコシコした歯ざわりも楽しめる。甘ノリもツボ入りとなると、ミル同様に生である。乾ノリなら籠か箱に入れたはずである。同じようにカツオも乾燥品なら籠に入れたはずである。

晩秋から春先にかけてが採れ時の甘ノリと一緒に運ばれたとなると、この生カツオは、脂の乗った下りカツオだったであろう（関西では、下りカツオの生食を好む習慣が根付いている）。

現在ではうら若い美女ナンバーワンはミス何々と表現しているが、太平洋戦争前までは男の魂を奪うほどの魅力溢れる窈窕《ようちょう》たる美女のことを「何々小町」というのが慣わしとなっていた。これは、

上から，「生堅魚」木簡（藤原宮），「堅魚」「麁堅魚」木簡（平城宮）

花の色はうつりにけりないたずらに　わが身世にふるながめせしまに

（古今和歌集）

の歌で知られる、平安朝初期の在原業平等と並ぶ六歌仙の代表的歌人で、絶世の美女と謳われた、小野小町に由来するものである。生没年不詳とされる彼女の生涯の盛衰の有様を記した『玉造物語』には、最盛期である「百思自《おのずか》ら足り、衣裳奢侈《おごり》て、飲食充満《みちみち》て」いたころの食事の内容が示されている。この書は玉造小町という別人の物語という説もあるが、どちらにしてもそこに挙げられた料理の数々は文字通り山海の珍味であり、豪奢この上ない平安朝料理の粋が集められたものである。

鯉の膾《なます》、鯇《あめ》、鮒《ふな》の包焼、鮹《たこ》のあえ物、鮎の羹《あつもの》、鯛の汁物、鰻《うなぎ》の脂物、鶉《うずら》の汁物、雉《きじ》のあつもの、鵞《が》の咽喉部《ものはみ》、熊の掌《たなごころ》、兎の唇《くちびる》、煮鰒《あわび》、蟹の脚、鮭と鰹の煮焦《にこがし》

ここに出てくる魚鳥獣料理が、みな生を調理したものであることは料理内容から想像がつく。カツオも生を用いたに違いない。生物を調理した例は『厨事類記』にも出てくる。

生物（膾《なます》）の項で、

鯉、鯛、鮭、鱒《きす》、鱸《すずき》、雉

を、それぞれに「つくり、重ねて盛る」と、現在の刺身と全く同様の料理を紹介しており、その但し書に、

「鯉なき時、鮒を盛る。雉なき時、鰹を盛る。生鯛なき時には塩鯛を盛る」

とあって、キジの代用とはいえ、明らかに生カツオが使われる場合があったことを示している。『厨事類記』に盛られた内容は、平安朝時代の貴族たちの豪奢な献立を示すもので、カツオを含めて登場する魚鳥群は当時の最高の素材であった。

『宇津保物語』には、都への献上品として、

黄金《こがね》のなりひさご（ひょうたん）、黄金の御器、銀《しろがね》の銚子、沈《ぢん》の鰹

等をあげている。〝沈〟とは東南アジア原産の高貴な匂いを発する香木で、重くて水中に沈むところからこの名がある。水中において腐らせた表皮を取り除いた芯を用いるもので、古代中国を通じて輸入し、貴族等が香りを楽しんだ。

その沈香木が、鰹を象《かたど》って造られ、金銀の彫刻と同様の高価な進物とされたのである。既述の神社の鰹木と併せみるとき、カツオに対する古代人の関心の度合いが並の魚類とはかけ離れて高いものだったことがうかがわれよう。なお鰹を象ったということは、鰹木同様に生身のカツオを意識に入れたに相違ない。乾カツオは何条にも割かれていて、特徴ある形態をなしていなかったからである。先の「口結ひたる壺」の中の「鰹」と合わせて、ここにもカツオの生食のきわめて貴重視された例証を見ることができる。

しかし、最も近くても紀伊、淡路の海から運んで来ねばならぬのだから、鮮度を維持するには氷室《ひむろ》の氷を利用するとか、塩蔵するとか、表面を焙る（生利節にする）とか、さまざまな工夫が必要である。したがって生食は多いはずがなく、少数貴族等による贅沢三昧《ぜいたくざんまい》の食生活の顕れの一つに過ぎなかったとみてよかろう。

11　堅魚の古代料理

奈良朝時代から平安朝時代中期にかけて、朝廷が貢納を強制し、祭事には欠かせぬ神饌とされた乾カツオはどのようにして用いられたのか。その食用方法をうかがい知ることのできるのも『厨事類記』である。同書のクラゲ料理の部に、

海月《くらげ》　酒と塩とにて、めでたく洗ひて、方に切りて、鰹を酒にひたして、其汁《そのしる》にて和《あ》ふべし。酢入

るべし。刻み物（生が）入るべし。黄皮とて橘《たちばな》皮をも差すなり。

とある。

クラゲ一品の料理を作るために、酒、塩、カツオ、酢、生姜《しょうが》、ミカンの皮など、たくさんの調味料や香料を使っている。この場合の乾カツオは、味が充分に出るようにできるだけ小さく細かく刻み、酒にじっとりと浸してうま味を出すのに使われ、クラゲ料理の主役となっている。現今の削り鰹節と同様に使われていたのである。

同書の干物の項には左の説明がある。

干鳥（雉《きじ》を塩つけずして、乾して削りて之を供ふ）
楚割《すはやり》（鮭を塩つけずして、乾して削りて之を供ふ）
蒸鮑《むしあわび》（鮑を蒸して、乾して削りて之を供ふ）
焼蛸《たこ》（蛸を焼きて、乾して削りて之を供ふ）

干鳥、楚割なき時、鰹を盛る。鮑、蛸なき時、魚のみを盛る。

キジは、当時鳥の中では最も珍重がられたものである。生でも干物でも、カツオがいつもキジの代用とされているのは、キジに次ぐ味とみなされていたためであろう。サケは、当時海から遠い信濃からさえ貢物とされるほど、多くの国々で獲れたが、それにしてもやはり珍重された品である。

キジにしてもサケにしても、とくに塩漬けにせず、生のまま干して削ったとある。その代用とされたカツオもまた、この場合は生を細切りにして干した、「堅魚」と呼ばれた乾製品であった。平安朝も末期となると、堅魚煎汁の調味料としての評価は下がり、使用習慣は薄れていくのだが、前記クラゲ料理の場合に明らかなように、「堅魚」を削ってだし（という用語はまだ見られないが）に用いる調理法が出現している。うま味を堅魚に求め出したからであって、これが鰹節の工夫につながるのである。

第六章　鰹節の誕生

1　燻乾法

元和年間版（寛永年間版？）の『醒酔笑』は、今の落語のはじまりとされる本だが、そこに左のような笑話が載せられている。

「ある寺の坊さんが、新しい小刀で堅魚を削っていると、そこへ思いがけなく知り合いが訪ねてきた。生臭《なまぐさ》を食べると知られては一大事と、余りにも取り乱してしまい、小刀を堅魚と思って急いで隠し、堅魚を小刀と思い、〝近ごろ関の名刀を仕入れたのでご覧ぜよ〟と差し出した。」

また『三河物語』の軍議分類の中に、

「鰹節を上皮けづりて、中を帯にはさみ、物前（注：戦いがはじまる前）にても、又ひだるきときも、嚙み候へば、事之外《ことのほか》力になる由。」とある。

両書から察せられるのは、中世末から近世初頭の鰹節は、古代のものとも現代のものとも違っていたということである。それは、左のような製品と考えられる。

(1)　江戸時代の坊さんの隠語で、「牛の角」と称したところからも察せられるような、尖鋭な製品であった。現在の鰹節のように円錐状の太いものでは、帯にはさんで行軍はできない。だが古代ほどに小さいもの（現在の三分の一程度の大きさ）では、焙乾すれば大部分は炭化してしまう。

(2) 古代の堅魚は、腐敗を防ぐために充分に日乾した。このような製品では堅硬となり、外皮を削りとったり、嚙んだりするのは難しい。日乾後間もないものなら削ることはできるが、細くて外気が浸透しやすいから、乾燥の進むほどに硬さを増し、叩き砕いて粉末にして、料理に使わねばならなくなる。

ところが焙乾法を用いれば、細小に刻まなくても仕上げられ、外皮は炭化するが、内部は容易に削れる程度の軟らかさが保たれる。だから表皮を削って、嚙むこともできたのである。けれどもまだ焙乾法は未熟で製品は荒節であり、現在の鰹節の大きさには到達していなかった。

堅魚が新製品、鰹節に生まれ変わった要因は、一つは軍事目的であり、他の一つは京の都や堺などにおける上方料理の発達であった。さらに、これらの要因の生じた源流をさかのぼっていくと、南の島々に自然に目が向けられることになる。これまでのところ、「鰹節」の文字が見られる最古の資料は、『種ケ島家譜』（日記体）に書かれた永正十年（一五一三）の一項である。領内の臥蛇島から領主種ケ島氏の受け入れた貢物の中に、「かつほぶし五れん、叩煎小樽」とある。都を遠く離れ、延喜式にも載らなかったこの小島に、なぜ突如としてこの時代にこの記録が現れたのか。右文書と古代の堅魚類との、あまりにも大きな断絶を補修する手だては見当たらない。が、南の島々には鰹節誕生のいわれともいうべき昔話が残されていて、なおその上に島々の自然環境を想起するとき、鰹節の呼称が最初に現れても不思議ではない、との感慨が生まれてくる。

昔話(1) 黒島に昔、仙翁がいた。風が強く、海が荒れて魚を獲ることのできない日には、ふだんから吊るしてある木片状の物を削って食べていた。実はこれは魚肉を煮沸し、いろりの火で自然に乾燥させたものであった。

昔話(2)　屋久島のある古老の言によれば、その昔、加世田《かせだ》（薩摩半島西岸の浦）の漁民が出漁してきて、ある島に上陸した。そこで出会った老翁は漁に関してきわめて深い知識を持つことを知り、尊敬の念を抱き、その後この島へ上陸するたびに教えを受け、そのお礼として、漁獲物のなにがしかを贈るのが習わしとなった。

あるときカツオを贈ったところ、老人はそれを煮て食べたが、残りは燻《いぶ》しているのを見てなぜそうするのかと尋ねた。すると、この島の周囲の海はよく荒れて漁のできぬことが多いので、食糧のなくなるときに備え、こうして貯蔵するのだと教えてくれた。

薩摩半島の南方、奄美大島の北方に点在する黒島、屋久島、口之永良部島や、「七島」（拾島とも）といわれる口之島、中之島、平島、諏訪之瀬島、臥蛇島、悪石島、宝島等々は、黒潮の激流のまっただ中に点在する島々である。海が荒れる日数も非常に多く、そのようなときには、外部との連絡もとだえて、食糧難に苦しめられるのであった。

その反面、水温がつねに高く、カツオの好む二二、三度の適温が続くので、カツオ群はつねに群島の周囲にあったから、カツオ漁は庭先漁といってもよく、小さな船による原始的な一本釣り漁法でも、島の人々が食べるくらいは充分に釣れたであろう。厳しい自然と、恵まれた漁撈環境に置かれていれば、天候の好いときにたくさん獲っておき、時化《しけ》が続いて、食糧が調達できぬ場合に備えようとするのは当然のことである。家々では、いろりの上に平籠を吊るして、獲れた魚を焙乾する習慣がつい最近まで残っていた。このようにして、いろりを焙乾、保存に使う知識は、自然に生まれる可能性がないとはいえない。

源頼朝の命により鎌倉から移ってきて、これら島々の領主となった種ケ島氏は、代々本土の事情にも通じていたから、島民の焙乾したカツオが、奈良、平安時代から貢納され、都の人々が好んだ「堅魚」より美味だと気付いたに違いない。そこで焙乾品を製造させ、おそらくこれ以外には貢納させる品がないに等しいので、年貢として召し上げ、琉球方面への輸出と本土の要路への献上品や兵食などに当てたものであろう。

『種ケ島家譜』に「かつほぶし」と並んで記載される「叩煎」は、後世の煎汁である。乾燥させたものなら小樽に入れずに籠盛りにしたはずだから、生カツオに関連した製品だと推察されるのである。

明治初年の『拾島状況録』(笹森儀助)によると、「松魚ハ、其肉ハ鰹節ニ製シ、其《その》煮汁ハ頭骨ヲ加ヘテ之ヲ煎ジ、脂肪ノ出ルヲ待チ、其頭骨ヲ去リ、之ヲ煎脂トシ……」とある。これから見ると、初期には頭骨をおらそく叩き割り、煮汁に入れて煎じたところから、「叩煎《たたきせん》」脂《じ》の語が生まれたもののようである。屋久島七島や薩摩半島方面では現在も煎汁を「センジ」というのはタタキセンジの略であろう(七島と拾島は同名異語)。

魚や獣の生肉を燻(焙)乾して保存食とする方法は、古くから世界各地で行われており、珍しいものではない。だが、わが国ではごくまれにしか見当たらず、北方ではアイヌによる塩鮭の火乾があり、琉球列島や南西諸島の一部に行われる永良部《えらぶ》ウナギ(一種の海蛇の通称)の燻乾が、比較的古い歴史を持つと見られる程度である。このほか今でも山村の炉端で行われる川魚の保存法がある(塩鮭や川魚には燻乾の目的は含まれていない)。

ところで、南西諸島だけになぜカツオ以外にも燻(焙)乾品をつくる習慣が生まれたのか。南西諸島では、十六世紀初頭には「かつをぶし」の存在したことは明白なのに、本土の最先進地、紀州やそれに続く土佐でさえ、鰹節のつくられたとみなされる時代が、十六世紀後半まで下るのはなぜか。これらの問題点を突きつめていくと、鰹節製法の出現に関しては十四世紀末から十五世紀にかけて（室町初期）、開始された琉球王国船（一部の日本船を含む）の東南アジアを舞台とした大規模貿易との関連を考慮にいれる必要が生じてくるのである。

2　琉球王国の南方貿易

最古の鰹節産地と目される南西諸島と、はるかに遠く霞に包まれたかなたにあるモルジブの鰹節製法とを、見えないながらかすかにつなぐ糸があるとするなら、それは琉球王国と中国（明〜清）の海洋民である。『歴代宝案』という古記録がある。慶長十四年（一六〇九）に薩摩が琉球王国に侵攻する以前……室町時代の琉球王国の海外貿易等を記した外交文書で、薩摩支配の続いた約二六〇年間、ひたかくしにされたとされる、因縁をもつものである。これを隠し続けたのは、久米村（現在那覇市久米町）に住んだ華僑の子孫であって、琉球の日本帰属が決定的となる明治十二年まで、久米村の家々を転々として秘蔵されていた。以下は『歴代宝案』による琉球王国の南方貿易のあらましである。一三九二年、日本暦によれば元中九年に当たり、南北朝が統一されたこの年、明の洪武帝は、三六姓の移民を琉球に派遣した。彼らはほとんどが福建人で、福建でも閩《びん》県河口（福州辺）の人が多かったという。海人であり、造船、航海の術に優れているために、洪武帝は彼らにより琉球を支配下に置き、朝貢貿易を行わせる目的を以て移住を命じたのである。彼らの中には「書を知る者」「海に慣るる者」を含んでいた。

彼らが住んで、居留地を形成したのが久米村で、十四、五世紀当時は「唐営」「朱明村」（朱は明帝の姓）などと呼ばれ、明人の租界となっていた。彼らの子孫は、現在も久米町に居住するが、いつ帰化したかは

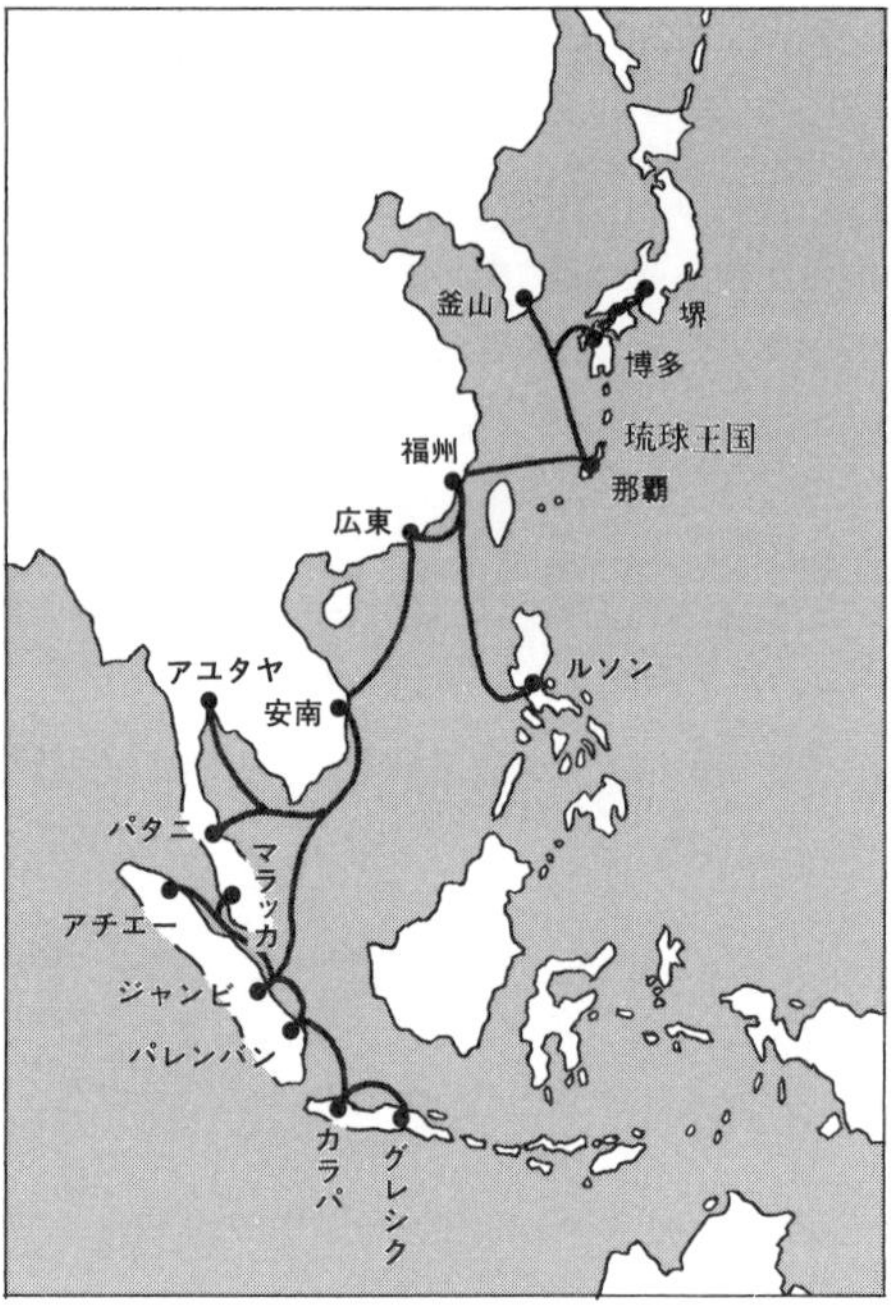

琉球王国交易図

明らかではない。十五世紀初頭、日本暦でみれば足利三代将軍義満のころには、まだ明人として行動し、対明貿易の琉球船の正使をつとめた（副使は琉球王国人）。

洪武、永楽から正統帝時代に至る約三〇年間に、明から琉球王国へ支給された船は三〇隻というから、毎年一隻ずつの計算になる。これらの船は、二、三百人乗りの遠洋航海用の大船であった。明帝がこれほどの大規模な投資を行ったのは、琉球海人の資質に着眼し、彼らを利用する朝貢貿易の促進を企図したからにほかならない。のちに琉球王朝もまた貿易を重視し、拡大を図っていくのである。

琉球王朝が自力で貿易に乗り出した最初は、シャム（現在のタイ）との継続的な交易を開始した一四三二年であろう。メナム川河口にある、アユタヤ王朝の首都アユタヤを目指して航海したのであった。琉球王国がシャムに続いて通商をはじめた国にマラッカがある。通商開始は寛正二年（一四六一）で、応仁の乱の起こる五年前に当たっている。マラッカ国とは、マレー半島の西側、シンガポールとクアラルンプールの中間に位置したイスラム教王国である。古い時代にはインドの影響を受けて、仏教、ヒンズー教の文化圏に属していた。その後、スマトラ、インド、シャムなどの占領、支配が繰り返されたのちに、十四世紀に入り、西方から伝わってきたイスラム教に帰依し、琉球船が初入国したころにはイスラム教国となっていたのである。

永楽四年から正統四年までの三四年間（日本の室町初期）に、シャムへ派遣された貿易船は二〇隻以上、明へ向けた貿易船は五一隻に達した。長駆して両地域へ交易におもむいたのは、久米村の華僑が琉球を仲継貿易の基地として、南方の物産を対明貿易の品目に加える意図をもっていたからであった。つまり琉球王国から明国向けの主な進貢品目は馬や硫黄などだったが、これに南方から輸入した明国人の好む、胡椒《こしょう》、蘇木《すおう》、檀香《だんこう》などを加え、品目を豊富にするねらいがあったのである。南方貿易だけでなく、日本へ向けては前記南方産の物資などを輸出する一方では、日本から扇子、屛風、刀剣類を輸入し、南方産物と共に明国への朝貢貿易に利用していた。

琉球船とはいっても、火長（船長）は久米村の華僑であった。帆船時代の大航海には、季節風や海流、天文、気象についての知識と高度な操船術が必要とされる。南方諸国はそれぞれに民情、風俗が違うし、海路に通じるのも容易なことではない。これらの点では、明帝から遣わされた海人の子孫である、久米村の福建人はきわめて適応していたのである。当時すでに南方各海域に進出して、商圏を張りめぐらしていた華僑の多くは同根の福建人であり、言葉も通じれば、商売もやりやすかったことも、久米村華僑の南方進出を促進させた大きな要因である。

それでは琉球人は、南方貿易、対明、対日貿易に無縁であったのか。貿易の実務者、船長は久米人であっても、貿易の主体は琉球王であり、二百人〜三百人にも達する船員は、はるかな昔、南方から渡来してきた勇敢な漂海民の子孫である琉球海人で占められていた。トメ・ピレスの『東方諸国記』の中で琉球人はレキオの名で紹介され、さらに左のように記述されている。

「彼らは、マラッカや福建で交易する。レキオには小麦、米、独特の酒、肉、豊富な魚がある。……色は白く、支那人よりよい服装をし、気位は高い。彼らは海路七、八日のシャボンにもゆき、黄金と銅を買入れる。」

福建（福州）は、琉球王国から最短距離にある、明、清国との交易の窓口として最も重要な港であった。それと並んで、はるかに遠隔なインド洋の入り口にあるマラッカ港の名があげられているのは注目に値する。ともあれ、このように広範囲な南方交易を通して自国産業の開発を図った結果が、琉球特産の泡盛《あわもり》、南蛮がめ、紅型《びんがた》、更紗《さらさ》などを生み出すこととなったのである。

琉球を懸け橋とした三角貿易は、日本と南方との交流を間接的に促進した。鰹節製法の交流についても、このような情勢から、琉球海人が関与した可能性が考えられるのである。マラッカの西方、インド洋上で、琉球までと等距離の位置にモルジブがある。モルジブはマラッカと同様に古くからインドの影響を受けたが、すでに十二世紀からイスラム教国となっていたから、歴史的、社会的類縁関係からみれば、マラッカとの交易は異教徒の国である明や琉球よりはずっと盛んであった。マラッカ海峡は、インド洋を回避するカツオ群の通路にも当たる。モルジブと琉球のカツオ漁法の交流が、マラッカ王国において実を結んでも不思議はないであろう。

琉球船が、モルジブ船と出会ったとしても、それだけでカツオの保存法についての話し合いが行われるものではない。モルジブは、日本以外では唯一といってよい鰹節製造国であり、その製法については、相互の技術交流の行われた記録、伝承の類が一切ないにもかかわらず、明治年間には、すでに両国のカツオ漁法から荒節製造までの基本工程が同じであったことが明らかにされている。一方琉球国は、先島（石垣島、西表島等）は別として、沖縄本島等は黒潮の流路から遠ざかっており、カツオ漁は盛んでなく、明治末年になってやっと鰹節の製造が始められたという後進地であった。

3　東西鰹節の媒介者?

その昔の琉球王国が、東南アジアの魚の燻（焙）乾法、あるいはモルジブの鰹節製法との交流の中から南西諸島へ鰹節製法を伝える橋渡しをしたとすれば、その間に介在したのは久高海人である。沖縄本島の東南部、知念半島（沖縄戦最後の戦場、摩文仁《まぶに》の近くにある）の東方海上約八キロメートルの位置に、静かに横たわる低平なサンゴ島を久高《くたか》島という。この島は、琉球列島の中で神の島とあがめられ、沖縄本島には、首里、知念などに遥拝所がある。それは琉球神話の「おもろ」によって、琉球民族の祖、アマミキヨ族が最初に渡来した地も、理想の神の国、ニライカナイから麦、粟、黍、ビンロウ等が最初にもたらされたのも、久高島だとされていることに基因する。アマミキヨは、北方、日本の方面から渡来したともいわれるが、麦、粟等の焼畑農産物に加え、南方産のビンロウがもたらされていることや、久高漁民が優れた潜水技術とダブルカヌーによる操船術をもつ、勇敢な海人であることなどから見て、南方系海洋民であった蓋然性は高い（この島にかつて残されていた風葬、掠奪婚の慣習も、南方

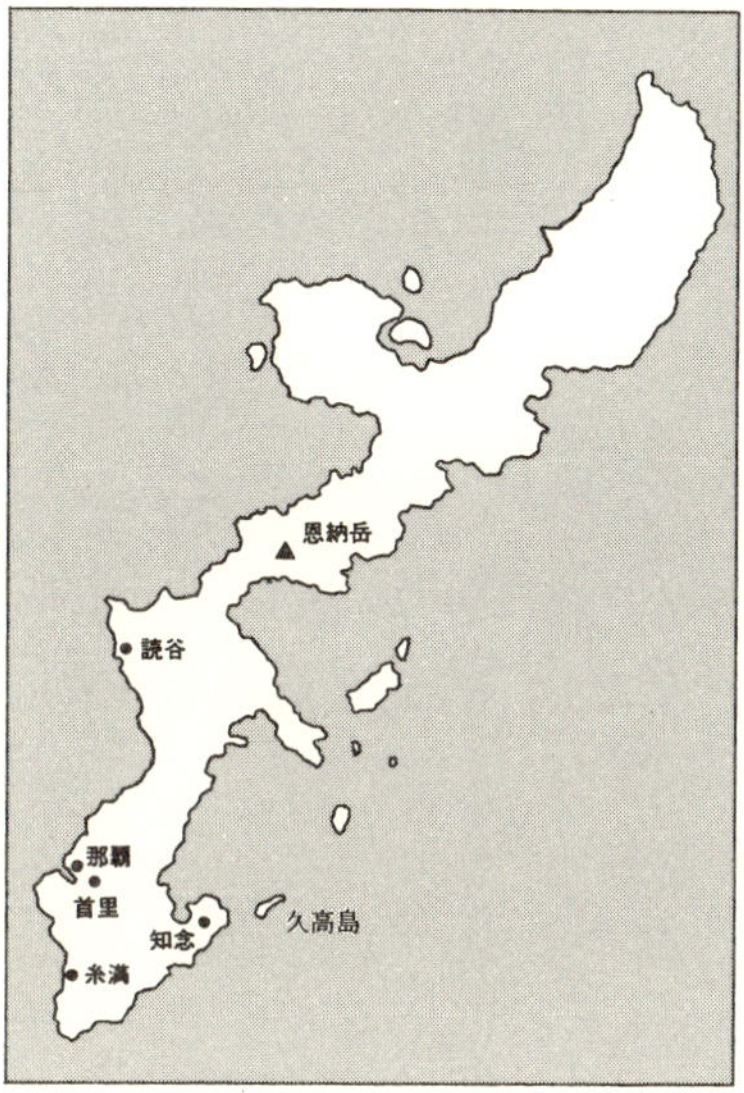

久高島位置図

風俗と共通している)。

久高漁民は、二艘(または三艘)のサバニ(刳《く》り船、丸木舟)を並べて、前後の二か所に竹を渡してくくりつけ、転覆を防ぐ工夫をし、このダブルカヌーで奄美大島近海で活躍した。奄美方面では沖縄方面から来て海上交通や漁業に従事する船を「クダカー」と呼ぶ、古い習わしがあった。久高海人の南西諸島一帯における、海上通商や漁業面における活躍は、昔から根深いものだったのである。明治年間を迎えてもなお、小舟しか持てぬ奄美などの島々へ海産物を供給していたのは、久高、糸満の漁民であった。

南西諸島海域中では、七島周辺は黒潮の流れが激しい難所である。その反面、曾根(暗礁)が多く、カツオの大群の押し寄せる海域である。室町時代のころ、この七島灘に船を乗り入れ、カツオ漁を行うのに最も適したのは、久高漁民だったのではなかろうか。七島の鰹節を買い集めたり、領主、種ケ島氏に献上したのは彼らだったかもしれない。

室町時代に久高海人が、前記した交易船の船乗りをつとめた記録はまだ見当たらないが、江戸時代になると鮮明な記録が出てくる。しかも琉球王国に数ある島々の中で、商船、飛脚船の船乗りとなったり、選ばれて琉球王府の役務として船に乗り組んだのは、圧倒的に久高海人が多かった。薩摩藩もまた久高海人の水術、操船術を高く認め、利用した。久高には「トーシン(唐船)」「ヘーシン(楷船)」という熟語があるが、唐(清)、薩摩、先島などへ向けて大型商船で活躍した名残のようである。

後年のことだが、尚温王八年(一八〇二)には沖縄島東岸に漂着した清国船を久志へ案内するために、久高の船乗りが勝連《かつれん》の船乗り二人と共に選ばれた。嘉慶十九年(一八一四、文化十一年)からは、久高島「楷船、馬艦船」の左事と加子(水夫)を勤める代わりに「夫役銭」を免除すると定められた。その後はサバニを二~三艘つないだ運搬船で、島々の物資輸送に活躍し、飛船(飛脚船)の乗組員として薩摩へ往来した記録が数多く残されている。

明治二十一年の『農商務省水産予察調査』によれば「久高島ノ住民ハ、旧来琉球藩政ノ時ヨリシテ、専ラ支那通航水手ノ役ニ充テタリシテ以テ、自ラ水上ノ作術ニ慣レ、現時支那通航ノ禁絶セラレタルヨリ、終ニ此漁業ニ転シタル者ノ如シ」とある。刳り舟程度の小さい運搬船から、三百人乗り程度の商船の水夫《かこ》まで、久高海人が商業で重用されたことはこれらにより明らかである。さらに類推すれば、江戸時代前後において、南方との交易船の水夫として活躍したことも充分に考えられる。沖縄県に数ある島々の中で、「専ラ支那通航水手ノ役ニ充テタリ」と特筆されたのは、久高島海人だけである。

その久高の船乗りたちが、鰹節に関係したことを証明する記録が、清人によって残されている。江戸中期と後期（その間、一〇〇年を経ている）に琉球へ来た清の冊封使《さくほう》（後出）二人が、その報告記の中で鰹節に触れ、これを久高島の産だと書いているのである。しかし同島は、黒潮の流路である東シナ海とは反対の太平洋側にあり、カツオは獲れない。たとえ久高漁民が七島方面で獲ったとしても、腐りやすい魚だから久高島まで運んできて製することはあり得ないのである。だがこの島には、古くから永良部《えらぶ》ウナギを鰹節ときわめて類似した工程によって、燻乾品とする製法が伝えられている。鰹節の場合は、頭、骨、尾、腹を取り去るが、エラブウナギは生切りせず、丸ごと製する点が違うだけで、左のとおり、(2)以下の工程は全く同じである（エラブウナギは明らかに燻製を目的としているので「燻乾」を用いる）。

(1) 洗って湯の中に入れ、取り出して、クバの葉かワラでこすり、ウロコをはぐ。
(2) 湯の中で数分間煮る。その後、形を整える。
(3) 燻乾棚の上に並べ、小屋の戸を締め切って、棚下の炉で火を焚く。燃料は南方系樹木を二五センチメートルの丸太に切り、その薪木を立て重ねた上にアダンの実の枯れたものを、さらにその上にモンバの木の枯れ葉をのせて焚きつける。三〜五日目に薪木をくべ直す。火はだんだん弱くしていき、棚も下げて火に近づけ、六、七日で終わる。(4)

エラブウナギの燻乾品は『使琉球録』に硬くこわばって朽索《くちなわ》のようだと説明されているとおりの製品である。またその燻乾品の最上質なものは、切り口が鰹節と全く同じ芳香が漂うのは不可思議であり、いよいよ鰹節との関係を連想させられる。すでに江戸時代前期から「饌」(高級料理)とされていて、その料理法もまた鰹節と似ていた。最も代表的なものは、スープである。菜種油等をつけて充分に火にあぶり皮をやわらかくし、六センチメートルくらいに切って昆布で三巻ぐらいに巻いたら、糸でくるんで煮たてる。一升五合(二・七リットル)を中火で約二時間煮つめると、米のとぎ汁のような色のスープが約五合できる。適宜に塩味をつけて飲むと、甘くとろりとして実に美味しいものである。

久高島におけるエラブウナギの燻製権は、島の宗教上の支配者である「ノロ」(巫女)の手に、その昔から握られて現在に至っている。エラブウナギの捕獲権もノロが持ち、その燻製所も神聖な場所として、部外者の立ち入りは禁じられており、製造には島民が奉仕し、製品はノロの所有に帰する。このような製造慣習が守られ、那覇の王朝など支配者階級が有力な消費者となったために、昔から現在に至るまで製造され続けているのである(昔は庶民の食べることは許されない、高級食品であった)。

その名が示すとおり、口之永良部島《くちのえらぶ》にはエラブウナギが多数生息する。その燻製技術をもつ久高漁民が、より多くの製品をつくろうとして、口之永良部方面へ出漁してきても不思議ではない。この島の周辺は屋久島周辺とともに、カツオの大漁場でもあった。エラブウナギの燻製を目的に来島した久高漁民が、カツオの大群を発見して、その漁獲と鰹節製造をも創始するようになったと見ても、これまた不自然ではない。これら江戸時代には南西諸島のうち、口之永良部島は屋久島、臥蛇島と肩を並べる鰹節の産地であった。これらの島々でつくられた鰹節の販路は、江戸時代の前後にかけて、琉球王国や薩摩はもちろんのこと、明〜清国にまで広がっていた。またその産地は久高島だといわれていたことでも分かるとおり、久高海人が製法指導・販売に関与した可能性は強いのである。慶長十四年（一六〇九）、薩摩藩が琉球王国を征服してからは、南西諸島の物産を統括し、琉球の明国向け朝貢船を通して輸出を始めた。寛永十六年（一六三九）の幕府からの下問に際し、薩摩藩は、「従琉球渡唐之進貢船積荷之覚」の中で「鰹節」をあげている。

正保元年（一六四四）に明国は滅びて清国が建国したが、その後にも清と琉球との通交は続けられている。琉球王の即位の際に、琉球を属国と見なしていた清国から派遣されたのが冊封使《さくほう》である。彼らの記録の中に「佳蘇魚」の名で鰹節が詳細に説明され、しかも「久高島ニ出ズ」と記されているのである。冊封使が久高産と書いたのは、琉球側から聞いたからであろうが、その背後には琉球王朝を操る薩摩藩がいた。同藩は清国を刺激せぬように、表面上は独立国の琉球王国を前面に押し出して、清国との朝貢貿易を行わせた。鰹節や自国から産しない昆布までを、大坂や富山方面まで手を回して仕入れ、琉球を通して輸出し、その見返りとして利幅の大きかった生薬類などの輸入に努めたのである。元禄時代に開始された、幕府による長崎港からの対清輸出品（後出）の中に、鰹節が含まれるのは、はるかに以前から鰹節が清国で知られていたことを物語るものである。

ところで冊封使、周煌の記録には、昆布もまた久高島で採れるとある。むろん同島で採れるはずはなく、薩摩藩の手によって鹿児島まで運ばれたものが、鰹節同様に久高漁民の手によって琉球まで輸送されたのだが、藩名を出すのをはばかった同藩が、久高島産と冊封使に思いこませるよう仕向けたものであろう。久高の船乗りが、琉球からの朝貢船の有力な乗組員となっていたことも、そう思いこませるのに役立ったとみられる。モルジブと東南アジア海域を舞台にカツオ漁業の交流を続けた久高海人は、鰹節製法を南西諸島に根付かせ、鰹節愛好の食風を琉球列島に広め、さらに清人へ鰹節の美味を知らせるのにも貢献した可能性がある。もしこのことが確実と証明されれば、久高海人《うみんちゅう》が東西鰹節文化の懸け橋となった功績は讃えられるべきものとなる。

4　室町末期以降における鰹節の輸出

わが国の鰹節は南方諸国との交流の進む中で出現した可能性もあるというのが本書の見解で、これまでにその根拠としてあげた点をまとめると、左のとおりとなる。

(1)　モルジブの鰹節は、日本での鰹節出現が明らかとなる、十五世紀ないし十六世紀初頭より一五〇年も前に、すでにインド、中国などへの輸出品となっていた。

(2)　東南アジア方面には、カツオを含めて種々の魚類を燻乾あるいは焙乾する習慣や、カツオの煎汁を作り、調味料とする食習が根づいている（南方には魚の燻乾、焙乾両方がある）。

(3)　日本には、古来川魚の焙乾やアイヌによるサケの焙乾などはあったが、燻乾法はなかった。室町時代になって、鰹節が出現したほかには、一例が見られるに過ぎず、それは南西諸島だけにあるエラブウナギの燻乾法である。それはまた突如として出現するはずはなく、燻乾法に詳しい南方地域から学んだものと考えるのが妥当である。

(4)　最古の「かつをぶし」の文字も南西諸島に見られるものであり、本土で鰹節産地の明らかになるのはそれより数十年後、江戸時代に入る前後のことである。

(5)　十五世紀当時には、琉球船が盛んに南方交易を行っており、一部の日本船も南西諸島を根拠地として南方諸国と交易した。これらによって、南方諸国や明国と琉球国との間で食習の交流が行われ、魚の燻乾法、焙乾法を知る機会が増大した。その琉球国には、久高漁民のような交易、漁業の両分野で能力を発揮できる集団があった。

こうした状況を背景にして、日本の鰹節製造は、十六世紀以降、室町時代末期から江戸初期にかけて盛んになっていくのである。ところで製造の隆盛は、売買の発達とつねに形影相伴うものだが、わが国の鰹節の場合は、国内での取引が発達するより先に、諸外国船が続々と南方向け輸出品目に加えだしている。初期の鰹節生産は、この輸出によって促進された一面があるように見受けられ、これもまた日本の鰹節の南方関連説に一つの根拠を与えることになるのである。諸外国船の輸出状況として、判明している限りでは左の数例がある。

ポルトガル人が、種子島に鉄砲を伝えたのは天文十二年（一五四三）だが、永禄十年（一五六七）には長崎に来航し、以後寛永十六年（一六三九）に来航を禁じられるまでの間、通商に従事している。この間に多くの鰹節を輸出した記録があり、通商活動の期間から見てわが国鰹節の揺籃期である、徳川幕府開設（慶長八年、一六〇三）以前にもさかのぼることは確実である。それはポルトガルより遅れて日本に来航した英国船が、商館を設置したその年——幕府開設一〇年後の慶長年間に、左のとおり早速鰹節を輸出品目に選んでいることによっても察せられよう。先進貿易国の輸出状況については、当然に情報を得ていたとみられるからである。

慶長十九年、イギリスは肥前国平戸に商館を設置した。この年、平戸を発して薩摩の泊港に入港した、シャム行きの英国船シー・アドベンチャー号の積荷の中に「鰹節二千、代価十六テール」の記録があった（両《テール》は、明の貨幣単位である）。この鰹節は、堺で集荷し、平戸を経てきた紀州産か、泊港で積みこんだ屋久島、七島産で、福州かシャムの華僑向けに送られたものではなかろうか（シャム人に鰹節消費の記録は見つかっていない）。

この船は、平戸から琉球を経て、南方諸国の通商で活躍している。元和四年（一六一八）には、薩摩から出帆して琉球海域まできたところで難破した。乗船していた平戸の英商館員、リチャード・コックスは、琉球の要人たちのありとあらゆる援助を受けて、全員が救助された、と日記に書き残している。後にオランダ人のヤン・ヨーステンと並んで家康の厚遇を受けたウィリアム・アダムスも、平戸の在英商館員として活躍し、ある年シャムへの海路を急ぐ途中、船舶の故障という偶然の出来事から、琉球へ立ち寄ったことを航海日誌に書き残している。おそらく二人とも、西日本三大灘の一である七島灘で難にあったのであろうが、その難路を経て日本の鰹節は、琉球、福州から遠くシャム方面にまで送られていたのである。

時代はくだるが、江戸初期の寛文六年（一六六六）には、シャム船が鰹節、鯣《するめ》を積み帰りたいと申し出た。シー・アドベンチャー号でシャム向けに輸出してより数十年を経てもなお、日本の鰹節は南方に需要を持っていたのである。持ち前の研究心で優良品に仕立て上げられていた日本の鰹節は注目をあびたのであろうが、南方諸国に古くから燻（焙）乾魚の食習があり、モルジブの鰹節が明国まで知られていたからこそ、輸出も進められたのである。

右の二例はシャム向けの可能性のあるものだが、鰹節はその性質上、かびやすく、長途の航海に堪えにくいものである。やはり輸出は、隣国である明〜清国向けが主力となった。琉球に来た冊封使が、「佳蘇魚」の名でたびたび本国にその美味を紹介しており、その輸出はまず琉球国を通じて行われている。というより琉球が独立国だった慶長五年より以前から、進貢貿易の形態で輸出されていたものである。薩摩藩が琉球国を征服してのちも、前記した寛永十六年の幕府に対する回答書に明らかなように、同藩領（屋久島、七島）の鰹節が琉球を通して輸出されている。

幕府が自ら輸出に乗り出したは、元禄十一年（一六九八）のことである。この年、清国向け輸出品に海産物を正式に加えることを決定し、それらを俵物《ひょうもつ》・諸色《しょしき》の二種に分類した。俵物に指定されたものは、フカヒレ、イリコ、干しアワビの三品で、数量、金額ともに多く、清国でとくに喜ばれたものである。それに続くのが諸色で、その中には昆布、テングサ、スルメ、干魚、鰹節等が含まれていた。鰹節は量的にはわずかであったが、ともかくも加えられていたのは、以前から清国内の一部にその需要が存在していたことを物語るものといえよう。わが国の鰹節名称とはかかわりなく、木魚、鯝鯕魚、戛魚、溜魚などの清国名称の存在していたこともその裏付けとなっている。

俵物の中のフカヒレは、俵物指定以前には日本の国内での需要はなかったものである。明国での食用の歴史も比較的新しく、明の永楽帝（一四〇二〜二四）の時代になり、使を南方にやってフカヒレや燕巣の輸入路を開いてのち、中華料理の主要材料に盛んに組み入れられだした。日明貿易が始められてのちに、フカヒレ、イリコの二品を日本にも求めたことにより、国内生産が起こったのである。これらがいつごろから生産されだしたかは、鰹節の輸出開始年代とともに問題となるところだが、燕巣の日本での食用年代が一つの目安となる。

日本と明国との貿易は足利義満と永楽帝の時代に始められたが、相互の国情から紆余《うよ》曲折を経ており、その間に諸外国船も両国間の貿易に介在している。徳川幕府が成立して約四〇年後の一六四四年に明は滅び、その三年前に日本は鎖国を完成したが、新たに興った清と貿易を始め、元禄十一年になって俵物、諸色選定に至ったのである。

明の滅びる直前の一六四三年（寛永二十年）に刊行された『料理物語』に、「燕巣」の料理が載せられて

表9　正徳3年唐船輸出状況

品　目	数　量
いりこ	146,386斤
ほしあわび	39,441斤
ふかのひれ	7,295斤
昆布	421,075斤
ところてん草	14,528斤
とさか	700斤
塩いわし	5,260斤
するめ	20,262斤
鰹節	40斤（90連）

出所『長崎唐人貿易』による。

いる。この本は現在まで伝えられている江戸時代の料理書では最古のものだが、慶長（一五九六〜一六一五）版もあったといわれるから、燕巣の日本で用いられたはじめは江戸期以前になる。燕巣は、東南アジアに生息する海ツバメが、海藻（テングサ系統）をついばんで来て、口中でトコロテン状に変え、羽毛と合わせて作った巣である。人の近寄れぬ断崖絶壁にあるものだけに、きわめて高価なもので、料理法は羽毛を抜き去り、刻んでスープなどにする。

燕巣を食べることなどは、日本人の想像の及ばぬことであった。これがフカヒレなどとともに南方から明国へ輸入されたことから見て、両種の食法は江戸期以前に伝来したものと見て間違いない。これらが明国で大きな需要のあることを知ったわが国は、国内で製造可能なフカヒレやイリコについては製法の工夫を重ねて輸出を試み、干しアワビと共に俵物三品という重要輸出品に仕立て上げたのであった。

燕巣のような南方特産の高価な食品が江戸期以前から輸入されていたことは、日本と南方諸国とが琉球、明などを介してこのころすでに食物文化の交流を深めていた事実を物語るものである。鰹節が国内取引の隆盛時代到来に先んじて、早くから南方向けに輸出されたことと合わせて、鰹節製法南方関連説の補強材料となろう。

さて大坂に少数ながら鰹節問屋の出現が明らかになったのは寛文年間（一六六一〜一六七二）である。このころ国内での消費地は、まだ、京、大坂周辺にとどまっていたから、その出現は外国向け輸出に刺激された側面があったということも考えられる。鰹節の輸出高は、正徳年間（一七一一〜一七一六）の長崎港からの輸出統計中に見られる（表9）が、四〇斤、九〇連（九〇〇本）と、他の俵物、諸色にくらべて微々たるものであった。その後も輸出は続けられるが、幕末に至るまでついに伸長はみせなかった。これは、俵物三品やテングサのように中華料理の主要品目に加えられなかったこと、長昆布のように医食同源思想に基づく人気の出なかったこと、かびやすく、輸送、保存に困難だったこと、国内売買の激増など、多くの輸出阻害要因があったからである。

輸出ではなく、南方日本人町からの要望で送った例もある。江戸初期、伊勢松坂の豪商角屋は、徳川家康から頂いた御朱印状により、日本各地はもとより遠く安南（ベトナム）まで進出し、各地の産物、珍宝、奇貨の類を売りさばき、巨利を得ていた。寛永八年（一六三一）角屋の次男七郎兵衛は、安南の商圏を固めるために、若冠二十二歳にして長崎から船出し安南に到着、ホイアンの町に居住して貿易を盛んに行った。

寛永十年の鎖国令により、日本人の海外渡航は禁じられたが、七郎兵衛は多くの日本人とともに安南に留まる決意を固め、明船を利用して、日本との貿易を継続、成功し、やがてホイアン日本人町（約二百人）の頭領になるのである。寛文十二年（一六七二）彼は死の直前に故郷の兄弟に当てた書状で、異国人だった妻や二人の子のために左のような当時の必需食品を送って欲しいと訴えている。

鰹節、いりこ、くしあわび、あらめ、わかめ、氷こんにゃく、かんぴょう、しいたけ、醬油、酒、なら漬、大根漬

これにより鰹節の輸出先には、少量ながら日本人向けも含まれていたことが知られよう。

5　鰹節名称の由来

「堅魚」が「鰹」になったのは、作字上の変化に過ぎぬかもしれないが、それが「鰹節」へと進んだのは、製品に質的変化の生じたことを示している。その質的変化は、焙乾法の導入によってもたらされたものである。鰹節がこれまでの堅魚と違って、焙乾された製品であることは、「鰹節」の用語出現と前後して、「花鰹」の文字が使われだしたことによって証拠立てられる。花鰹の初見は、『種ケ島家譜』の鰹節より二〇年ばかり早く、長享三年（一四八九）版の『四条流庖丁書』の中にその食法が出ている。この二年後には北条早雲が伊豆を占領し、戦国大名第一号の旗揚げをしている。花鰹、鰹節は、共に戦国時代の幕明け期に初めてその姿を見せたのである。

鰹節出現以前の古代様式による堅魚は、鰹節材料の場合と同じく、まず三枚におろしたものを、さらに三等分もしくは四等分する。つまり六本ないし八本に細断して後、日乾により七〇グラム程度の重さに仕上げたものである（煮堅魚も大きさは同じ）。

調の堅魚一本は『奈良朝食生活の研究』（関根真隆）を参考にして約七〇グラムの重量になると算定した。昭和六十年春、静岡県焼津鰹節加工協同組合のご協力を得て、八条に生切りにして日乾したところ、約二〇日で腐敗することなく仕上げられ、右の重量を得た。だが、切断面は鉛色を呈し、赤味と香りに乏しいものであった。この実験で明らかになったのは、古代の堅魚はたとえ削れても花鰹の表現にふさわしい色香は生じない上に削りにくく、固くてもろいということである。花鰹にするには不向きで、むしろ砕いて用いるほうが適するものである。

ところが、焙乾を加えた製品は、表皮は炭化して汚くみえるが、内部は美しい鮮紅色を呈する。その表皮を取り去り、固型分を小刀で薄く削れば、特有の香味を発し、紅白の彩りも華やかな、まことに花鰹と呼ぶにふさわしい品となる。小刀で削ることができたのは、古代の堅魚よりはかなり肉太で、現状に近いものとなっており、現在の若（軟）節程度の堅さだったからである。

カツオからカツオブシに名称の変化した理由は二通りに考えられる。一つは焙乾によって新製品が誕生しているところからカツオイブシが原型だと見るものである。生利節は、生イブシのイがリに転訛したものだという説も納得できよう。理由の第二は、独特の数称である「節」に起因するという見方である。古代から堅魚に限っては、おそらく松の節のような堅さの故か「節」で数えられていた。古代の堅魚（乾製品）の数称であるフシの意識の中へ製法上の特徴であるイブシが融けこんで、鰹節《かつおぶし》の文字と呼称が誕生したのである。

だが、「鰹節」の定着するまでには年月がかかった。『種ケ島家譜』に「かつほふし　五れん」と書かれた永正年間とほぼ同年代に出された、室町末期の料理書の中に「鰹　一ふし、二節」などの記述が見出される。同じ料理書中に「花鰹」がたびたび出て来ており、焙乾品が使われたことは確実なのに「鰹」と表現されているのである。焙乾品を呼ぶに鰹と鰹節が混同して使われた時代は、江戸初期まで続いていく。

前出の『種ケ島家譜』の「五れん」は五連と書くのが正しい。平城宮跡から発見された木簡の中には、「調」として「堅魚　十連三節」などと書かれたものが見出される。十節を以て一連としたもので、十連三節は一〇三本のことであり、「五れん」は五十節のことになる。十節《ふし》の鰹の両端をわら縄で結んで吊るしたものを一連といったもので、このようにして家々が保管しておく習慣は、五島列島その他各地に最近まで残っていた。一連に十節を結ぶという習慣が、古代から中世を経て今日まで残っているのは興味あることである。

6　『徒然草』の「かつを」

鰹節は中世末に出現したものだが、それに先立って書かれた『徒然草』の一文が、中世以前のカツオ食の有無を問題にしているので取り上げてみよう。江戸時代から現代に至るまでカツオを語る者の誰もが引き合いに出す箇所である。

「鎌倉の海に、かつをといふ魚あり。彼のさかひには左右なき物にて、此頃もてなす物なり。それも鎌倉の年寄の申し侍りしは、此魚おのれらわかかりし世までは、はかばかしき人の前へ出づること侍らざりき。頭は下部もくはず、捨て侍りし物なりと申しき。かやうの物も世の末になれば、上ざままでも入りたつわざにこそ侍れ。」

この一文が後世に与えた影響は甚大で、カツオ食について語る多くの人々が、鎌倉時代以前には生食はなかったとする論拠としている。

しかし兼好法師が聞いたというのは、当時は太平洋側なら数えるに手間取るほどたくさんのカツオの獲れる浦があった中の、一つの浦の一人の年寄りの思い出話に過ぎない。たとえ鎌倉が政権の所在地だったとしても、カツオ食のとくに「上ざま」の習慣となれば、京の町で尋ねるべきものであろう。平安時代には、都では天皇家をはじめとする「はかばかしき」人々の食膳に、生カツオが煮るか焼くか、ヒシオ（塩辛状）にするかして上せられていたものである。平安京だけでなく、さかのぼれば平城京、藤原京にも生カツオの料理はあったのである。

これらの都では、海から遠く離れていてさえ急速に腐りやすい生カツオを食べていた。これに対して鎌倉は沿岸沿いに黒潮分流が回流してきており、兼好在世当時には前面の海でカツオがよく獲れたはずだから（後掲北条氏直のカツオ釣り見物の話を参照）、上下を問わずこの新鮮な魚を味わわなかったとは信じられないことである。執権、北条時頼でさえ、酒の肴に事欠き、生味噌を嘗め嘗め、酒を飲んだという食物の質素だった鎌倉で生カツオの美味を放っておくはずはない。

実は『徒然草』は、とくに生食について言及しているわけではなく、昔のはかばかしき人はカツオ自体を食べなかったといっているのだから、兼好の書くところをまともに受け取れば、彼の認識不足だったということになる。「大宝律令」「延喜式」『和名抄』などで、カツオ製品が朝廷により重要食物とされていたことや、天皇の食事を記した『厨事類記』に生カツオ料理のあること、『玉造物語』の中に小野小町が食べたとされるカツオの煮物の話など、何も知らなかったことになるからである。

『徒然草』の一文を真正面から解釈しないで、その裏にこの当時わがもの顔に振る舞っていた武士に対する、カツオに名を借りた痛烈な風刺が潜んでいるとの見方をとる人々もいる。「鎌倉」の「かつを」とは鎌倉武士のことであり、「おのれら若かりしころまでは、はかばかしき人の前へ出づること侍らざりき」とは、今では権勢を誇っている武士どもも、その昔は天皇や公家の前へ出ることもできなかったと、密かにあざ笑っているのだ。さらに「頭は下部《しもべ》も食はず、捨て侍りし」とは北条氏という頭を下々の者までが嫌って切り捨てたということであり、「かやうの物も世の末になれば、上ざままでも入りたつわざにこそ侍れ」とは、北条、足利勢が天皇を押しのけて天下を取るまでになったのは、世も末だと嘆いているのだ……というわけである。

「青魚」と称される、サバ、カツオの類は、「当たる」、「酔う」といって少しでも古くなると嫌われた。とくに頭は最も腐りやすいから、まっ先に捨てるのは当然である。ことさらに書くほどのことではないのに強調されているのは、やはり下賤の身から殿上人《てんじょうびと》にまで成り上がったと噂された、武士の頭梁に対するさげすみや揶揄《やゆ》の気持が巧みな表現の裏に籠められていると思わざるを得ない。「かやうな者」が「上ざままでも入りたつ」との記述にも、同様な意図が感ぜられる。

兼好法師が『徒然草』を書いたのは、元弘二年(一三三二)から延元三年(一三三八)までの六年間だが、それ以前からその当時までは、朝廷側に立つ武士団と敵対する武士団との激しい争いの時代であった。元弘元年には北条高時により後醍醐天皇が捕えられ、翌二年には隠岐に流されている。同三年には高時が自殺して鎌倉幕府は滅び、翌建武元年に建武の中興が成り、天皇の親政が確立されたがそれも束の間で、翌二年には護良親王が囚われていた鎌倉の土牢で殺され、さらに翌延元元年には後醍醐天皇は吉野に還幸して、以後南北朝の戦いは激烈となっている。『徒然草』を書き終えたとされる延元三年には、南朝方の雄将、北畠顕家、新田義貞が戦死し、北朝方の足利尊氏が征夷大将軍となっている。

このような変転目まぐるしい時代の中にあって、武士団が激烈な戦闘に明け暮れし、勢力争いに鎬《しのぎ》を削るほどに、民衆の生活は翻弄され、悲惨な境遇に陥っていったはずである。世の移り変わりに該博な知識と非凡な着眼を以て、犀利に分析し、評論している『徒然草』の筆者が、単にカツオを昔は食べたか、食べなかったかを問題にしたとはとても考えられないことである。

7　兵食として重用された鰹節

武家政治の世を迎えた鎌倉時代以降、国々を切り取り、思うがままに人や物を動かすことができ、兼好法師のいう、「はかばかしき人」の前にも出られるようになった大名たちは、見果てぬ夢だった都振りを真似るに懸命となっていた。鰹節をまず賞味したのは室町中期の公家階級だが、その食習もまた戦国大名の採り入れるところとなったのである。単に宮廷食の物真似ではなく、武士等にとっては受け入れるにふさわしい、高い価値を有する必需食品であった。

つねに生死の関頭に立たされているだけに、武士たちは真剣になって縁起をかついだものである。出陣、凱旋《がいせん》にさいして、打ち（のし）あわび、搗《か》ち栗、昆布を飾った儀式も、敵に「打ち、勝ち、喜ぶ」という祈りが籠められていた。そして、鰹節もまた「勝男武士」に通じる縁起物として、各種の祝儀に用いられるようになっていくのである。

鰹節は語呂が良いと喜ばれただけでなく、美味で精気の基でもあることが知られて、戦陣の携帯食として、籠城用の保存食として実戦に役立てられるようになった。徳川時代になってから各種の軍学書には、鰹節を兵糧《ひょうろう》（軍食）に用いるよう説いてあるが、これらは戦国時代の経験に基づくものであろう。1節に記した『三河物語』もそれであり、『武教全書』にも、

「鰹節は薬剤に非ずと云とも、時として飢に及ぶ時、是を嚙まば性気を助け、気を増し、飢を凌ぐのみならず、功ある物なれば必ず用意すべき事也。」

と、兵糧としての効用を記し、必携品とみなしている。

このほか『訓蒙士業鈔』『武門要秘録』『武字拾粋』『拾役之抄』などに、陣中用意の兵糧としてあげてある。鰹節以外ではこれらの兵書に共通して取り上げられたものはなく、鰹節は乾飯、焼塩、味噌とならぶ必需品であった。

鰹節を兵糧とする場合、『三河物語』のように腰兵糧とする方法もあったが、他の精気のつく食品と共に調合して、兵糧丸とすることが多かった。その材料とされたものは、鰹節のほか次のとおり、糯米《もちごめ》、野老（ヤマノイモ）、梅干しなど、今日でも独特の栄養価を認められ、精気の素とされているものばかりであ

る。

『神武権備集』

堅魚節、野老《トコロ》（ヤマノイモ）、糯米、此ノ三色、等分粉ニシ、大丸トナシ、人ニ依テ一丸、或ハ二、三丸ヲ与レバ、一日ヲ心易ク経ル（『拾役之抄』にも同文）。

『武門要秘録』

不飢《うえざる》法の第一は、鰹節、糯米、野老、右三味等分に致し、大丸にして、人に依り一丸、二丸も用ゆ（前書と同法である）。

『武家精談』

第二兵糧丸

土佐松魚節百目、薯蕷《やまのいも》（野老と同じ）生にて三百目をワサビおろしにて摺り、これに又饂飩《うどん》粉百目入れ、摺芋《すりいも》へ、焼塩一両、上品砂糖五両入れて煉り交ぜ、煉固め、餅の如くして蒸すなり（一両は約一五グラム）。

『甲州流秘書』「大将之材智、武功見功等数条」

忍術兵糧丸

寒晒の米十五匁、蕎麦《そば》粉五匁、鰹節三十匁、鰻白干三十匁、梅干肉三十匁、生松の赤肌三十匁（湯にて良く蒸して）右粉にして、梅の肉、松のあかはだに段々右の薬を入れ、（直）径五分是程に丸ず（丸め）、一日に二、三粒づつ用ひて、七、八日、十日まではめしもくるしからず。

江戸時代までは中国の影響により医食同源の思想が根強く残り、それが兵食にも現れ、秘伝の丸薬を食べれば一日を過ごせ、飯なしでも一〇日まではもっと信じられたのであった。丸薬の成分中、鰹節は現代風にいえば薬効充分な動物性蛋白源として貴重視されたことは明らかである。武将が鰹節を賞でたのは、その語呂はもちろんだが、兵食としての栄養価を貴んだからでもあった。

8 『北条五代記』の鰹節

鰹または鰹節が武士に縁起物として喜ばれるきっかけとなったとされる逸話は、『北条五代記』にある。それを物語風に書けば左のとおりとなる。

「戦国初期、天文六年（一五三七）当時、小田原は北条氏の治下にあって、城下町として大いに繁栄していた。春から夏にかけては小田原沖にカツオの大群が押し寄せるので、たくさんの釣り船が出て盛んに釣られ、城の内外、上下を問わず賞味されていた。

味もさることながら、釣りの有様がいかにも勇壮なものであると聞いた城主、北条氏綱は家臣に命じて小舟を用意させた。船を漕ぎ出してみると、漁師どもがつぎつぎにカツオを釣り上げる有様は実に珍しく見事なものであった。氏綱はこの光景に打ち興じ酒宴を始めたところ、思いもかけず一尾のカツオが、いきおい余って船の中へ飛びこんできた。彼は大層喜んで、『勝負に勝つ魚だ。これはめでたい』と、すぐさま料理させ、酒の肴にして舌つづみを打った。

それから二か月ほど経った七月上旬、上杉五郎朝定が武蔵国へ攻め入ったとの注進があったので、氏綱は時を移さず兵を率いて出陣し、同月十五日の夜戦に大勝利して川越城を攻め取り、ついには武蔵国全域を領有することになるのである。」

そのころ北条氏は、四隣に上杉、武田、今川の強敵がひしめいて、絶えず戦いに明け暮れしていたが、これ以来氏綱は「勝負に勝つうお」だと出陣の酒肴には必ず鰹節を用いることにしたのである。後年、「勝男武士」として鰹節が、出陣、凱旋の儀式に使われるようになった遠因もここに始まるといわれる。『慶長見聞集』には、「小田原北条氏の時代、関東弓矢有て毎日戦やむことなし。鰹は勝負にかつうおとて古き文にも記し、先例ありといひて、侍衆の門出の酒肴には鰹を専と用ひ給ぬ」とある。

小田原は相模湾の最奥部に位置するが、黒潮の分流が海岸線に沿って南北から流れこむ位置にあり、その昔はカツオの大群が入りこんだ模様である。明治二十四年の「水産事項特別調査」によれば、そのころでもなお湾内三九か町村がカツオ漁を行い、獲っていなかった漁村は五か村だけと記録されている。

第七章　紀州のカツオ漁法が全国へ

1　紀州漁民のカツオ出稼ぎ漁由来

大正三年の『水産研究誌』上で、東京帝大教授岸上博士は、「関東、関西どの地方に行っても、ここの漁業は熊野の漁師が来て始めたと言い伝えられているところが多い。魚類を捕ることもこれを製造することも、多くは熊野の人が始めたのであり、熊野から伝わったのである」と記述されている。まさに至言であり、重要な証言でもある。おそらく今では、このような言い伝えを知る人はごく少ないと思われる。

博士の言われる熊野とは、紀伊半島の沿岸ほぼ全域に拡大解釈するのが妥当であろう。地元紀州では、昔から熊野灘沿岸だけを熊野とはいわず、紀伊半島東北部沿岸を「奥熊野」といい、西岸の田辺浦辺までを「口熊野」といい慣わしてきたし、半島全域を基地として活躍した水軍は「熊野水軍」と総称されている。さらに付け加えれば、「熊野の漁師がきて始めたと言い伝えられているところ」には、今日でいう熊野の浦々とは反対側の、紀伊半島西北岸から来た漁民によって、近世漁業の開かれた例が少なくなかったのである。

紀州（熊野）の漁業発達の基本的要因は、都に近かったことにある。もともと古代から大宮人の熊野詣でが盛んであり、都との関係は深かった。室町中期以降になると、畿内一円には棉作など換金作物の栽培が発達し、肥料用干鰯の需要が激増した。また京を中心とする支配階層や堺の町衆などの間では美食を求める風潮が高まって、カラスミ、鰹節などの高級食品の需要が増大した。

これらの需要に応じたのは、熊野漁民だけではなかった。京や堺、大坂により近い国々、和泉、摂津の漁民もいたのである。これら三か国の漁民は瀬戸内海ではタイ、白魚、エビ、イワシ漁を、黒潮洋上ではクジラ、イワシ、ボラ、カツオ漁を盛んに行った。こうして近世初頭まで畿内へ向けた海産物の主要供給地となり、いきおい漁業の最先進地となったのである。

一方では戦国末期になるまでの間に、近畿漁場の戦乱による荒廃が甚だしく、また戦いに破れた武士たちが、軍船を転用して漁業に転向する者が現れるなどして、狭くなった漁場で漁獲を競うことになった。そのために魚資源の枯渇を招いてしまい、やむをえず他に漁場を求めねばならなくなっていくのである。そのとき最も有利な位置に立ったのは、黒潮洋上を活躍の場としてきた紀州漁民であった。

紀州有田郡広村（現在の有田市に近い）庄屋小兵衛の書き残した「往古よりの成行覚」（寛政六年）によれば、

「天正の末年にいたり、広町ことの外なんき（難儀）と相なり、この所にて渡世なりかね申候につき、思ひ思ひ諸国へ漁師稼ぎにまかり越し……」

とある。天正十二年（一五八四）の小牧、長久手の戦に際し、紀州有田、日高、牟婁《むろ》三郡（紀伊半島西岸一帯）に勢力をひろげていた湯川氏や根来、雑賀衆は、徳川家康に呼応して背後から大坂を攻めたので、怒った豊臣秀吉は翌年一〇万の大軍を送って、徹底的な紀伊攻めを行った。同じ年の十一月にはこれに追い討ちをかけるように大地震、大津波が襲い、有田郡の海岸沿いの家屋の大半が失われた。

「広町ことの外なんき」とは、これらの事実を指すが、天正十六年の秀吉による刀狩りが兵農（漁）分離を決定づけたことも手伝って、広村など紀伊半島西北部一帯の漁民は優れた漁法と操船術を駆使し、北は関東、奥州から南は南九州、五島列島方面まで出稼ぎ領域を広げていくのである。

2　東西日本へ出稼ぎ領域拡大

広村に隣る湯浅、栖原と合わせて有田郡内三か村は、中でも出稼ぎ浦として後世まで名を残している。江戸時代に入ってから見られる記録によれば、その主体は干鰯製造を目的のイワシ漁とカツオ、鯨漁等であった。正保三年（一六四七）と四年に前記三か村と網代村漁民が下総国銚子で春に来て十月ごろ帰国する「釣り漁」をはじめた（『海上郡誌』）とあるのはカツオ漁である。

南部藩の『御側雑書』によれば、承応三年（一六五四）七月、「紀州の鰹釣舟四人乗舟二隻が宮古浦に寄港し、ここから田名浦に向う」とあり、網も積んでいたと記録されている。田名浦とは陸奥湾内の大湊を指している、はるかに遠く紀州の海辺から小舟を操って三陸海岸まで来てカツオ漁を行うだけでも大変なのに、霧が多く海の荒れる奥州の海を航行し、本州最果ての下北半島を回って陸奥湾まで向かう紀州漁民の勇気と出稼ぎに賭ける意気込みには驚嘆させられる。

四人乗りの網を積んだカツオ船とは、航行中にイワシの「餌どこ」（カツオ群などに追われて、海面が盛り上がる状態を見せるほどにイワシが群がっているところ）を見つけると、棒受網《ぼうけ》を使って獲り、船内の樽に入れておき、ナムラを見つけると、それに向かって餌イワシを投げてカツオを引きつけて釣る、室町〜江戸初期まで主流となっていた、旧式漁法に用いられた漁船である。四、五人乗りから七、八人乗りまであり、与板《よいた》船の名が比較的広く使われたが、駿河では天当船、紀伊ではカツオ専業の大職船に対し、小職船と呼んでいる。小職船はイワシを撒かずに釣ったというから、江戸初期までのカツオ釣り法やカツオ船は、全国各地で統一されたものではなかった。が、ともかくもそのころ各地でカツオを釣る船が活躍していたこと、三陸海岸から陸奥湾までカツオ群が押し寄せていたことが明らかにされた（陸奥湾では明治初期まではカツオ漁業が行われている）。

これから一〇年後の寛文五年（一六六五）には、銚子のカツオ船は四〇～五〇艘に達しているが、このうちかなりの数が前記三か村のものだとみられる。それは同十三年になると、銚子の今宮村だけで広村一か村のカツオ船が五一艘も出漁との記録の残ることからも類推されるのである。このころ房総近海には奥羽近海を上回るおびただしいカツオの群が接近していたのであろう。なお寛文八年には安房国和田村（千倉に近い）に出漁した紀州カツオ船は、「諸猟運上」として「鰹船一艘につき、金四両」も徴収されている。前記の今宮村での運上は金一分だから、和田村徴収はその一六倍にもなる。寛文八年から同十三年まででわずか五年の間に、経済情勢の激変があったとは考えられないから、今宮村への出漁船は小型四人乗りの旧式釣り船であり、和田村への出漁船は大量に釣り溜められる熊野式釣り新法の一三～一五人乗りの釣り専業船とみて間違いない。

寛文十三年（一六七三）八月十八日、水戸藩主義公（後の黄門）は川尻（現在の日立市北方）に行き、三日間逗留してカツオ釣りを見物している。よほどお気に召したらしく延宝五年（一六七七）には久慈浜でも見物している。このときの情景を『桃蹊雑話』には左のとおり叙述してある。

「義公が久慈浜の辺に御遊行のとき、鰹釣船を出させた。このとき中山風軒（幕府から派遣された水戸藩付家老職にあった）は隠居して北河原子村（久慈浜北方）にいたが、このことを聞いて家来四、五人を召し連れ、海辺に来てみると御船ははるか沖に出ている。風軒は何を思ったか、家来に持参させた鉄砲を取り、沖に向かって二、三発撃った。義公はこの音を聞き『我に向かって鉄砲を放った者は外にはいない。風軒が予（我）の軽々しい行動を諫めるのであろう。もっともなこと、早く漕ぎ戻せ』と、早々に帰港し、風軒へ『我過《あやま》てり』と詫びられたという。」

義公の船が鉄砲の音の聞える程度の「はるかな沖」に出たところから見て、見物したのは釣り専業船だと考えられる。義公はそれまでの領内の漁船では見られなかった勇壮な新漁法に魅了されたからこそ、家来が気遣うほどの沖でも二度にわたって見物したのであろう

紀州漁民の出稼ぎ船は、九州方面へも進出していった。江戸時代以前の出稼ぎ漁場としては、日向灘方面と五島列島海域があげられる。伝えられるところでは、五島列島のうち中通島の奈良尾、佐尾、若松島の月の浦などへ旅漁に来て、カツオを釣っていたが、広村の漁師戸田 某《なにがし》は、慶長初期（一六〇〇、関ヶ原合戦のころ）には居つくようになったという。

五島列島と紀伊半島の交流の歴史は古く、南北朝時代には熊野水軍が五島列島海域まで進出してきており、江戸時代へ入る前後からこの海域へ向けてカツオだけでなく、イワシやクジラの旅漁も開始している。五島列島の西北海域は対馬暖流の通路に当たり、各種魚群の未開の大漁場だったのである。「戸田 某《なにがし》」が五島列島に居つくようになった慶長年間、イギリス船が平戸で鰹節を積んでシャムへ向かっている。この鰹節は紀州産か紀州漁民が五島列島へ旅漁を開始してからの五島産であろう。初めは平戸から輸出され、元禄時代になると長崎から、中国やシャム方面へ鰹節が輸出されているが、その主要産地は両港に近い五島列島とみるのが妥当である。

紀州漁民の五島海域へ向けたカツオ釣り出稼ぎが、文書にみられる最初は、言い伝え年代より一〇〇年

遅い。貞享三年（一六八六）に「紀州之鰹釣共」が「東奈良尾を居浦《すえ》」として稼いでいたという（『奈良尾漁業発達史』に原典）。その後については明らかではなく、五島産の鰹節の声価は江戸時代の終わるまで高くはならなかった。

3　カツオ専業船（釣り溜船）

この船は、熊野式釣り新法により大量に釣り溜めたカツオを、できるだけ早く母港へ持ち帰ることのできる俊足船である。そして製造された鰹節を近くの商港まで輸送する、商船の役目を果たすこともある。

熊野式釣り新法と仮りに名づけた一本釣り漁法は、室町末期に紀州潮岬を中心としてカツオ漁業に従事した漁民らが、カツオ専業船と併行創業したものである。カツオ専業船は、紀州では大職船、駿河では初めに小早、後に鰹船、土佐では鰹船、印南漁民の影響を受けた陸前の唐桑や土佐の清水浦などかなり広範囲の浦々では釣り溜《ため》船（以下この名称を使用）と呼んだ。

延宝三年（一六七五）唐桑の漁民鈴木勘右衛門は「釣溜船」一隻建造のために、仙台藩に資金一〇両の拝借を願い出ている。これによって建造した船で「めぬけ」（深海産の鮮紅色が美しい高級魚、唐桑、気仙沼地方では現在でも慶事に使われる）の獲れる沖合まで乗り出し、大量のカツオを釣り溜ることができるようになった。これを鰹節にして売り、漁期内に建造費を補塡し、なお余裕を以て収益が生み出され、船子たちへの配当もできたのである。

釣り溜船の規模は江戸中期まではあまり変わりはなかった。江戸末期にもなると、九州に限っては大規模船も出現しているが、一般的に長さが五間（約九メートル）程度、幅が六尺〜八尺（約一・八〜二・五メー

釣り溜船（『長崎県漁業誌』）

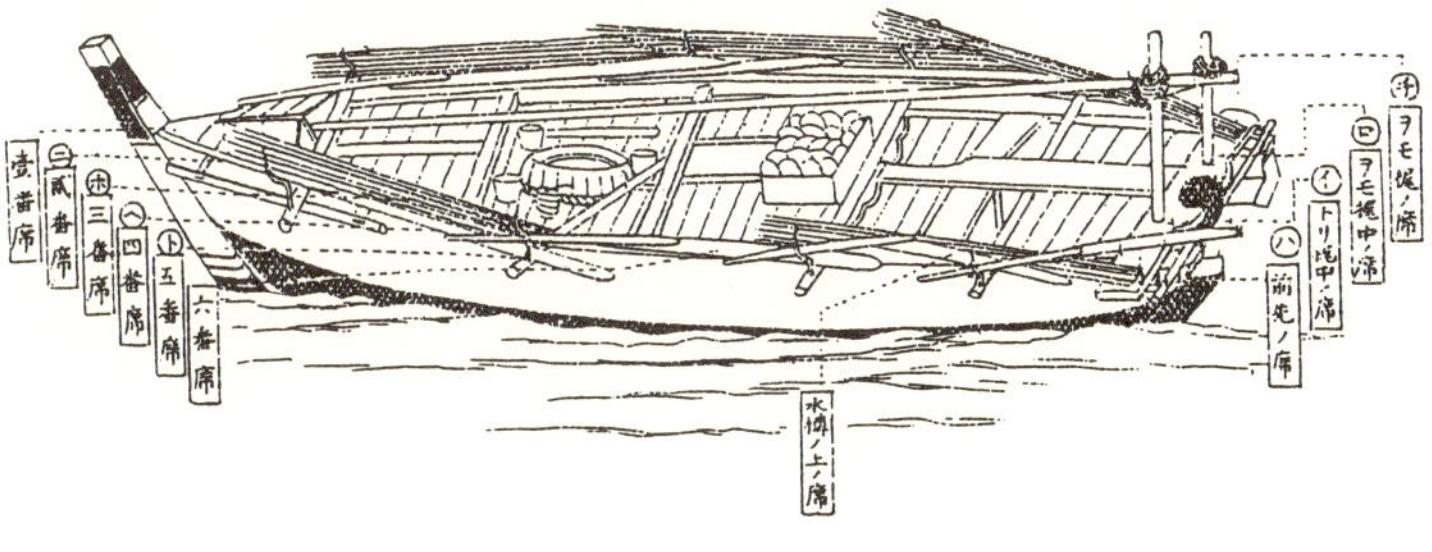

釣り溜船の漁夫配置図（『長崎県漁業誌』）

トル）ほど、帆はござ製で六反帆程度、六～八挺櫓《ろ》で一三～一五人乗りであった。

漁夫の位置は図のように定まっており、カツオ群（ナムラ）に遭遇すると、絵のように一斉に釣り糸を投げ、一挙に釣り上げる。この新漁法のあらましは次のとおりである。

生き餌にはマイワシの幼魚が良いとされたが、所によっては、ウルメ、カタクチ両イワシやアジの幼魚が使われた。与板《よいた》船と違って釣り溜船の場合には、あらかじめ餌どこ（餌イワシの密集する漁場）に出漁し、捧受網を使って獲ってきた餌を、浅瀬に設置した餌籠に入れて蓄養しておく。出漁の直前に船上の槽に移し変えて漁場まではこぶのだが、ナムラを見つけるまでは絶えず海水を入れ替えて、活かしておかねばならない。長柄のヒシャクを使っての汐替え作業は、単調な上に大変な重労働であった。（江戸期を経て明治、大正、昭和初期までこの作業は続き、今でもそのつらさを体験した人々は存命している）。

生き餌を運ぶ量には限りがあるから、不足を補うために、カツオをたぶらかす二つの方法が工夫された。一つは生き餌をまいてカツオが群れ集まったところで、カイベラで海水を激しく揺り上げて水しぶきを立てる方法である。カイベラとは土佐の呼び名であり、土地によって汐つり竹（長崎）キャグラ（九州）、ミズカケ（伊勢）等と呼ばれる。竿竹の先端をヒシャク状に仕上げるか、その先にタワシ、ワラタバなどをつけたものである。これを巧みに操作して、釣り糸、釣り針を感づかせずに、イワシの大群がはね回っていると思いこませ、カツオ群を興奮状態におとし入れるのである。

その二は擬似餌（針）の使用である、『日本山海名産図会』に詳細な説明がある。

「釣手《つりて》は一艘に十二人、釣さお長さ一間半、糸の長さ一間許《ばかり》、ともに常の物よりは太し。針の尖《とがり》にかえりなし。舟に竹簀、筵《むしろ》などの波除《よけ》あり。さて釣をはじむるに、先生《まずいき》たる鰯を多く水上に放てば鰹これに附て踊り集まる。其の中へ針に鰯を尾よりさし、群集の中へ投れば、乍《たちまち》喰附《つき》て暫くも猶予《ゆうよ》のひ

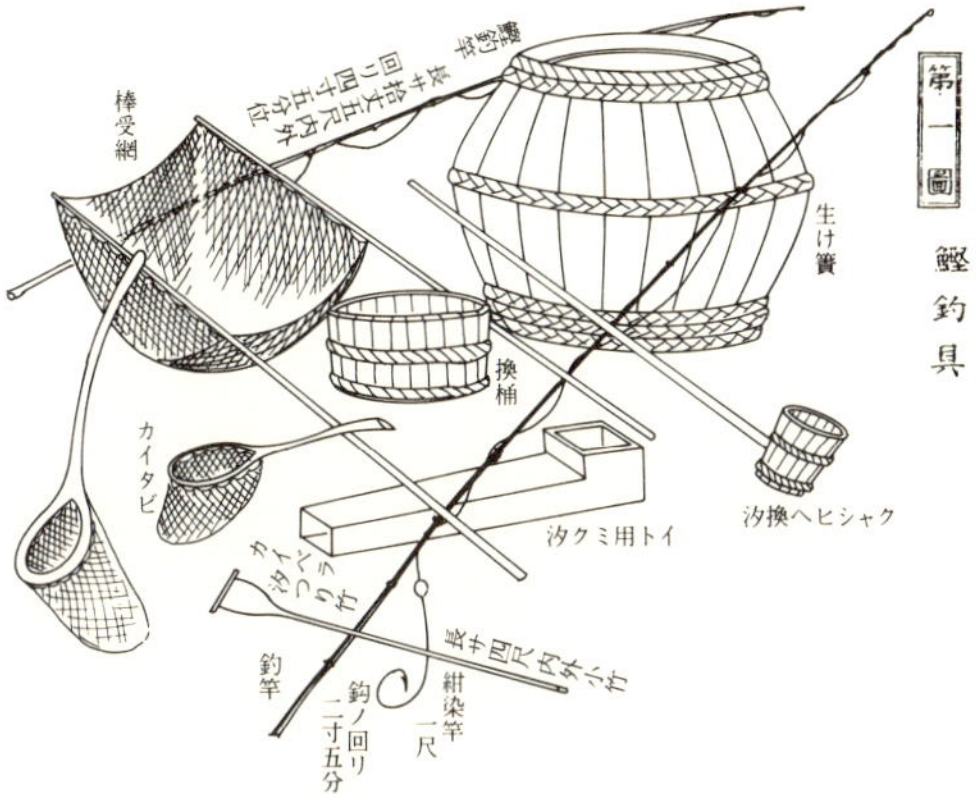

カツオ釣り具
（『長崎県漁業誌』
明治16年）

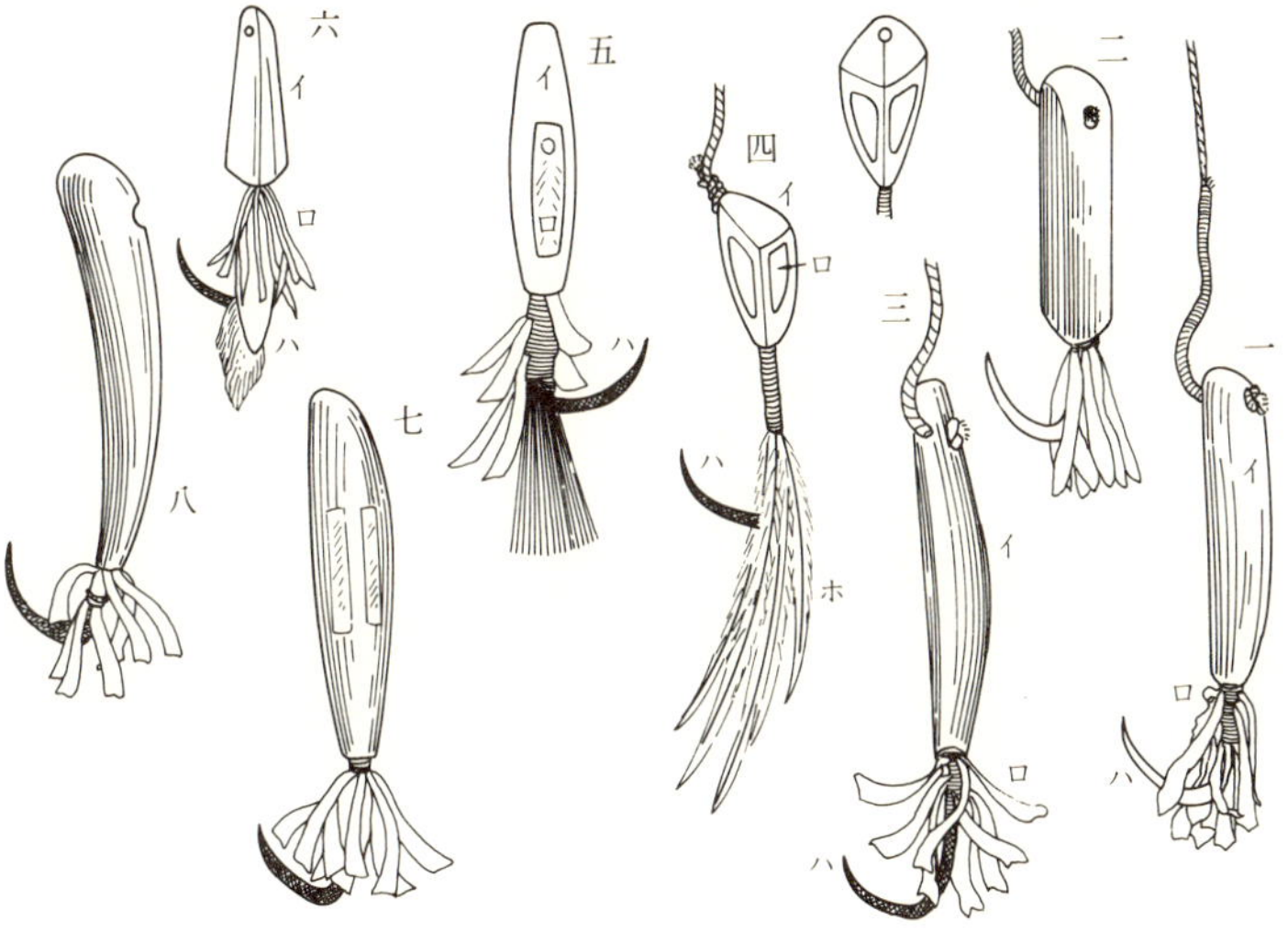

カツオ釣り擬似餌
（『日本水産捕採誌』）

一 伊豆国下田町にて使用のもの
イ 鹿角
ロ 河豚皮
ハ 真鍮製釣鉤
二 伊豆国にて使用のもの（牛の赤角）
三 志摩国答志郡にて使用のもの
イ 牛角又は犀角
ロ 河豚の皮
ハ 釣鉤
四 同前
イ 鉛
ロ 青貝入
ハ 真鍮製釣鉤
ホ 黄赤色鶏の頚毛
五 薩摩国にて使用のもの
イ 錫
ロ 青貝入
ハ 釣鉤
六 越中国射水郡にて使用のもの
イ 鹿角
ロ 魚皮
ハ 羽毛
七 磐城国にて使用のもの
牛角青貝入
八 陸前国牡鹿郡にて使用のもの
牛角

まなく、ひきあげひきあげ、一顧に数十尾を獲ること堂に数矢《かずや》を発《はな》つがごとし」（注：数矢を発つとは、京の三十三間堂で通し矢の数を競うこと）。「一法に水浅きところに自然魚の集《あつまる》をみれば、鯨の鬚《ひげ》或は牡牛の角の空中《うつろのなか》へ針を通し、餌なくしても釣なり。是をかけると云《いふ》（牛角を用ることは水に入ておのづから光りありていわしの群にもまがへり）。又魚を集んと欲す時は、おなじく牛角に鶏の羽を加へ水上に振り動かせば、光耀《こうよう》尚鰯の大群に似たり」

要約すると、「かえりのない釣り針を使い、またこれに餌イワシをさしても釣る。牛の角や鶏の羽などで作った擬似餌を水中で揺り動かして、カツオ群をまやかして大量に釣り上げることもある。」――これらが釣り溜法の特長である。

『日本水産捕採誌』（明治四十年）によると、擬似餌の製品は地によって実にさまざまである。主要材料としては上記のほか、鹿、水牛、カモシカ、山羊等の角、鯨のヒゲ、馬のヒヅメ、カジキの鼻尖等が使われ、それを一層目立たせるためには鶏や鴨の羽毛を巻きつけたり、河豚《ふぐ》など魚の腹皮を日乾し、短冊状に切ったもの数枚を貼りつける。これを水上に振り動かせば光りかがやいて、カツオ群はイワシの大群がいると幻惑され、ますます興奮して擬似餌に向かって飛びついて豊漁が得られる。そこで漁師たちは最高の効果を上げられるように、その形状、色状に工夫をこらすのであった。自ら手作りの製品は家々で家宝並みの扱いを受けた。そうした習慣は昭和年代まで続くのである。

4　熊野式漁法の始源、潮御崎会合

紀伊半島の南端、潮岬《しおのみさき》は本州の最南に当たり、黒潮の流れに面と向かっている。岬の突端や東隣、大島の南端、樫野岬に立って俯瞰《ふがん》すれば、洋々たる大海の中をひときわ紫紺の色あざやかな黒潮の激しい流れをまのあたりにすることができる。

西端の潮ノ岬（潮岬は半島全体を、潮ノ岬は岬の先端を指し、潮御崎は旧称として、これから触れる会合名だけに用いる）から東へ向かって、出雲《いづも》岬、通夜《つや》島、須江崎、樫野《かしの》崎が連なる。これらの岬や島々を形成する岩礁は、その岩肌に切りこんで激しく渦巻き、高く波濤を上げては砕ける黒潮本流に、太古以来身をまかせ続けてきた。

その磯のかげには、串本、大島、上野、出雲、樫野等の好漁港が静かにひそんでいる。各漁港からはたちまちに漕ぎつけられる至近距離に餌イワシ漁場があり、そこはカツオ大群が波状的に来襲する大漁場でもあった。しかもこれら漁港の共同専有漁場の中心に、その名にふさわしい「鰹島」がある。小さな切り立つような岩礁が海面に姿をのぞかせているだけだが、それは氷山の一角にひとしく、海面下には広大な瀬が隠れていて、餌魚が密集し、周辺一帯にカツオの大群が押し寄せていたのである。

実は紀伊半島沿岸には「鰹島」と地図に明示された岩礁が四か所もある。

南塩屋（御坊市）沖合
周参見《すさみ》町（西牟婁郡）西方（潮御崎会合の漁場）
紀伊大島（串本町）東方（潮御崎会合の漁場）
鷲ノ巣湾頭（太地町と勝浦町の中間沖合）

紀伊半島全沿岸において、古くからカツオへの思い入れが強く、カツオ漁が盛んに行われていた表れである。とくに熊野式漁法が全国を風靡するより以前、江戸初期に、早くも沿岸漁民がカツオ漁業に熱狂していた状況を想起させるものである。

さて潮御崎会合とは、潮岬周辺の浦々の大職船主が、餌イワシ漁場の占有権とカツオ漁場での釣り優先権等を共有する目的をもつ、排他的、独占的組織をいう。会合成立の時代については諸説があるが、江戸時代以前には確実にさかのぼるとみられている。当初は三か浦で結成されたようだが、寛文十二年（一六七二）になるころまでには、潮岬をはさんで、東牟婁《むろ》郡の六か浦、西牟婁郡の一二か浦、計一八か浦に達した。

会合の主旨はこれに加わった浦々のカツオ船主が、潮岬を中心とする大漁場で、支障なく餌イワシ漁とカツオ漁が行えるよう、申し合わせをすることにある。毎年の正月、五月、九月の毎十八日に潮ノ岬の岸頭に鎮座し、熊野灘のカツオ海域を守護し給う、水崎（潮崎）神社の社前に参会し、誓いを立てる。その慣習は江戸初期から数えただけでも二百数十年は継続しており、明治期を迎えてもなお数百人も来会していた。

古い規約は残らぬが、明治初年に書かれた次の規約は、封建時代から踏襲されているとみてよい（概略）。

① 三月三日から五月五日までは銘銘釣といい、左の規程がある。
最初に鰹群をみつけ、餌をまいた船が釣りはじめたとき、二番、三番とつぎつぎに現場に到着した船は順次に最初の船の右舷につき、釣り終わるまで待たねばならぬ。
② 五月六日から九月九日までは押上釣といい、上記の定めなく自由に餌をとり、互いに釣ってよい。
③ 会合に属する漁船（大職船）主は、会合に加わらない小職船（五人乗り以下で、入会資格のない餌鰯を用いない船）が見つけたカツオ群を、順番にこだわらず釣ってよい。
④ 一八か浦以外から潮岬周辺にきて鰹を釣ることは許されない。

会合を結成する大職船船主が、加盟海域内では小職船のカツオ漁と会合外漁船の出漁とを厳しく取り締り、仲間船主一同の規律ある釣り方を守る条文が盛りこまれている。取り締りのためには、時に和歌山藩の公権力にもすがる、株仲間同様の組織であった。

5 潮御崎会合が与えた影響

絶好の餌イワシ漁場とカツオ漁場を併せ抱える潮岬周辺の海域は、カツオ漁を営む他の浦々の漁民らにとっては垂涎《すいえん》の的であった。江戸時代以前から江戸初期にかけて、餌イワシ網を積んだ漁船団が、紀伊半島西岸では、有田郡下の広、栖原、日高郡下の印南《いなみ》、南部《みなべ》、牟婁《むろ》郡下の田辺等、半島東岸では勝浦、三輪崎から遠くは伊勢国の浦々まで、つまりは紀伊半島全沿岸から出漁してきた。それらを排除しようとして結成された潮御崎会合は、出漁船団とたびたび衝突しつつも、しだいに取り締りの強化に成果をおさめていくのである。

一方締め出された浦々は次善の措置をとる。まず潮御崎会合の浦々に隣る、西方の紀州家支藩田辺領に属する、日置《ひき》、江川等六か浦が「田辺浦会合」を組織した。東方ではやはり紀州家の支藩、新宮領に属する、勝浦、三輪崎など七か浦が集まり、「三輪崎会合」を組織した。

これにより江戸初期には、

本藩領内　　潮御崎会合
田辺領内　　田辺浦会合
新宮領内　　三輪崎会合

の三会合組織が成立し、西は田辺湾から潮岬を経て、東は勝浦湾に至る、主要カツオ浦、餌イワシ浦は、各会合衆によりそれぞれ独占される状態となったのである。

後発の二会合に属する浦々の漁獲高は、潮御崎会合にくらべれば劣るが、黒潮の流れの好転する年には豊漁に湧き立つこともあった。黒潮本流からやや離れている、三輪崎会合の中央に位置する勝浦の湾頭に「鰹島」があるのは往年のカツオ漁の隆盛ぶりを示すものである。また延宝年間、三輪崎の釣り溜船が奥州へ出稼ぎ漁に向かったのは、会合内の浦々で不漁の続いたことを示している。

三輪崎会合にくらべれば、田辺浦会合の浦々は黒潮分流に洗われて、潮御崎会合に次ぐ好位置にあり、カツオの群来は多かった。明治、大正期になってさえ、カツオ漁が春夏の主要漁業となっていたことからも、往年の盛況が察せられよう。なお明治初年に作成された、同会合の「鰹釣り規約」（ほとんど「潮御崎会合」の規約に準拠したもの）の現存することにも、長年月にわたるカツオ釣り盛業の様子がしのばれる（残念ながら、三会合の浦々は共に現在は鰹漁はないに等しい）。

三つの会合の成立により打撃を受けたのは、黒潮の影響力の弱い紀伊半島西岸の日高、有田両郡下の漁民である。有田郡の広村などの漁民が、わざわざカツオ船を仕立てて、遠く房総の海まで出漁した（本章1参照）原因の一端はここにある。また日高郡印南漁民の場合はやむなく四国、九州方面の新漁場開拓へと方針を転換するのである。

東岸はもともと黒潮から離れた位置にある。会合から締め出された紀州北岸や伊勢国に属する浦々からは、関東、続いて奥羽の海へ出漁する漁船が相次いだ。早くも寛文十三年（一六七三）、南部藩主七戸隼人の招きに応じて、「伊勢より十人の鰹釣」が下閉伊、上閉伊両郡（現在の岩手県下）におもむいた。諸所の漁港でカツオを釣り、「伊勢婦し（節）」に仕上げ、五百節は藩主に差し上げ、その余は盛岡へ向け売り出している（『南部藩雑書』）。

6　紀州三輪崎漁民、陸前国唐桑へ

記録の見出し得るかぎりでは、紀州カツオ漁民の関東海域出漁は正保三年（一六四六）であり、奥州海域出漁は承応三年（一六五四）である。寛文年間（一六六一〜七三）ともなると、房総の海から北上して磐城国（福島県）から仙台藩領（宮城県南部）まで出漁範囲を拡大していた。

延宝二年（一六七四）四月、紀州三輪崎の漁師、幾左衛門が率いる「鰹釣溜船」五艘と、仙台藩領宇田郡（現在亘理郡）坂本浜の「釣溜船一艘」の計六艘が唐桑村鮪立《しびたて》浜に入港した。これらの釣り溜船は、古館屋敷の勘右衛門、貝浜屋敷の源右衛門両名の招きに応じたものである。この間の事情を記した勘右衛門の延宝三年の書状によれば、要約して左のとおりである。

「鰹釣り法の詳細を当国の漁師は知らず、近年はここ二十年ばかり鰹を釣らぬので、値段が高くなっている。かねてから上方の漁師は『釣之上手』と聞いていたので、去年紀州（三輪崎）浜の漁師を呼び寄せ、釣らせてみたところ、当国の漁法より格別に優れていた。行く行くは（唐桑）浜中の者に習わせれば、定めし『重宝』になるだろうと、去年の秋『御郡御奉行衆御巡回』の折に申し上げたところ、もっともなことと仰せ聞かされた。そこで当年夏、右漁師らの釣溜船都合六艘を呼び寄せ、釣らせたところ、『当浜之者共より、拾そうはいも釣まし（増し）』た。いよいよもってこの者共を留め置き、習うことにしようと浜の者たちへ申し触れた。」（『陸前唐桑資料』）

右の書状により二〇年前にはカツオ漁は行われていたことになるが、それを裏付ける寛永十四年（一六三七）の文書がある。

覚

一、壱歩判　廿九切　かつうふし代

（中略）

寛永十四年十一月二日　　　　　正右衛門（花押）

せいさく殿参

正右衛門が清作（鈴木姓、勘右衛門の父）から鰹節を買い入れ、七両一分を支払った書面である。金額の大きさから、かなり大量につくられ、重要な産品であったと推察される。寛永十二年の記録では、この浜には十人乗りの「四板船一艘、小四板舟十四艘、小舟二十八艘」があったが、とても黒潮洋上に乗り出して大々的にカツオを釣れる状態にはなかった。寛永十三年はたまたま豊漁に恵まれ、鰹節が製造できたのであろう。

ともあれ勘右衛門家は、清作の代からの船持ちであり、鰹節製造の経験もあるので、幾左衛門らを呼び寄せたのである。彼らの船は延宝三年の五月二十二日から六月八日までの二週間で、毎日一艘で二、三百本を釣り上げ、一人につき金一両の分け前をあげられるほどの漁獲があった。十月まで約半年間製造して、仙台へ積み登せた節数は、二百三十一束七連（二万三一七〇本）に達している。

勘右衛門はこの状況を見て延宝五年、自前の釣溜船十三人乗り三艘の建造を計画した。そのさい一艘につき「上方の者四人」、勘右衛門の子供一人、「御村の御百姓叶はざる者共八人」ずつを乗り組ませる計画書を藩当局に提出し、木材の払い下げと借用金を願い出て、許可された。これによって釣り溜漁と鰹節製造は成功し、「拾五人の人数にてもはや金子四本（金百両）つつ取」ることができたのである。

これに刺激され、釣り溜漁は唐桑浜のある気仙沼湾内の大島や広田湾、大船渡湾へ広がっていった。延宝三年より二五年後の元禄十二年には、唐桑の両隣にある綾里と末崎両漁民が餌イワシ漁獲をめぐって訴訟沙汰を惹きおこし、同じころ大船渡湾内の大船渡と赤崎で、やはり餌イワシをめぐる入会漁業権争いが起きている。それほどにカツオ漁は盛んになったのである。

これよりさき元禄四年（一六九一）にキリシタン探索の仙台藩命が出されたとき、大島村庄屋から差し出された記録によれば、借家人として伝吉、門次郎、六郎左衛門、二平太と四名の紀州日高郡印南村民の名がみられる。印南村は後に触れるように、延宝年間に土佐のカツオ漁業、鰹節製造に大きく貢献した漁業集団の出漁基地となったところである。この村の出身となれば、カツオ漁業と鰹節製造の二職兼用で招かれたに違いない。

その中の一人、二平太についての申し上げの条に「五、六年前御国へ鰹漁に」来た旨が記してある。ちょうど貞享年間に当たり、勘右衛門が唐桑へ三輪崎船を呼び寄せてから十余年後のことである。このころまでに釣り溜漁を志す浦々では、競って先進地の紀州漁民を呼び寄せたのである。元禄四年より約四〇年後の享保年間における、大島の釣溜船の数は三八艘に達し、全村民の三〜四割に当たる四九四人がカツオ漁に従事するまでに伸長している。

これ以後、南部藩領、仙台藩領に属する三陸海岸の浦々では、カツオ漁業、鰹節製造業は盛んになっていく。だが同じ印南漁民が出漁したのに、土佐では歴史に残る偉業を成しとげたが、陸前大島ではその名が埋もれてしまった例にも見られるように、奥州でのカツオ漁業は江戸時代を通じて重要性は比較的薄かった。

カツオのような暖流魚より、サケ、タラなどの寒流魚が大量に獲れ、重要度が高かったからである。塩サケ、塩タラのほか、キンコ、イリコ、ホヤ、ウニ、アワビなどの良質塩乾製品の製造が盛んなのにくらべ、鰹節製造の比重は低く、しかも製品は江戸時代を通じて、全国的にみても最も粗悪であった。

7 紀州印南漁船団、日向、土佐の海へ

慶長五年（一六〇〇）、関ケ原合戦に際して西軍に呼応した土佐の領主長宗我部盛親は戦後領地を没収され、そのあとを襲って山内一豊が土佐藩主に任じられた。長宗我部氏が豊臣秀吉に鰹節を贈呈したとの言い伝えがあり、慶長十七年には高知城下に鰹節の記録がみられる（後出）ほどだから土佐国の鰹節製造は最古の部類に入るが、カツオ漁ともども先進地紀州の影響はまだ受けていなかった。

江戸後期の書物『嶺滄誌』によれば、寛永十八年（一六四一）安芸郡津呂村（現在室戸市）の郷士、山田長三郎が同村立石崎を改修し、カツオ釣りをはじめた、とある。続いて長三郎は土佐湾西岸、足摺岬の付け根にある以布利《いぶり》浦でもカツオ釣りをはじめた、との言い伝えもあるが、餌イワシに恵まれぬ津呂浦カツオ漁業のために、餌イワシの豊富な以布利漁場を開拓したものであろう。

長三郎の出身は紀州だとの説がある。だとすれば、紀州の釣り溜法をはじめて室戸岬辺に伝えたことになる。明治三十年の第二回水産博覧会に際して、江戸時代から明治年代にかけて、水産関係に功労のあった人を追賞しているが、その中でカツオ漁業関係ではただ一人、山田長三郎がその栄に浴しているのも、釣り溜法を伝えた功労を示すものであろう。

西の足摺岬周辺に釣り溜漁法を伝えたのは紀州印南浦漁民である。田辺市と御坊市の中間に位置する小漁港だった印南《いなみ》浦は、近世土佐カツオ漁業の発展に寄与しなかったなら、漁業史に名を残すことはまずな

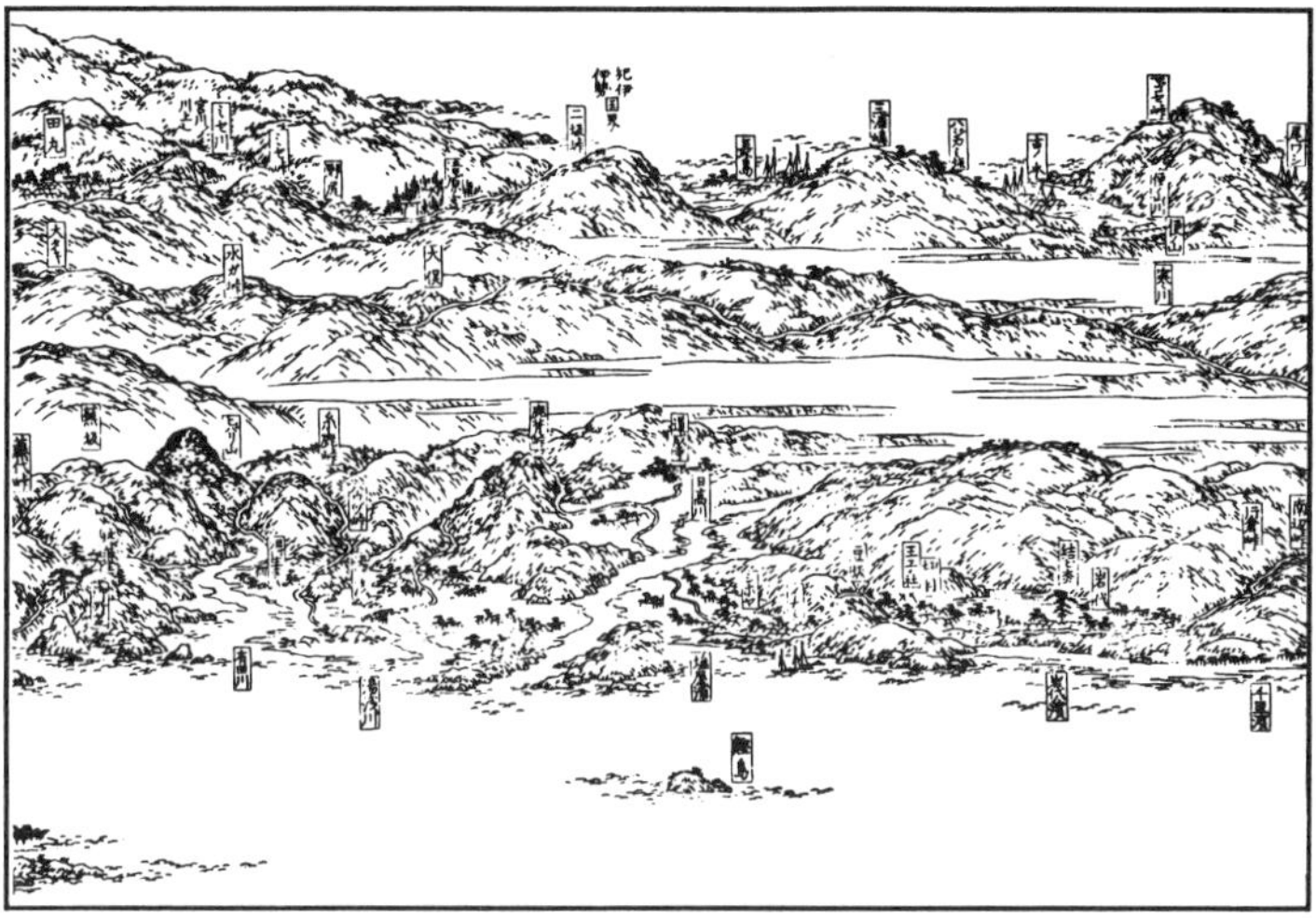

鰹島，塩屋と印南（『西国三十三所名所図会』）

かったであろう。古くからこの浦ではカツオ漁業が行われていた。『西国三十三所名所図会』によると、印南と塩屋が隣接して塩屋浦湾内にあり、浦の前面に「鰹島」が大きく描かれ、印南港には三艘の帆前船が見える。この船は明らかに釣り溜船である。

しかし、もともと黒潮分流の勢力は弱い位置にあり、カツオ漁に恵まれてはいなかった。そこで大群が早くから来集し、餌場にも恵まれている潮岬海域への出漁を、すでに江戸期以前から開始していたのである。だが地元漁民が潮御岬会合により結束を強めるにつれ、出漁妨害が激しくなったので、大船操作に自信のある印南漁民らは、船団を組んで長途の旅漁を開始するのである。

その先頭を切ったのは、戎《えびす》屋羽右衛門で、慶長年間に「大渡海船」と称する二十五人乗りのカツオ船九艘を造り、日向国へ向かった。続いて喜太夫が三艘、出水屋が一艘、彦太夫が一艘のカツオ船を日向に出漁させた。獲れたカツオは鰹節に製して、中村屋治郎衛門の大型船により、大坂方面へ送った。戎屋、中村屋のほか、角屋、石橋屋が有力なカツオ船主であった（『印南覚書』大野熊吉による）。

印南漁船団の日向出漁先は、日南海岸の外浦《とのうら》、油津、目井津などであった。同じころ有田郡栖原《すのはら》、広各浦のカツオ船も日向国へ出漁している。これら各浦々の漁船団が、危険を恐れず、長途の航海をもかえりみないで、日向の海へ出漁したのは、潮岬を締め出されたために考え出された窮余の一策である。

印南に残る『塩路家文書』によれば、

「往古印南浦漁業之者共、土州幡多郡内江出稼仕候。其前慶長之比迄者日向国江漁業ニ罷出候……」

とあって、日向国へ向けた出稼ぎ漁は慶長のころまでで終わり、以後は土佐国幡多郡（足摺半島西岸の清水七浦）へ出稼ぎ漁を行うようになったのである。清水七浦へ向け、最初に出漁した人は、角屋船団を率いた甚太郎だとの言い伝えがある。彼の出漁時代についても諸説があるが、慶安四年（一六五一）説を採ることにしよう。

そのころ、「年々往帰ニ土州足摺山之岬前ヲ見立テ……」（『塩路家文書』）とあるように、日向への往還に土佐海を経ていたが、あるとき角屋甚太郎の持ち船が、時化のために遭難し、足摺半島の南西の一角、臼碆《うすばえ》岬付近に漂着した。岬と前面にある岩礁「沖臼」は、紀州樫野崎と鰹島周辺に似て、黒潮がまともにぶつかり、渦巻き、怒濤の砕け散る光景のみられるところである。そこに集まるカツオの大群を見た甚太郎は、清水七浦を基地としてカツオ漁を行うほうが、日向浦よりは有利と判断した。実は甚太郎は漂流したのではなく、臼碆付近で曳き縄を流してカツオが猛烈に食いついてくることを知り、漁場を清水七浦へ移そうとしたが、漂着と申し出なければ土佐藩から許可が得られなかったのだ、との説もある。

後世には清水七浦と称され、足摺岬から西北方へ向かって伊佐、松尾、大浜、中浜、清水、越《こえ》、養老とカツオ漁の基地にふさわしい七つの良港が連なっていた。清水七浦の名が示すように、鰹節製造に欠かせない清水が豊富で、カツオの煮熟に必要な薪木にも恵まれていた。甚太郎船団の出漁が許されると、印南の各漁船団は次々に清水七浦へ向かい、思い思いに居浦《すえ》を高知藩に願い出て、釣り溜漁と鰹節製造の基地としていった（甚太郎が居浦としたのは、越《こえ》浦だという）。

延宝元年（一六七三）清水浦に大火があり、民家が全焼したので、罹災に苦しむ人々の再起に役立てるために、同浦の九介が浦役の申し付けに従い、紀州の「釣溜船」十数艘を呼び寄せた（『土佐清水史』）。清水七浦のうち、清水だけが支藩の中村藩領であったが、本藩領の各浦のカツオ、鰹節景気に刺激されて、大火を機会にカツオ漁業を起死回生策として採りあげたのである。慶安四年を入漁年とした場合、印南漁民はこの年まで二二年の間に、足摺岬西岸一帯にすっかりカツオ釣り溜漁業を定着させていた。そればかりでなく地元漁民とも協力して新土佐節製法（後出）を開発した。これらの功により、また鰹節職人としての腕を買われたことにより、他国民としては異例の永世土佐出稼ぎを許されたのである。

甚太郎から数えて約一八〇年後、文政十二年清水中浜のカツオ漁業、鰹節製造業、回漕業等を経営した豪商山城屋の基地の一角に、甚太郎の一族と見られる角屋与右衛門が丁重に葬られた（墓現存）。これまた異例のことだが、与右衛門が鰹節製造の職人として尽くした功績を買われたためである（なお有名なジョン〔中浜〕万次郎は、この山城屋のカツオ船に乗り組んだこともあるという――山城屋子孫の方のお話）。

印南漁民が清水七浦からほぼ撤退したのはそれから間もない天保年間である。その原因は、山城屋に代表される土佐人自らの力が増大し、印南漁民の出る幕はなくなったからである。廻船業、鰹節荷受業も山城屋が強大な商勢で他を圧倒したのであって、山城屋が隆盛期を迎えた時期と、印南漁民の出稼ぎ衰退期はおよそ一致している。カツオ漁、鰹節製造の歴史に比類のない、二〇〇年に及ぶ出稼ぎ史はついに終わりを告げた。

第八章　鰹節、江戸の優良商品となる

1　江戸初期の「鰹節」

「かつほぶし」の文字が『種ケ島家譜』に見えてから後は、一〇〇年以上にわたってその名を載せた記録は、管見の限りでは見つかっていない。ようやく江戸時代を迎えた慶長十七年（一六一二）になって、高知城下で「かつほぶし」の記録が現われた。

かつほ一尾　　　籾四升五合
かつほぶし上一本　籾二升

元和元年（一六一五）の大坂冬の陣、講和に際しては、二代藩主山内忠義から駿府に帰った徳川家康に鰹節一千本を贈った。同年九月には大坂落城の祝儀として同じく一千本を贈っている。

これより約三〇年後、寛永年間の大坂米問屋仲間の記録には「鰹節」が出てくる。また『徳川実紀』寛永二十年三月二十一日の項に「紀邸より延命酒漬鰹節を献ず」（紀邸は、紀州侯の邸）とあり、六年後の慶安二年（一六四九）六月二十四日の条に、同じく「味噌漬鰹節献上」と見えている。初期の記録は、需要の中心、大坂と、製造の中心地、紀伊、土佐両国に多く見られるわけである。

が、東国でも散見される。寛永〜正保年間（一六二四〜四七）当時の駿河国田中城関係の『万覚《よろずおぼえ》』に「かつほぶし」が、寛永十四年の陸前国唐桑の『鈴木家文書』の中に「かつうぶし」が見られる。江戸初期には、鰹節の名が知られた範囲は、すでに意外なほどに広がっていたのである。だが、寛永年間の『料理物語』には、明らかに鰹節を示す箇所でも「鰹」と書いてある。室町末期、戦国時代に書かれた料理書にも同じく「鰹」とあるから、旧習に従ったのかも知れない。この当時の鰹節は創案当時のままの、細小であり、軟らかく、もろいものであった。それが鰹節と書くのをためらわせたのか？　ともかく料理書は元禄九年の『茶湯献立集』に見えるまで、鰹節とは書いていない。

これより約三〇年後の元禄十年（一六九七）になって、はじめて『本朝食鑑』の中に鰹節の製法が載った。その説くところは、

「頭尾皮腸ヲ去リ、両片肉ニ割キ、中骨ヲ去リ、復《マタ》両片肉ヲ割キ、両三条ニ作リ、其ノ数百ヲ合ワセテ大釜中ニテ煮、煮熟スレバ取出シテ曝乾《セイ》ス　此則《コレスナワ》チ鰹節也」

右の説明には疑問点が多い。まず「両片肉ヲ割キ、両三条ニ作リ」とあるが、六条にする生切り法は古代の「堅魚」（六条〜八条に切る）とほぼ似かよっていて、一千年間を経ても進歩がなかったのかとの疑問が生じる。つぎに「数百条」を合わせて「大釜中」で煮るとあるが、これでは取り出すときに身が崩れてしまう。後世のように分けて籠に入れる方法はまだなかったのであろうか。最大の疑問点は「曝乾」すれば「則チ鰹節」となるという箇所である。

同じ『本朝食鑑』の鰹節の説明に、

「状肥大、堅実、外黒膩《コクジ》、内淡紅色ナルモノヲ以テ新トナシ、上ト為シ、其《ソノ》価貴シ」

とあるが、先記した製造工程（生切り―煮熟―曝乾）に従うならば、とうてい右の説明どおりの鰹節には

ならない。六条に割いて曝乾すれば、「状肥大」とならないばかりか、身欠きニシン状の痩せ細った製品となってしまう。四条に割いて煮熟したのちに、燻乾工程を加えたときに、はじめて肉厚で、外観が「黒《コク》膩《ジ》」（魚脂が自然ににじみ出て生じた黒艶）で、内面が「淡紅色」の鰹節となる。

先記した製造工程の説明は「堅魚」の時代から続く、旧製法ともいうべきものである。次の鰹節の性状説明は、新しく燻乾法を採り入れた新製品に関するものである。江戸初期にはまだ旧法によるものも残っていたらしい。両者のうち「新ト」見なされた新製品が、「上ト為シ、其価貴《タカ》シ」と評価されていたのである。

この本より約一〇〇年後の寛政年間版『日本山海名産図会』は、当時の最先進地、土佐国で取材し、製法を紹介している。

「一尾を四片となし……籠にならべ、幾重もかさねて、大釜の沸湯に蒸して、下の籠より次第に取出し、水に冷し、又小骨を去りよく洗浄し、又長サ五尺許の、底は竹簀の蒸籠《せいろう》にならべ……」

までは当時の新製品の製造工程であり、基本的には現在まで伝えられているものだが、次に、

「大抵三十日許乾し曝し、鮫《さめ》をもって又削作り、縄にて摩くを成就とす」

と続く説明は不十分である。竹簀のせいろうに並べてから後の燻乾——カビ付け工程が省略されている。土佐、印南両漁民の共同開発による新土佐節製法の奥義は隠されているのである。

2　究極の製法、燻乾——カビ付け工程

『日本山海名産図会』と同じく天明〜寛政のころ出版の『譚海』（津村正恭）と『一話一言補遺』（大田南

畝）には、まだ稚拙な工程ながら、燻乾法が含まれていたこと、その上にカビ付け工程までが、なかに組み入れられていたことを示す、左のような記述がある（『日本山海名産図会』は、故意か調査不足か、この最も肝要な部分の説明が省かれているのだから、工程説明は空虚にさえ見える）。

「鰹節をこしらふるは、皮ともふしに切て、蒸籠につめてむす也。薪木には青松葉を用ゆ。松の葉にむされて、鰹の皮と身の間にあるあぶらしたたり落る事数日、其後せいろうより取出し、皮を去て常の焚火にてむす事一日にして四斗樽に入、ふたをして四五日へて取出しみれば、青きかびひまなく生ずるを縄にてすり落し、又樽につめ入てふたをなし、四五日経て取出せばかびを生ず。それをすり落して又もとの如く樽にいれ置、後にはかび生ぜず。其時取出し、日のあたる所にほしたるを最上のものとす。此《かくの》ごとくせざるは鰹節になせしあとも、暑中はかびを生ずる也」

『譚海』の著者、津村正恭は奥州佐竹藩の御用学者で江戸伝馬町居住。『一話一言』の著者、大田蜀山人は江戸生まれの駿河台住まいで、共に江戸の住人である。両書にのる右の文章は一字一句違わないところから、当時鰹節問屋の集中していた小舟町辺のどこかの店で入手した、引札あるいは能書《のうがき》のたぐいを引き写したものであろう。その製法を整理すると、

生切り—燻乾—樽詰カビ付け—日乾—樽詰カビ付け—日乾

の工程を経ている。

明治三十年代になって明らかになったところでは、樽に詰めてカビを付ける製法は伊豆独特のもので、土佐式ではむしろに巻いて小屋に置き、カビを付ける。また伊豆式ではカビが付いたら樽から出して拭き取り、再度同じ工程を繰り返すが、土佐式では一回カビを付けるだけで、その後は徹底した日乾でカビを防ぐ。

花かつおにしたときの美しさや鰹節だしの真髄は、カツオを燻乾しなければ生じない。だが、燻乾しただけで放置すれば、悪カビに侵されやすく、虫食《ば》み、腐りを誘発する。そこで燻乾後に良性の青カビを付け、その後に取り出して拭き取り、日乾すれば、悪カビは付かなくなる。さらにその工程を繰り返せば一層安全である。『譚海』等に紹介された製造工程は、天明〜寛政のころ（一七八一〜一八〇〇）伊豆で行われたものとみてよい。が、煮熟工程が欠けており、皮つきのまま生切りして、いきなり燻乾するのは適切ではない。享和元年（一八〇一）、通称土佐与市が伊豆へ渡って、土佐式製法を伝授したといわれるのは、主として生切り法と煮熟後の燻乾等の改良にあったことが、ここに明らかとなる。

残念ながら当時の土佐式製法（与市が伝えたような）については、高知藩が秘法としたために資料は残されていない。だが、土佐与市が伊豆入りした年代に近い享和三年（一八〇三）版の『新撰庖丁梯《ほうちょうかけはし》』は、問わず語りに土佐鰹節製法の要諦を示してくれている。

「かつほを製する地、土佐を最上とし、薩摩之に続き、紀州のもの是に次ぐ……三州ともおのおの善悪ありといへど、精饌《ごちそう》には必ず土州のものに限るべし。されど土佐上品の乾鰹大にえがたし。薩州に製する上品のもの、尤《もっと》もかび気《け》、むし敗《ばみ》せざるものを用ふべし。かの紀州熊野浦にて製する物は、すべてかび気多く、柔軟《やわらか》にして、だし少し濁りて見ゆれど味ひはよし。されども二州にはおとれりとす」

この本の記述からは、当時鰹節のカビが問題にされていたことが汲み取れる。西国の有力三産地の製品の良否を、「かび気」の有無で比較しているのである。

① 熊野節は、かび気が多く、やわらかな物——つまり（青）カビ付けを行わず、燻乾だけで仕上げとしているから、悪カビが付きやすい。現在でも熊野、志摩地方で好まれる品——焙乾と日乾で仕上げ

た「裸節《はだか》」といわれるのがそれで、「だし少し濁りて見ゆれど味ひはよ」い製品となる。だが土佐節、薩摩節にくらべると劣っていた。

②土佐国はすでに、カビ付けによって燻乾品からさらに水分が放出されて、堅くなると同時に腐敗カビを防ぎ、だし分の多い優良品のできることが知られていた。この本と先記した『日本山海名産図会』の説明をつなぎ合わせれば、土佐節には、

生切り—煮熟—燻乾—カビ付け（一回）—日乾

の後世まで伝わる製造工程が存在したことが察せられる。それだからこそ「精饌《ごちそう》には必ず土州のものに限る」といわれるほどに土佐節の名声は全国に鳴り響き、稀少価値の高いものとみなされていたのである。

③薩摩国のうち、鹿籠《かご》（現在の枕崎市）方面では、土佐節製法を密かに採り入れて、「上品のもの」をつくっていた。だが、その他の産地、例えば、七島方面の製品は、「かび気多く、むし敗《ばみ》」やすい——熊野節のような製品であった。

先記した『日本山海名産図会』では、鰹節と鰹食につき、左のように評している（この論評は詳細にして明快である）。

「土佐、薩摩を名産として、味厚く肉肥、乾魚の上品とす。生食して美癖なり。阿波、伊勢これに亜《つ》ぐ。駿河、伊豆、相模、武蔵は味浅く、肉脆く、生食には上とし、乾魚にして味薄し。安房、上総、奥州は是に亜《つ》ぐ」

土佐節、薩摩節に次ぐ熊野節の名をなぜか落としているが、他は当時の鰹節の品等順位をよく示している。燻乾、カビ付け両法を採用した土佐、薩摩が第一等で、燻乾法に優れた阿波、伊勢（紀伊を含む）が

これに続いていたのである。

3　土佐節を改良した人々

慶安四年（一六五一）とみられる、紀州印南漁民の土佐清水七浦への入漁がきっかけとなって、土佐国へ熊野式製法（燻乾法）が導入される。宇佐浦などで、元禄年間前後からカビ付け法が製造工程に付け加えられて、安永〜天明期には、鰹節は一応完成の域に達していた。新土佐節は、土佐藩領上下の期待を一身ににないつつ、大坂市場へ向けて大量に輸送され、そこからさらにその一部は下り節として江戸へ船積みされていく。

熊野節が市場に出回った江戸時代以前から、料理の世界では、だしには鰹節が欠かせぬものとされていた。だが、それはだし汁が濁ったり、時にはかび臭かったりすることのある、焙乾を主要工程として仕上げた製品であった。その欠点を克服した完成品、土佐節はどのようにして熊野節から脱皮したか。江戸時代の前期、元禄時代（一六八八〜）には、早くも土佐節は熊野節の名声を覆い尽くして、以後江戸時代を通じて全国に冠たる位置にあっただけに、その由来（とき、ところ、ひと）についてはさまざまな伝承が残されている。それらを集約すると左の三点となる。

(1)　延宝年間、紀伊熊野の甚太郎は「宇佐の資本家　五代佐之助」の援助を受け、鰹節の「燻乾法を創案」した（『かつをぶし』山本高一など）。

(2)　播磨屋佐之助は「延宝年間の人」、「宇佐中町、宮尾力蔵六代の祖」である。
「先祖の亀蔵」が紀伊の製造者から製法を学び、「播多郡清松村に製造工場」を設け、大いに業務の発展を図った。「五代佐之助」の時代になってから、従来の製法に大改良を加え土佐節の名声を高めた（『宇佐町誌』など）。

(3)「明治十七年十一月、高知県九品共進会ノ時追賞、
金七円、高岡郡宇佐村故播磨屋佐之助、延宝ノ比鰹節製法ヲ一変シテ其品位ヲ進メ、長ク土佐節ノ名声ヲ留メテ、益ヲ後世ニ伝フ、因テ特ニ之ヲ追賞ス」（『皆山集』）

これらの伝承には相互に矛盾する点もあるが共通項も多い。時代が寛文～延宝のころというのもその一つで、この間は紀州の釣り溜漁法と鰹節燻乾法が全国的に普及された時代である。また土佐国宇佐浦は、清水七浦のうち、越浦とともに甚太郎が燻乾法を伝授した所とされている。

宇佐浦は、前面の土佐湾沖合に展開する広大な暗礁に、その昔カツオの大群が来集したころ、沿岸に数多くある漁港の中で、カツオ漁に力を注いだ良港である。その後湾内の漁獲減からか、足摺岬沖方面へ進出する。土佐清水市の郷土史家、中山進氏によれば、宇佐漁民は早い者は延宝以前から出漁をはじめ、元禄のころから盛大になったという。宇佐浦は高知城に最も近い鰹節産地であり、高知商人とのつながりが深いので消費動向に敏感に反応し、製法改良に熱心になる必然性をもっていた。

宇佐浦の「播磨屋佐之助」は「延宝年間」の人であり、大正年間に生存した「宮尾力蔵六代前の祖」であるという。また「五代佐之助」とも伝えられているが、五代の意味は不明である。力蔵の「六代前」は、さかのぼって計算しても享保年間までが限度であり、延宝年間には程遠い。やむをえずこれらは不問とし、伝承どおり佐之助は甚太郎と協力し、延宝のころ土佐節の改良に成功し、その功により明治十七年に追賞された、との大方の口伝に従っておくことにしよう。また佐之助の祖（五代前か？）亀蔵は、紀伊印南漁民（甚太郎か？）から燻乾法の伝授を受けた人とする。

甚太郎については、印南浦漁業史の研究家要海正夫氏によれば、初代、二代がおり、初代は寛文のころ、土佐国宇佐浦の人（亀蔵か？）に熊野式燻乾法を伝えたという。初代はあくまで紀州からの出稼ぎ漁民であったが、二代目甚太郎は初代と現地妻との間にできた土佐人である。たまたま妻と共に父親の故郷、印南浦に滞在中の宝永四年（一七〇七）十月四日、大地震による津波に呑まれて死亡し、同浦の印定寺に葬られている（没年齢不詳）。法名は「智究願海信士」である。智恵、探究、海（の産業）への願望等を連想させる法名が贈られたのは容易ならぬことであり、土佐節製法改良のために大きな貢献をした功績を顕彰する意味合いが察せられよう。

彼の死亡は宝永四年だから、贈り名にふさわしい活躍をしたのは、それ以前の延宝～元禄年間（一六七三～一七〇三）となる。寛文年間には父甚太郎が熊野式燻乾法を伝授しているから、二代目甚太郎の活躍内容は、佐之助と協力してのカビ付け工程を含む土佐節の改良である。

4　森弥兵衛、鹿籠へ

江戸時代において、カツオ漁法と鰹節製法を全国の主要産地に伝えたのは、時代も違えば相互の関連も認められないが、期せずして紀州印南浦の三人の漁民であった。彼らの創始努力がやがて実を結んで、土佐、薩摩、伊豆は、天下に名だたる鰹節の名産地となるのである。カツオ漁業にはおよそ恵まれない印南浦が、三人もの偉大な功労者を生んだのは驚異だが、その根底には海を愛して勇敢に航海に立ち向かう、紀州海人の伝統的資質と、カツオ漁業を最大の生業としてきた印南漁民が、潮岬出漁により他浦漁民との交流の中から生み出した、優秀なカツオ漁法と鰹節製法が存在したからであって、必ずしも不思議ではないのである。

江戸初期には初代甚太郎の土佐カツオ漁業開発があり、江戸後期には与市による伊豆、安房への鰹節改良法の伝授が行われ、その中間に当たる宝永年間には、森弥兵衛によって鹿籠（現在枕崎市）の鰹節製造が創始された。与市は、独力で東国へ伝えた功績が高く評価される。また甚太郎、弥兵衛の二人は、それぞれ土佐藩、薩摩藩という大藩をバックに持つとはいうものの、中世末以来知られた鰹節の食品価値をより一層高め、磐石のものとした点で功績は絶大である。というのは、彼らは単に土佐節、薩摩節の名声を高めただけでなく、焙乾、カビ付けを含めた、現在の鰹節により近い優良品を市場に提供して、食味の世界に鰹節のうま味のすばらしさを充分に知らしめるきっかけを作った点で、高く評価されるからである。

印南カツオ船は、それぞれに船団を組んで出漁しているから、三人は、どの漁船団かに所属していたはずである。出自の最も明らかなのは甚太郎で、有力な船主の角屋一族であり、二代目甚太郎については、死亡年月と位牌まで印南の印定寺に残されている。経歴のほとんどわかっていないのは与市で、幼名が善五郎であるところから、善の字を冠する人の多い石橋屋系統ではないかとの見方がある（要海正夫氏説）。

弥兵衛は、この点でも二人の中間にあり、与市ほど身許不明ではないが、甚太郎ほどはっきりもしていない。三人の中でただ一人、森の姓を持つところから、先祖は由緒ある家柄だと推定され、印南浦に江戸時代から続く森家三軒につながるとみて間違いなかろう。森家は、浦の有力な船団主だった中村屋、戎屋とは深い縁戚関係にある。森三家のうち、安政三年に森若兵衛の子として生まれた徳太郎は、明治二十二年〜大正十一年に町長を七期、明治二十七年〜大正四年に県会議員を五期それぞれに勤めたほか、大正四年には県会議長にも選ばれている名望家である（印南の郷土史家、要海正夫氏調べ。同氏によれば森弥兵衛家は、この辺一帯を領した要害城主湯川氏の家臣だったという）。

天正十三年（一五八五）、羽柴秀吉の十万の大軍による紀伊攻めは、僅か三千の軍兵を擁する湯川氏のとうてい敵するところではなかった。一旦は頑強に抵抗したが、間もなく降服を余儀なくさせられたのち、城主湯川直春は奸計を以て殺され、要害城の城兵も四散した。森家の先祖も、このとき印南を退転したとみられる。慶長五年（一六〇〇）の関ケ原合戦後、浅野氏が紀伊国領主となったころには、印南のカツオ漁船団は潮岬へ盛んに出漁していたことは、潮御崎神社に残された文書により明らかで、それがかつての湯川水軍と無関係だとはいい切れない。昭和初期に印南漁業組合長だった、大野熊吉氏が、印南のカツオ漁業に関する言い伝えを集めた「覚え書」がある。これによれば、要害城落城が大きなきっかけとなり、文禄〜慶長のころ、印南の「大渡海船」が、日向方面へカツオ漁に出かけたとの古い伝承があるとのことである。右の記録と伝承の示すところは、年代的に大差はない。落城後、一時身を隠していた湯川水軍の落武者の中からは、武士を捨てて印南に戻って土豪となり、かつての軍用船だった、小早、関船等をカツオ船や鰹節輸送船に転用し、旧家臣等を舟子に仕立てて、カツオ船主になり切った者たちが現れたのだという。

以上は森家を要害城主の家来と見なす要海氏の説を基とした推論である。たとえ要害城との関係を抜きにしたとしても、印南浦の有力なカツオ船団主である二軒の家と深い関係にあったことと、苗字を持つ庄屋クラスの家柄だったと要海氏は断言しておられる。

「大野氏覚書」によれば、中村屋の祖先、治（次）郎右衛門は、日向国で鰹旅漁を始めた江戸初期から、鰹節を製造し、大船を使って京坂地方へ輸送した人だという。中村屋の隆盛は、出漁先が元和年間〜慶安年間になり土佐国に変わってからも続き、元禄年間には中村屋市郎兵衛が印定寺に今も残る観世音堂を建立している。その中に極彩色の仏壇を寄進したのが、同じく有力な船団主であり、森家とのかかわりの深い戎屋久兵衛である。仏壇の中には、当時のカツオ漁船主としても最有力だった二人の檀徒（中村屋、戎屋）が寄進した旨を記した位牌が安置され、往年の栄華の有様を偲ばせてくれている。

中村屋本家は、市郎兵衛の子、次郎右衛門（襲名）を最後として、名跡は途絶えてしまう。その年代を勘案した場合に、宝永四年（一七〇七）の大地震、大津波によって、一家全滅の悲運に見舞われたものとの推察が成り立つ。その中村屋の栄光と滅亡は、以下に記すとおり森弥兵衛の鹿籠移住と無関係ではないは

中村屋は、大坂へ向けて鰹節を輸送していたのだから、当然に大坂の塩干物鰹節問屋と親交を結んだはずである。戎屋船団に属する船主だったと見られる森弥兵衛は、製造に熟達すると同時に中村屋の縁で大坂坂の塩干物鰹節問屋衆にその名を知られたことであろう。しかも枕崎への鰹節製法の伝授者となったほどだから、その製造技能の優れた人であることも知られていたに違いない。薩摩藩が、印南浦の災害を機会に鰹節問屋に依頼して技術者を招いた時、弥兵衛が選ばれたのは偶然ではないのである。これより先、元禄初年前後にはカビ付け節が土佐に生まれていたから、宝永四年（一七〇七）に移住した弥兵衛が、カビ付けまで含めた新製法を伝えたものとみてよい。大坂にある薩摩藩の蔵屋敷は土佐堀の南岸にあり、長堀に面する土佐藩の蔵屋敷の近くに位置し、それぞれのお出入りの塩干物鰹節問屋を抱えてもいたから、これらによって土佐節新製品の情報は、薩摩藩に容易に伝わったに違いない。しかし土佐藩は製法を秘密にしており、その壁を破ることは不可能であった。

以下は推測であるが、薩摩藩もしくはその依頼を受けた鰹節問屋は、大坂へ土佐節を運んでいた中村屋に着眼し、製法の伝授を依頼したけれども、中村屋としても印南浦の秘法厳守の掟を破ることはできない。ところが折よくと言おうか、宝永四年の大地震、大津波に襲われて、印南浦は壊滅的打撃を受けた。頼みにしていた中村屋本家の滅亡は大きな痛手だったが、この機を逃さず森弥兵衛を選び、移住を条件にして、

技術指導の承諾を得た。彼としてもおそらく津波によって係累の多くが死亡するような災厄に遭っており、故郷へなんらの未練も残さなかったのであろう。

紀州藩もまた、未曾有の災厄に苦しむ浦人に対して、厳しく束縛できなかったのではないか。藩の諒解を得られたか、密出国か、ともかく彼は鹿籠へ渡り、温かく迎えられたのである。

5 唐物崩れ

現在枕崎は、薩摩半島の南端、西寄りにある半島第一の都市であり、鯉のぼりの代わりに鰹のぼりを上げるほどに、鰹節に明け暮れする町となっている。弥兵衛が来たころは、鹿籠四か村の内に含まれていた。近くには景勝の立神崎を控える、美しい白砂の浜を持つ湾入に面し、湾口は大きく南に開けていたが、天然の漁港とはいい難く、また黒潮は洋上はるかかなたを流れ、カツオ漁には縁が薄かった。ただしこの村には鰹節に関心を寄せていた薩摩藩家老、喜入《きいれ》氏の館《やかた》があった。

弥兵衛が枕崎に伝えたと口伝のあるのは鰹節製法だが、彼は土佐向け出稼ぎ漁の本場ともいえる印南の人だから、当然のことながら熊野式漁法も伝えたに違いない。後に記すように坊津の唐物崩れのさい、多くの大船を受け入れたのも、カツオ船としての利用を考えたことは明らかである。

名伯楽あっての名馬である。弥兵衛は喜入久亮という、鰹節の真価を理解する英明の保護者を得て、その名人芸を鹿籠浦に活かすことができた。喜入久亮は鰹節に強い関心を抱いた人で、自作の連歌集『萬句賀親乾』（享保七年）で、カツオや鰹節についていくつかの短歌を示している。

梓弓《あずさゆみ》陸奥重代の馬揃へ　吸物すれどなき鰹節（陸奥は、島津氏）

江戸後期の坊津港

順風に湊賑はふ船備へ　いよいよ初鰹価万貫

享保八年（一七二三）、それまで密貿易で栄えていた坊津港に「唐物崩れ」といわれる驚天動地の一大事件が発生し、坊津港から多数の船が枕崎港に逃げこんだ。唐物崩れとは、左のような事件を指す。

坊津は薩摩半島の西南端に位置する天然の良港である。鑑真和上が七度目の航海で上陸できたのもこの浦であり、遣唐使が揚子江へ向けて、東シナ海を一挙に横断するためにもこの浦は使われている。帆船の航海の場合には風向と潮流の関係で、唐との往還に地の利を得た港であり、別名を入唐道といわれたほどである。

時代は降って文明六年（一四七四）、将軍足利義尚は、渡明船の平戸経由を止め、坊津より発するように命じている。島津氏の領する時代となってからは、島津氏久、久豊等が明との通商修交、明船の招致に力を尽くしたので、表玄関となった坊津は繁盛をきわめた。島津氏は慶長十四年琉球国を征服して後は、琉球を通じての対明貿易も盛んにし、琉球船、明船は坊津港を埋める勢いだったが、寛永十二年（一六三五）五月二十日、幕府は明船の入港を長崎一港に限らせたので、坊津の繁栄に一時はかげりが見えた。しかし福建を出帆し、あるいは琉球を経由する明船は、風波の難を避けるためにも、薪水食糧補給のためにも坊津が便利なために、漂流したなどの口実の下に坊津港へ集まるようになった。

ここに薩摩藩の唐物抜荷《からものぬけに》（対明密貿易）が、直接に、あるいは琉球を経て間接に開始され、坊津港のひそかな繁栄時代が到来するのである。対明貿易だけでなく、東南アジアとの貿易も行われた模様である。坊津港に隣接して、同様に湾入の深い良港、泊《とまり》は、坊津の副港の役割を果していた。慶長年間に、シャム行きの英国船が鰹節を積んで入港したのは、その好例である。

さて坊津港は、幕府の眼をかいくぐる、薩摩藩の密貿易港として栄えていたが、当然に幕府の察知するところとなった。貿易船の所有者たちは、驕奢な生活にふけり、安穏の夢をむさぼり続けていたが、享保八年突如として幕府による一斉手入れが強行され、徹底した弾圧にあった。関係した男たちは行方を明かさず逃げのび、家族と生き別れ、一家離散の憂き目をみる家が続出した。以後坊津は、人影もまばらな一小漁港となってしまうのである。

行方知れずになったはずの密貿易船は枕崎港に逃れ、領主喜入久亮（薩摩藩家老）によって手厚く保護され、大船の所有者は鰹漁、鰹節製造の特権を与えられた。多数の大船の入港は、文字通り「渡りに船」である。近海のカツオに恵まれていなかった鹿籠浦は、密貿易船をカツオ船に利用して漁場をおそらく黒島、屋久島方面まで延ばすことができ、大量漁獲、大量製造の端緒をつかんだのであった。森弥兵衛はそれより七年前の享保元年に死亡しているが、宝永四年から享保元年に至る一五年の間に伝授された秘法は充分に根付いて、以後喜入氏の保護によってみごとに開花されていくのである。

6　枕崎に開花した土佐式製法

枕崎港の西方にあって低い峠越えに隣接している坊津でカツオ漁業のはじめられたのは、土州カツオ船が来て操業したのに刺激されたからだとされる。土州船は宝暦のころには跡を絶ったというが、享保の唐物崩れ以前は密貿易の盛んな商港だったのだから、土州船の大挙出漁は享保八年（一七二三）以後のことになるであろう。それから宝暦初年（一七五一）までは二十数年しか経てないから、短年月の出漁であった。

別項に記したように、紀州の熊野式新漁法が土佐の清水七浦漁民に伝えられたのは、遅くとも慶安末年（一六五一）である。享保のころともなれば、釣り溜漁法に習熟した土州船団が漁場をしだいに拡大し、その一部がついに坊津港まで出漁してきたとしても不思議ではない。

しかし土州船は、薩摩藩の許可なしに、坊津港を居浦とすることはできない。おそらく、唐物崩れにより一寒村に転落してしまった坊津復興の一手段として、薩摩藩の諒承の下に、残存する地元の有志が呼び寄せたものであろう。出漁期間が短期間で終わったのは、地元漁民が熊野式新漁法を十分に習得してしまったので、土州船が無用になったからではないか。

坊津に隣る漁港、泊浦についていては、熊野式新漁法が伝播したものかどうかは明らかでない。一説に明暦のころ（一六五五～五七）、同浦の郷士、早水吉右衛門が宇治島、草垣島を支配してからカツオ漁業を開いたのが最初だというが、『坊津郷土誌』は彼がカツオ漁を専業としたか否かは不明だとしている。他の説では同浦の赤崎市左衛門が天和～貞享のころ（一六八一～八七）、カツオ船二艘を造って始業したが、いつごろ廃業したかはわからないともいわれる。どちらにしろ、早期の開業は失敗しており、それ以後に成功したものらしい。享保年間以前には、藩への御用物として「鰹」を上納している。同じく享保以前からカツオ漁業が開始されたと伝えられているところに、野間半島に近い片浦がある。片浦の東方の漁港、小湊や、泊浦と片浦の中間にある天然の良港、久志、秋目等も（片浦や坊津、泊浦ではじめられているのだから）、同じころから開始した可能性がある。

薩摩節は正徳三年（一七一三）版『和漢三才図会』の鰹節産地の中にはまだ名も出て来ない。京坂地方でその名が知られたのは、享保八年（一七二三）の唐物崩れが大きなきっかけとなって、薩摩半島に鰹節製法がひろまって後のことである。

宝暦九年（一七五九）には、大坂に薩州問屋が創立され、定問屋株七軒、小問屋一七軒もが出現して、薩摩藩が領内産物の販売に力を入れだしている。薩摩藩の蔵屋敷は、前記のとおり土佐藩の蔵屋敷の近くに位置していた上に、土佐節も薩摩節も大坂市中の鰹節問屋に売られたのだから、弥兵衛以後も進歩していた土佐節の情報を入手して改良に役立てたことであろう。

薩摩節の製造は、明和～安永のころ（一七六四～八〇）には活発化して、品質も急速に向上していった。寛政年間（一七八九～一八〇一）版の『日本山海名産図会』には「土佐、薩摩を名産とする」と書かれるほどの高い評価を得ており、『寛政武鑑』によれば、薩摩藩は鰹節を幕府への献上品としている。享保のころまでは全国的には全く知られていなかったが、三、四十年の沈潜期間を経た明和以降となってようやく浮上し、さらに約三〇年後の寛政年間となると、突如として全国一流品にのし上がっていたことが明らかにされたのである。

これは享保以降寛政に至るまでの間に、先進地の南西諸島はむろんのこと、土佐式製法を受け入れて続々と出現した薩摩半島の産地までもが、薩摩藩の奨励と自助努力の積み重ねによって、独特の味わいをもつ薩摩節を創りだすに至ったからである。さらに文化～文政期を迎えるころにはますます工夫が進んで、土佐節に次ぐ第二位の座を固めてしまうのである。明治時代を迎え、はじめて国々の製法が比較できるようになったとき、枕崎、坊津の製法は、最も土佐～印南式に近いことが明らかにされた。その遠因が、森弥兵衛に求められることはいうまでもない。

坊津は本藩に属し、鹿籠四村は支藩の喜入氏の城下にあり、江戸後期になると両地はカツオ餌魚の漁場をめぐって激しい争いを繰りひろげている。文政八年に漁場争いは決着するが、それとは無関係に双方の技術交流が進んでおり、明治を迎えたころには、漁法、製法が同一になっていたことが明らかにされている。なお文政五年の「鰹節番付」によれば、屋久、口之永良部両島の鰹節が上位にある。坊、泊などの良港から両島方面へ出漁した成果である。

7　土佐の与市、安房、伊豆へ

江戸後期になって鰹節需要が全国的な広がりをみせようとしつつあったとき、折よくそれに呼応するかのように産地拡大に活躍した一人の鰹節職人が現れた。通称「土佐の与市」がその人である。「熊野の甚太郎」が、熊野出身でなく、熊野節製法を伝えた紀州印南人であったように、土佐の与市とは土佐節製法を伝えた印南人である。

その出生は、宝暦八年（一七五八）で、早くから出稼ぎ漁民のひとりとしてカツオ船に乗り組み、土佐へ渡った。推算によれば十余年にわたりその出稼ぎを繰り返すうちに、印南と土佐の両漁民だけに秘法とされていた土佐節製法に習熟するようになった。

天明年間、飄然《ひょうぜん》として故郷を出奔し、流れ流れて房州の朝夷郡南朝夷村（現在千倉町朝夷）にやってきた。千倉の北方約一〇キロメートルの近距離にある和田村は、江戸初期に紀州のカツオ漁船が最初に出稼ぎに来た所である。与市が南朝夷村に来た当時には、この辺一帯に鰹節製法が広まっていたとしても不思議ではない。

しかしその製品は焙乾されてはいたものの、粗悪品であり、地元の有力者である渡辺久右衛門はいつかはこれを改良したいと考えていた。与市はこの久右衛門宅にわらじを脱いだのだが、そのとき乞食に見紛うほどの見すぼらしい姿だったと、渡辺家に言い伝えられている。だが久右衛門は、彼が土佐節製法に通じている職人だと知って、丁重にもてなし、その教えを乞うた。

ここに土佐節製法は、はじめて東国の一隅に根を下ろすことになるのである。以後その製法はしだいに房州一円に伝えられ、房州の鰹節の品質を一新したために江戸市場でも人気を博し、彼の遺業を継いだ熊吉らの活躍もあって江戸末期以降「房熊節」（房州の熊野節）としてその名を謳われるようになっていく。「土佐の与市」、「房熊節」などと後世に語り継がれていることからは、紀州印南人によって熊野節製法が土佐へ伝えられ、それが改良された上で与市によってさらに安房国へ広められた事情がうかがい知れよう。

以下は『かつをぶし』の著者、山本高一氏が、久右衛門の孫に当たる、吉田よしから聞いたという話の再録である。

「与市はなかなかの美男子で、縮緬《ちりめん》たすき掛けでさっそうと生切りするときの恰好のよさは、村の娘たちに騒がれたものだ。また江戸の問屋まで荷を運んでの帰り道、宿屋に泊まるときは、代金を籠に入れたまま部屋の中に持ちこみ、女中には『この中に猫の大好物の魚が入っているので注意してくれ』とカモフラージュし、道中の危険を避けた……」これによれば与市の伝えた製法は頭切り、身おろし、合断におけるいわゆる土佐切り法が含まれていたようである。むろんそれだけでなく煮熟、焙乾、削り、カビ付けの全工程に及んで、鋭い勘と長い経験の積み重ねの上に得られた優れた技術があった。

江戸へ出たとき立ち寄る得意先に、浅草茅町の鰹節問屋、山田屋辰五郎があった。店頭に陳列された伊豆産の鰹節をみてあざ笑ったのを、店員が聞きとがめたが、主人の辰五郎はその話の様子からこの男が並々ならぬ腕をもつ鰹節職人であると看破し、実兄で当時五十集《いさば》を業としていた伊豆国安良里《あらり》の高木五郎右衛門へ紹介しようと考えた。安良里は隣浦の田子などとともに、伊豆節の産地として聞こえた所である。

享和元年（一八〇一）与市は辰五郎の請いをいれ、伊豆の安良里に渡り、五郎右衛門宅に逗留した。与市が土佐節製法を伝授する条件は「期間は三年間で、節製造季節中は金一分と酒三升の日当」というものであった。並はずれた酒好きだったのでこのような条件をつけたのだが、それにしてもずいぶん厚遇したものである。文字通り名人気質の持ち主で、その優遇にふさわしいみごとな技術指導を行った結果、五郎右衛門家で製する鰹節は、三、四割の高値で売られたという。追い追いその製法は、安良里村内はもちろんのこと隣村の田子にも伝わり、続いて全伊豆に及ぶことになるのである。

三年後、南朝夷村へ戻って再び指導に当たった。彼の指導した地は、同村のほか太夫崎、浜萩、天津、内浦の各村に及んでいる。名声も高まったが、五〇歳を越えたころ望郷の念禁じ難く、故郷印南へ立ち返った。しかし秘法を他国へ漏らした責めを激しく糾弾され、追い返されてしまうのである。やむをえず房州に引き返し、再び千倉の渡辺家を頼って寄寓することになるのだが、ふとした風邪がもとで病床につき、文化二年三月二十三日、行年五八歳で一生を終えた。「義光徳達信士」の戒名を贈られている。

この戒名の一字一字に、わが身を犠牲にして広く世のために尽くした与市の輝かしい功績と、その人徳を讃え、語り継ごうとした渡辺家をはじめ、千倉の関係者たちの気持がよく表れている。墓所は渡辺家の菩提寺である千倉の東仙寺にある。

明治年間を迎え、千倉とその周辺の鰹節製造業が隆盛を極めるようになったとき、与市の恩恵を人々はあらためて思い返した。明治二十八年、渡辺久右衛門の孫に当たる同名久右衛門等千倉の鰹節製造業者と、東京の鰹節問屋横溝清助、高崎友也等が世話人となり、与市の遺徳を後世にまで伝えるために、顕彰碑を建立しようと関係者に呼びかけた。その結果多額の寄付が集まり、千倉の住吉寺にみごとな一大石碑が設置され、大法要を営むことができた。墓地と碑が、近接する二つの寺に別れたのは、顕彰碑建立の発起人等が、両寺の檀家にまたがっていたためである。

大正十一年五月十一日には、東京鰹節問屋組合が碑前で追悼式を挙行している。鰹節商売がいよいよ繁栄し、伊豆産と安房、下総を含めた房総産の鰹節が、優秀品として東京市場に流入してくるような時代を迎えて、再び与市の恩恵を関係者たちは追慕し、噛みしめたのである。

文政五年の「全国鰹節番付」によれば、伊豆節は、西国の優良品、土佐節、薩摩節に続き、東国鰹節としては断然第一等品として位置づけられている。これは伊豆の製造家等の自助努力とともに、与市の技術指導の効果によるところも大きい。伊豆節で与市の指導とみなされるのは左の二点である。

(1) 身おろし——伊豆の「地切り」(在来式)では、先に腹を落とし、最後に頭を落とすが、「土佐切り」では先に頭を落としてから、左手で尾を持ち、下げたままで身をおろす。が、土佐切りを守ったのは、与市の逗留した安良里だけで、隣村の主産地田子は、明治を迎えたころ、地切りを捨てていなかったことが明らかとなっている。しかし次工程の身割りを含む生切り全般の改良には影響を受けた。

(2) 最も影響を受けたのは、煮熟—燻乾工程である。『譚海』に紹介された伊豆の製法では煮熟工程が欠けている。与市の教えたのはあらまし左のとおりである。

生切りしたのを何枚もの籠に分けて並べ大釜で煮熟する。取り出し、四枚ずつ籠を重ね「前広」（炉）に載せて燻乾する。

『譚海』等によれば、与市が伊豆入りした享和元年（一八〇一）よりも以前の天明〜寛政年間にはすでに伊豆では樽詰めしてから二回カビ付けする方法が開発されていた。したがってこの点では与市から影響は受けていない。

同じように与市の指導を受けながら、安房国の製品が幕末から明治年間にかけ、伊豆節よりつねに格落ちしていたのは左の理由による。第一に伊豆の在来製法が安房よりはるかに優れていたこと、第二にしたがって与市の教えを受け入れる素地に格差があったこと、第三に与市の持つ技術は、カビ付け法では伊豆に及ばなかったことなどがあげられる。

8　鰹節と同種乾製品の出現事情

堅魚から鰹節へと変身していく同じ時代に、鰹節と同様に現代になるまで日本料理の基本的素材となる四種の主要乾物が誕生している。細工昆布、凍り豆腐、寒天、海苔がそれで、鰹節創製ともかかわりがあるので、その由来を紹介する。

細工昆布といわれるものはさまざまだが、おぼろ昆布、とろろ昆布は室町末期に若狭の小浜で工夫されたものといわれる。昆布は飛鳥奈良朝時代にエゾ人より朝廷に献上され、続いて渤海からの朝貢品として輸入があり、平安朝時代には陸奥国からの貢納品となった。だが一般民衆の知るところではなかった。室町時代に入り、渡島半島へ渡って交易を始めた近江商人によって、日本海の港伝いに小浜、敦賀両港へ運ばれて陸揚げされ、陸路と琵琶湖の水運を利用して京の町へ大量に送られだした。これ以後ようやく大勢の都人の口に入るようになったものだが、いったん美味を知ると、都の人々はこれの多彩な用途を開発していった。

鰹節と対照的に精進料理のだしとしたのは、その最たるものである。乾燥した真昆布をいったん酢に漬けてから、刃物で衣状に薄く削ったのがおぼろ、糸状に削ったのがとろろで、これが折よく創製された醬油によっておいしく食べられることになった。京、大坂を中心とする仏教信仰心の篤い民衆の間に昆布需要が高まりを見せたのは、寛文年間（一六六一〜七三）河村瑞軒によって西回り航路が開かれてからである。それまで小浜から陸送されていた北海産物は、以後瀬戸内海を通り、大消費地である大坂まで船便で直送されるようになって、輸送量は飛躍的に増大したのであった。

室町末期から江戸初期にかけて、日本独特の食品加工法である、凍結、脱水、乾燥法が創案された。凍らせてのち、何日もかけてゆっくり日光乾燥を加える一見単純な製法だが、巧みな技法を施すことにより、素材とは一風異なる特有の美味をもつ保存食品となる。凍り餅、凍りこんにゃく、凍り大根、寒天、凍り（高野）豆腐などがそれである。

豆腐は平安末期渡来説もあるが、鎌倉時代禅僧によってわが国にもたらされたものともいわれる。これを凍らせたのを、一夜氷という。一夜氷を空気に晒して、自然解凍—乾燥工程を経たのが凍り豆腐である。

凍り豆腐は、その初め高野山の僧坊や信州、奥州等の寒冷地の民家で、生豆腐を一夜氷にして食べるところから始まり、それにいつの間にか乾燥工程が加えられるようになったものである。その売買は、京、大坂の食品大市場を近くに控える、高野山とその周辺で開始されたところから高野豆腐の名が生まれた。早くも寛永十五年（一六三八）版の『毛吹草』には紀州の部に高野豆腐が名物として登場している。凍り豆腐（信州、東北ではシミ豆腐）は、それ自体の味は無性格にみえるが、もろもろの味の吸引力は抜群である。それだけに、凍り豆腐出現と時を同じくして出現した醬油や昆布だしを最も必要としたのであった。

海藻のテングサからつくるトコロテンは、奈良・平安朝時代から珍味として知られていたものである。**寒天**は万治もしくは寛文年間の冬、京に近い宇治の宿で、参勤交代の途次宿泊した薩摩藩主の食膳に供されたトコロテンの残りを屋外に放置しておいたところ、それが凍り、さらにそのままにしておくと、海綿状に干上がった。水に戻すと素材のトコロテンより美味となり、携帯保存食として便利であることから人気を呼び、京周辺の山間部でつくられるようになった。寒天の名付け親は、寛文元年（一六六一）宇治に黄檗山万福寺を創建した、明僧隠元だとされている。その語源は寒夜に凍ったトコロテンの意である。

日本人と**海苔**のかかわり合いは、カツオ同様に有史以前から始まっている。室町時代には出雲のウップルイ海苔の名が京の都まで知られていたが、まだ素干しか手で押しひろげた程度の粗製品であった。徳川家康が江戸入りしたころから、浅草の門前市が盛んとなり、葛西浦で採れた海苔が門前市へ運ばれて売られ、いつの間にか浅草海苔と呼ばれるようになった。『毛吹草』にその名が初めて見える。寛永のころから貞享のころ（一六二四〜八七）までは、門前市の名物、つまり生海苔か素干し、手で押し広げた程度のウップルイ海苔同様の粗製品であった。

ようやく元禄前後となってから、墨田河原で抄かれている浅草紙をまねて現在のような抄製品ができ上がったのである。そして享保以降安永のころ（一七一六〜八一）までの間にカメに入れて密封する貯蔵法が進歩したことにより、それまで生産期の冬しか売れなかったのが、一年中通して販売ができるようになり、海苔の専業商が実現するようになった。

以上が主要な乾物の創製事情である。共通しているのは、その主原料の食用は平安朝時代前後から珍重されているが、それが加工されて現在もみられるような完成品の形態となったのは、江戸時代初期、寛永(一六二四〜四三)前後であることと、商品として盛んに売られだしたのは享保(一七一六〜三五)前後であることの二点である。元禄年間(一六八八〜一七〇三)よりさかのぼるほどに、これらの乾物もしくはその原型品は市売りされることは少なく、武家、社寺など上流支配階級の間で贈答品とされるか、これらの富裕階層をおもな対象とする売買が行われていた。

元禄年間ごろから一部有力商人の経済力が充実しはじめ、商業活動が活発化するにつれ、農漁村の手工業生産に強い刺激を与え、各種乾製品が世に出されたのである。享保のころを迎え、全国的規模の商品として流通しはじめ、安永〜天明(一七七二〜八八)以降となり江戸、大坂などを中心として食物文化の発達が著しくなると、いよいよその製法に改良工夫が加えられ、商品価値は増大していくのである。なお、どの乾製品の場合も、その創案者もしくは改良者については、ほとんど明らかでない。それらを世に出したのは無名の人々だった点でも共通している。

これら乾製品と鰹節の出現—発展過程にも共通点を見出すことができる。鰹節が未熟な形態ながら出現したのは、室町中〜末期と目され、偶然といおうか当然といえようか、前記乾製品の出現期と相前後している。鰹節とは切っても切れぬ付き合いの始まる、たまり—醤油の出現期とも大差はないものと見てよい。前記乾製品が、商品として盛んに売れだした元禄〜享保前後は、鰹節もまたカビ付け法が採用されて装いを新たにし、商品価値を高めてその名を世に馳せはじめた時代であった。

燻乾工程にカビ付け工程を加えた鰹節が、いつごろからつくられたかは、鰹節流通の発展段階を展望することにより、側面から知ることもできる。江戸期以前の流通状況は、国内より外国（明国、シャム）向け輸出のほうが先行しているように見える。しかしこの当時の鰹節は、燻乾と充分な日乾だけで仕上げた製品であった。現在でも類似品がモルジブで製造されているが、料理をおいしく食べるのが目的ならそれでよかったのである。

ところが江戸時代に入る前後から、料理に〝うま味〟を究めようとする食風が生じてきた。〝だし〟という、独特の用語が料理書に現れるようになり、だしの最重要素材は鰹節である、と誰もが認める世の中となった。鰹節を抜きにしては、良いだしは取れない――うま味は充分に味わえない、と考えられるようになった。となれば、より良い鰹節の出現が望まれるのは当然のことである。

9　大坂に鰹節問屋出現

江戸初期前後における鰹節の消費地は、京、堺、続いて大坂であった。産地となったのは、これらの都市に近接している紀州の浦々であり、少し遅れてその影響を受けた土佐国の浦々である。そのために江戸時代の前半までは熊野節が、後半は土佐節が著名商品となったのであった。仲介業者となったのは、江戸時代に入ってから、しだいに全国的水産物集散地の地位を独り占めにしていった、大坂の靭《うつぼ》市場に店を置く塩干魚《えんかんぎょ》問屋である。

土佐藩の後援によって鰹節製造に力を入れだした、土佐湾沿岸の産地、中でも清水七浦から大坂までの航路は長く、鰹節荷は潮風に当たり、時には波しぶきの被害に遭うこともある。当然に悪カビに冒される荷も出て、問屋と生産者双方がその対策に頭を悩ます。

悪カビ退治には、最初に青カビを発生させればよい——毒をもって毒を制する式のこの発想がいつごろ生まれたのか、を示す記録は秘法が厳守されたこともあって見当たらない。だが前記した『新撰庖丁梯』によれば、カビ気のない堅い鰹節は、汁を濁らせぬだけでなく、だしとして最も適すると記してある。悪いカビが付かなくなると、味わいをよく含んだ鰹節になることが、長い経験の中から知られたのである。そればかりでなく長期保存、長距離輸送が容易となり、鰹節を専門に扱う、鰹節問屋が出現することになるのである。

主産地土佐国におけるカビ付け法の創案時期は、集散地大坂に江戸積み鰹節問屋が多数出現したころより若干は早いとみてよい。

大坂の繁栄は、天正十一年（一五八三）豊臣秀吉が大坂城を築いてからはじまる。その将来有望なことを見越して、各地からさまざまの商人が集まる一方、秀吉の命令により新市街地の造成が進み、六六か町が開かれた。そしてそれらの町に伏見、堺の商人、職人が移住させられた。そのうち海魚商人が集中したところが、秀吉によって靫《うつぼ》と名付けられた魚市場である。

寛永十一年（一六三四）七月、徳川家光が大坂入りしたとき、「大坂三郷中」（大坂全町内を指す）から家光の御台所に当て御祝儀として、

御樽　三荷　弐斗入
鰹節　三荷　弐百入

が献上された。鰹節はこのころ早くも御樽（酒）とならぶ、高級贈答食品の位置を得ていたのであった。それから約三〇年後の寛文年間（一六六一～七三）には鰹節商の存在が明らかにされている。靫のうち、長堀に「鰹座」（市場）があり、四軒の鰹節問屋が店を持っていたのである。当然そこには、問屋からせ

り買いする多数の仲買の店が集まっていた。

長堀川が木津川に合流する少し手前に鰹座橋があり、その橋をはさんで、東西に薩摩藩と土佐藩の蔵屋敷が位置していた。鰹座が生まれたのは土佐藩蔵屋敷の鰹節が目当てだったのである。それに薩摩藩蔵屋敷が刺激を受け、宝永四年になると薩摩に土佐節製法が伝わることになる。

延宝七年（一六七九）版『難波雀』には、鰹節問屋四、塩干魚問屋一九とある。これから約三〇年後の正徳年間（一七一一〜）の記録によれば鰹節問屋は七軒と、ほぼ倍増している。同じ記録で塩干魚問屋は三割増に留まっているから、鰹節取引の激増ぶりがうかがい知れよう。

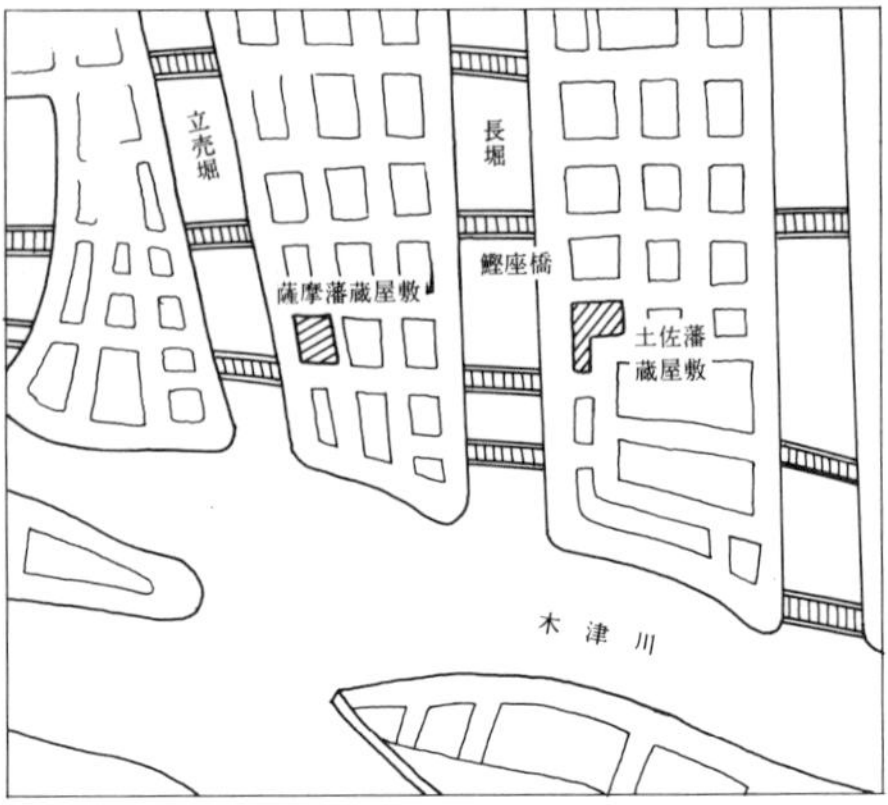

土佐藩，薩摩藩大坂蔵屋敷

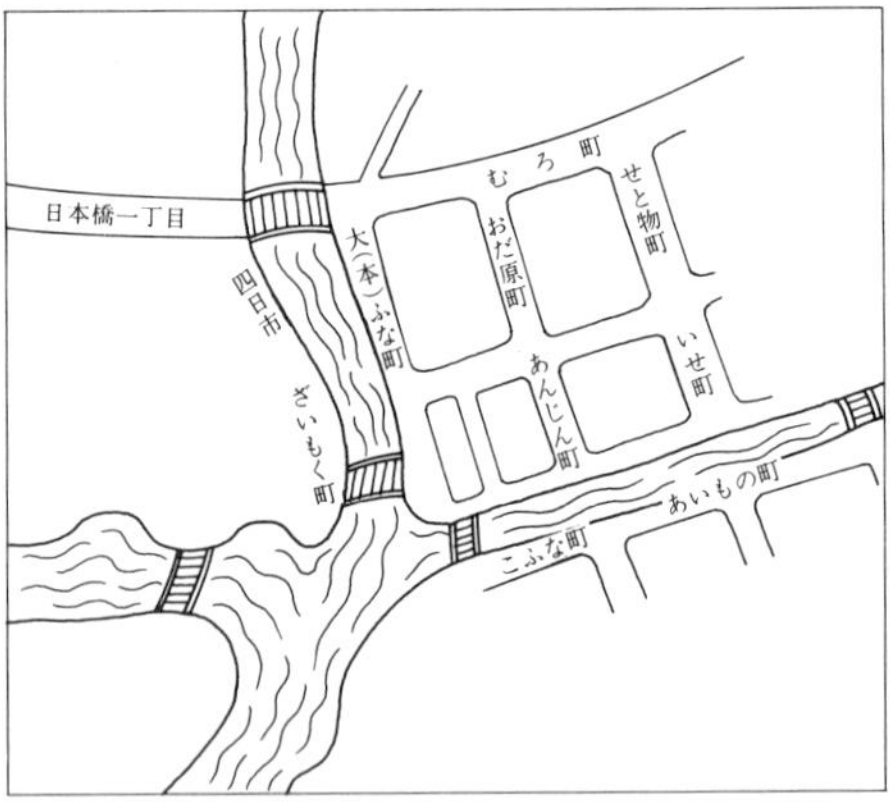

江戸日本橋鰹節商関係略図

後年になるが、天明八年（一七八八）、大坂の土佐稲荷に献納された石灯籠に左の刻銘があった。

御国鰹《かつおぶし》脯問屋

河内屋七兵衛、土佐屋久兵衛、阿波屋喜兵衛、吉田屋清次郎、土佐屋理右衛門

土佐節の荷受け問屋だけで五軒を数えている。このころ土佐節は大坂から盛んに江戸送りされるようになっていたのである。

10　下り鰹節と地廻り鰹節

江戸初期から後期にかけて、大坂は全国産物の集散地であった。江戸は大坂の最大の得意先であり、大坂から海上輸送されてくる品々を「下り物」と呼び、高級品として珍重した。大坂では各種荷積み問屋仲間が輸送に当たり、江戸では大坂に対応してそれぞれ業種別に、荷受け問屋仲間が荷受けに当たった。

積荷輸送の主導権は、菱垣《ひがき》廻船（後年は樽廻船）所有の船問屋仲間が握っていて、荷積み、荷受け双方の問屋は、たびたび痛い目にあっていた。元禄七年（一六九四）、江戸の下り物荷受け問屋は、その主導権を船問屋から奪回するために「十組《じつくみ》問屋」と呼ぶ、各種問屋の連合体を結成した。このころ下り鰹節は江戸の塩干魚問屋が荷受けしていたが、量的にはまだ少なかった。十組問屋結成当初にはその塩干魚問屋すらも加入しておらず、食品関係では下り酒と下り醤油の問屋仲間名が見られるだけである。

享保九年（一七二四）、大坂の江戸送りを目的とする各種の買次問屋仲間は、大連合して「二十四《にじゆうし》組江戸積問屋」仲間を結成した。江戸の十組問屋に対応する組織であるが、この中に鰹節問屋の名はみられない。一方、江戸では享保十五年（一七三〇）になると、十組問屋へ塩干魚問屋、肴問屋、鰹節問屋などの

各種魚関係仲間が「準加盟」している。十組問屋結成期から数えて四十余年の間に、多くの専業鰹節荷受け問屋が出現する世の中となったのである。当然、大坂にも下り鰹節の荷積み問屋が存在したのだが、記録のみられるのは四、五十年後の安永年間となる。

安永年間（一七七二〜八〇）、大坂の二十四組江戸積問屋の組織が強化・拡大されたときには、各鰹節買次問屋は思い思いに左の三つの組に加盟している（荷受け問屋即買次問屋）。

安永六番組（指金、肥物、鰹節、干魚、昆布類）
安永七番組（鰹節、傘、柳行李、白粉、木綿類）
安永追九番組（鰹座）

天明四年（一七八四）、二十四組問屋は株仲間として公認された。総株数は三百七十三株で、そのうち鰹節問屋が所属した各組の株数は左のとおりである。

安永六番組　二十六株　同七番組　十七株　同追九番組　十株

安永六、七番組は他業種が加入しているので、鰹節問屋数は不明だが、追九番組は鰹座だけだから、これを一〇軒とみれば、このころ大坂の荷積み問屋は、少なくとも十数軒は超えていたであろう。それに対応して江戸の荷受け問屋は小舟町河岸に多数集中し、寛延年間（一七四八〜五〇）には「小舟町組」と名付けた、鰹節問屋仲間が成立している。

以上を通観すると、下り鰹節輸送は、元禄時代（一六八八〜一七〇三）までは多くはなく、享保年間当時（一七一六〜）から増大しはじめ、安永〜天明のころ（一七七二〜八八）には激増するという段階を経ている。鰹節の長途輸送には、品質の悪化しないこと、つまり防カビ対策がなにより大切である。それが講じられたのは元禄以降、享保年間が初期であり、安永〜天明のころには完成の域に達していたのである。

江戸周辺の産地、伊豆や安房地方の「地廻り物」は、下り物にくらべてごく低級品であった。天明年間（一七八一～）から文化二年（一八〇五）にかけて、通称土佐与市（前出）が、伊豆や房総の各地で土佐節製法を教え歩いて後は、地廻り物の品質は向上し、江戸の問屋での取扱い高は急激に増大していく。それにつれ、下り物、地廻り物をそれぞれ主力とする業者の色別けが進んだ。文化五年（与市が伊豆入りして七年後）、下り鰹節荷受け問屋は小舟町組から独立し、「浜吉組」を結成した。少数ながら有力な、左の一〇軒である。

小津清左衛門、大橋太郎次郎、喜多村富之助、丸屋喜三郎、丸屋源三郎、丸屋次郎兵衛、伊勢屋伊兵衛、尼屋伝次郎、小松屋彦兵衛、住吉屋伊兵衛

この際、浜吉組、小舟町組は話し合いにより、遠州今切《いまきり》（浜名湖―湾を海とつなぐ水路）を以て境界と定め、志摩国より西の製品は下り節、駿河、遠江、伊豆より東の製品は地廻り節と称し、浜吉組は下り節を、小舟町組は地廻り節を、それぞれ専門に荷受けすることを約定したのである。この事実は下り物の主力商品、土佐節、薩摩節がカビ付け一乾（一回カビをつけたのち、徹底した日乾を施した優秀製品）となっていたために、浜吉組の面々は売買に充分に自信をもって分離できたこと、そして小舟町組に残った鰹節問屋は、地廻り物の主力、伊豆節が、二～三番枯節（二回ないし三回のカビ付けにより完成した優良品）となって、下り物に充分対抗できると確信していたことなどを示している。

11　下り鰹節、重積九商の一となる

天保十二年（一八四一）老中水野越前守は諸物価高騰の責任は、諸商売を独占している問屋株仲間にあ

るとして株仲間禁止令を発した。目的は問屋株仲間が操作しているとみなされる物価の引き下げにあったのだが、かえって需給関係が乱れ、物価が乱高下する事態となった。そこで大坂の二十四組問屋は江戸十組問屋と申し合わせ、荷主中の重積《じゅうづみ》九商が相談の上、物資輸送の混乱収拾、管理強化を図ることとした。

重積九商（九店《くたな》とも）とは、当時江戸へ向けた積荷の中で左の品目を扱う九業種をいい、江戸積廻船につき諸事万端を差配する役割を担ったものである。

綿、油、紙、木綿、薬種、砂糖、鉄、蠟、鰹節

大坂側に呼応して、江戸でも同様に重積九商を定めた。鰹節を除く八業種は当時の江戸の人々の衣食住にとって、必要で欠くことのできない品々であるが、その中で嗜好品である鰹節だけは異色の存在といってよい。

安永年間以前には大坂の二十四組問屋の中に名もみられなかった鰹節問屋仲間が、安永年間には鰹座の名で確実に加盟しており、江戸でも同じころから鰹節問屋の荷受け組織、小舟町組が結成されている。それからほぼ数十年を過ぎた天保年間を迎えたころには、大坂でも江戸でも数多い問屋仲間の中で、最も重要な役割を受け持つ九業種の一に選ばれるようになったのは画期的な躍進である。

それは安永年間以降において、鰹節商が重要業種に格上げされるにふさわしい、左のような社会情勢が醸成されていったからである。その一は、天明～寛政のころから食物文化が著しく発達し、京坂はむろんのこと、江戸を中心として鰹節のうま味が料理に欠かせぬものとみなされ、最高級の食材として珍重されだして、商品価値を高く評価されたことである。その二はそれにふさわしく、生切り、燻乾、カビ付けの一貫工程がほぼ完成の域に達していたことである。第三は上は将軍家から下は武家、町人に至るまで、「勝男武士」の名が縁起物として喜ばれ、婚姻、元服などさまざまな祝いごと、各種行事や引っ越しの挨

捗に至るまで幅広く贈答品として珍重される習慣が広まったことがあげられる。なおまた、ちょうどそのころから湧き起こった初鰹ブームも、鰹節人気を側面から助長している。
重積九商に加えられたのは、実は天保年間以前である。文政七年（一八二五）、十組問屋が合計一万二百両を幕府へ冥加金として上納したときの、六一種の問屋仲間中、おもな食品関係問屋と重積九商の上納高は左のとおりである。

食品問屋

醤油酢問屋	三百両	
下り素麺問屋	三十両	
下り塩仲買問屋	六十両	二十五人
下り酒問屋	千五百両	三十八人

重積九商（砂糖商を欠く）

薬種問屋	四百両	五十一人
水油問屋	五百両	二十一人
繰綿問屋	千両	七十人
木綿問屋	千両	四十四人
釘鉄問屋	四百両	六十五人
紙問屋	三百両	四十七人
蠟問屋	五十両	二十人
鰹節塩干魚問屋	百両	三十四人

丸屋治郎兵衛店（森火山画）

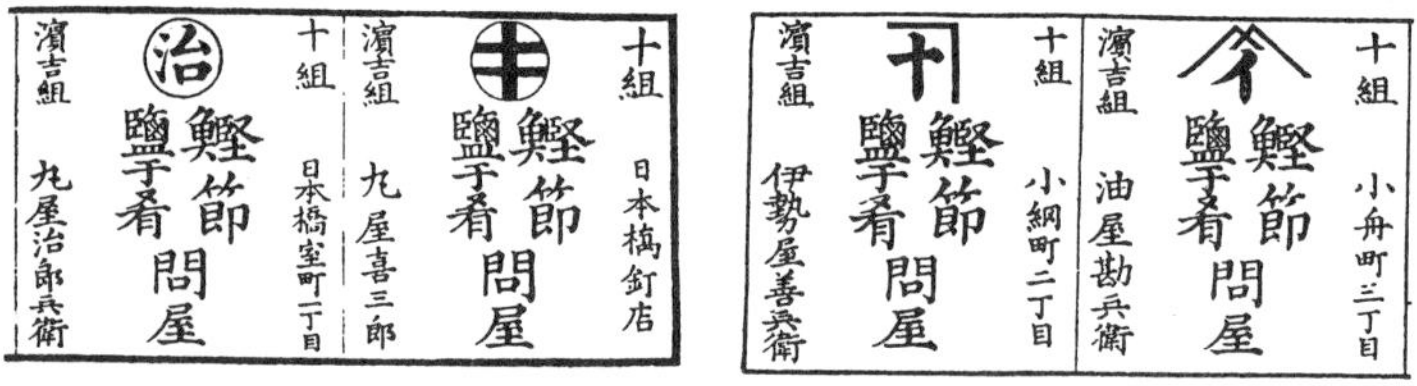

十組問屋浜吉組の一部

下り酒問屋の千五百両が最高で、木綿、繰綿問屋の各千両がこれに次ぐ。鰹節問屋以上に出金した仲間数は二二種に上り、九商関係では蠟問屋を除けば、鰹節問屋より出金額ははるかに多い。これは、鰹節はまだまだ珍重された嗜好品であったのに対し、他業種は日常大量に消費される商品を扱い、店数も多く、資力も豊富だったからである。それにもかかわらず重積九商に選ばれていたのは、前記したように鰹節が江戸の人々の食生活に溶け入って、必要不可欠な商品として重視されるようになっていたからであろう。

文政五年の『江戸買物独案内上』によれば、十組問屋に属した浜吉組の問屋名は左のとおりである（浜吉組は鰹節塩干魚問屋を名乗っている）。

瀬戸物町　伊勢屋伊兵衛
元四日市本町　大橋太郎次郎
青物町　栖原屋平八
小舟町三丁目　油屋勘兵衛
小網町　伊勢屋善兵衛

釘店　　　　　　　丸屋喜三郎
室町一丁目　　　　丸屋治郎兵衛　丸屋源三郎

浜吉組に属さぬ鰹節商は「御結納、鰹節干肴所」とか「御献上物数品、御結納物、鰹節干魚所」などと名乗り、結納との結びつきがはっきりしている、著名な鰹節小売商だったのであろう。その名称は左のとおりである。

室町二丁目　　　　小松屋清兵衛
室町三丁目　　　　遠州屋助三郎
元四日市町　　　　伊勢屋治兵衛
小舟町一丁目　　　利倉屋次兵衛
横山町二丁目　　　伊勢屋善右衛門
堀留町一丁目　　　川村庄左衛門
本郷二丁目　　　　伊勢屋十兵衛
麴町魚店　　　　　万屋伝兵衛
麴町四丁目　　　　豊島屋忠兵衛
西久保新下谷町　　伊勢屋金兵衛
四ツ谷伝馬町二丁目　大塚屋半蔵
下谷池の端　　　　油屋新兵衛
上野広小路西側　　三河屋半右衛門
浅草竹門　　　　　橋本庄蔵

12　江戸鰹節専業問屋発展の好例

どの食品業界を見回しても、江戸時代前期から現在まで盛業を続ける店というものは、あるかなしかの状態である。わが鰹節業界は江戸時代以前に始まる由緒ある歴史を持ち、江戸前期には専業鰹節商が出現し、後期には食品業界の中枢を占めるまでになるのだが、江戸時代を通じ、一貫して江戸鰹節商の重鎮であり続けた店があった。

現在の〝にんべん〟がそれで、全食品業界の中でも稀有の存在である。そればかりでなく、『かつをぶし』（山本高一）は「江戸の経済界」を制したものとして、伊勢、近江両商人を挙げ、「近江商人が白木屋と伴伝によって代表されるように、この伊勢商人は三井とにんべんによって代表されるから、独り鰹節の上からばかりでなく、我国商業史でも〈にんべん〉は少からぬ役割を演じている」と述べている。さらに鰹節の歴史の立場からすれば、江戸〜東京の鰹節商史は、にんべんの発展史の中に具現されている面があるので、〝にんべん〟に見る江戸の鰹節商史を探ってみたい。

〝にんべん〟の初代は、高津伊兵衛（幼名伊之助）という。その祖父与次兵衛は、尾張国に生まれ、寛永のころ伊勢国四日市中町に出て、雑穀、油、干鰹などの店を開業した。二代目与次兵衛の次男が伊之助で、元禄四年わずか一三歳で郷里を後にして江戸に向かい、小舟町一丁目の雑穀商、油屋に奉公入りした。「栴檀は双葉より芳し」のたとえの通り、入店直後から商才を発揮し、その人柄を買われ、二〇歳になる前から、大勢いた朋輩を追い越し、店主名代として京、大坂へ取引に上るまでに出世した。

元禄十一年、二一歳になると、まったく無一文のまま独立し、四日市青物町で板舟株権を得て、鰹節をはじめとする塩干魚商の店を開いた。このころ土佐の鰹節は、カビ付けを施して改良され、長途の海上輸

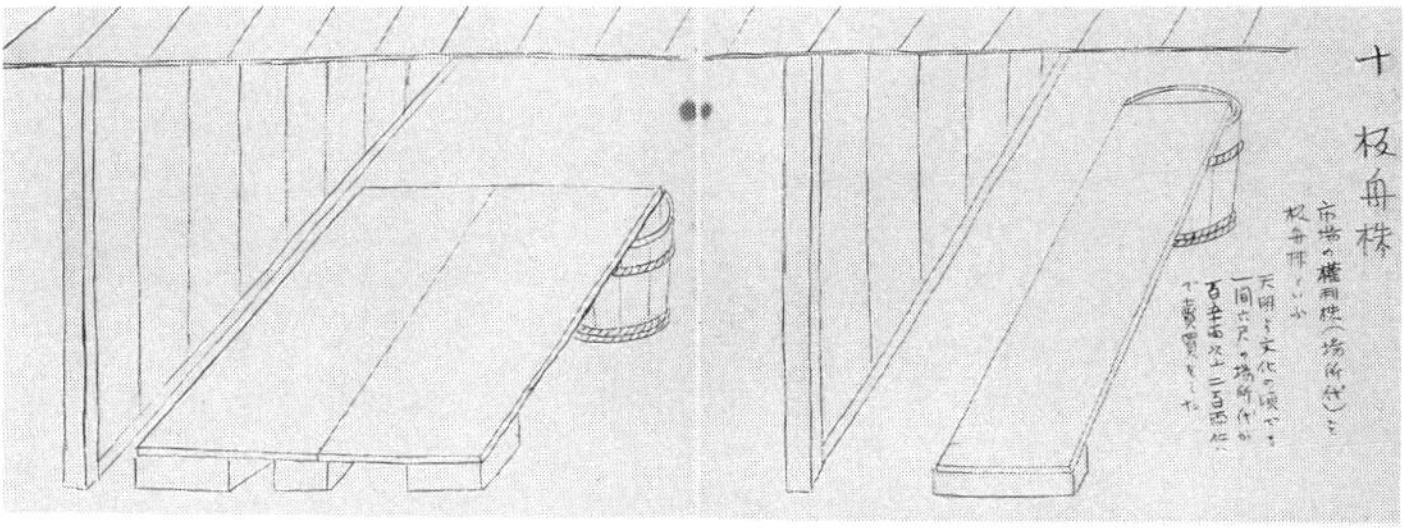

板舟株（森火山画）

送にも耐える、上枯節となっていた。そのために大坂の塩干魚鰹節商から続々として江戸送りされてきていたから、伊之助はこれに着眼し、塩干魚鰹節商として身を立てる決心をしたのである。塩干魚を含めたのは、鰹節が高価な商品である上に、まだ売買に季節的な片寄りがあったからであろう。しかし彼がこの後わずか五年の短年月で二百両もの大金を手にすることのできたのは、塩干魚よりは上枯節販売によるものと見て間違いはない。

これにいきおいを得て、開業六年目の宝永元年（一七〇四）には、江戸食品問屋街の中心、小舟町三丁目に進出し、本格的な鰹節問屋としてスタートした。このころ、小舟町一丁目から三丁目にかけては有力な塩干魚鰹節問屋が集中しており、大坂からの下り鰹節は小舟町河岸に荷揚げされていたのである。宝永二年には、彼は伊勢屋と商号を定め、伊兵衛と名乗ることにした。大坂の二十四組問屋と江戸の十組問屋との間の、菱垣廻船による下り物の取引が活発化したのはこのころからで、享保年間ともなると、両都の鰹節問屋もまた本格的にその中へ参入しはじめた。鋭敏な伊兵衛は、この機を逃さず、大坂に上り、須磨屋三郎右衛門、岩国屋善兵衛などの鰹節問屋からの上質鰹節の仕入れルートを確立している。

その受け皿として、新たに瀬戸物町に小売の出張所を設け、享保五年（一七二〇）にはここで現金、掛け値なしの販売を始めた。これまではどの店も、客との駆け引きで売値を決め、盆、正月の節季に決済する掛け売りで、客からすれば代金はすぐ払わないで済む利点はあるが、その分、高値の品を買わされることとなっていた。それが「現金払いなら、良い品を安い値段で買える」という噂はたちまち市中に伝わり、大評判を得たのであった。今なら当たり前のことだが、当時としては画期的で斬新な商法で、これを企画し、断行したのは、〝にんべん〟の高津伊兵衛と、越後屋呉服店（三越の前身）の三井八郎右衛門の二人だけだという。享保七年には瀬戸物町に本拠を移し、下り鰹節の最高級品を扱う専門問屋兼小売商として、間口二四間（四三メートル）の大店を構えた。徳川幕閣の松平筑前守、同若狭守などの屋敷へ御用商人としてお出入りを許されるようになった。

二代目は病身で、寛延二年（一七五〇）三八歳の若さで早逝し、弟の茂兵衛が三代目伊兵衛を継いだ。茂兵衛は、生来商才に長じた人であり、しかも病身の兄をよく助けた人情家でもあった。初代が病死した前後は、いわゆる享保の不況期で、諸大名からの莫大な売掛金が回収不能となり、番頭等がその対策に失敗して大穴をあけたりして、店の一大危機が到来した。そのとき彼は徹底的な財産分析と経営分析を実施し、綿密な冗費の節約計画書を作り、減量経営を断行する一方では、先代の創業理念であった「現金、掛け値なし」の商売を押し進めた。これらは現代の商業社会にも通じる合理的な経営再建計画である。それがみごとに奏功し、三代目が襲名したころには、完全に店は立ち直ったばかりでなく、将軍家をはじめ数多くの大名家からもお出入りを許され、初代当時よりも何倍もの大店に発展している。

宝暦十年（一七六〇）二月四日から六日にかけて、江戸は大火に見舞われた。このとき三代目は店の総力を挙げて被災者救援を行い、大量の鏡餅を寄進した。これが江戸中の評判となり、それに感服した黒田侯から「二重石持《こくもち》」の家紋を下賜されている。三代目は、単に商才に優れるだけでなく、諸芸にも学問にも通じていた。武士に譬えれば、文武両道を極めた人といってよい。

四代、五代と順風満帆の時代が続く。これはその時代――天明年間から文化年間にかけてが、以前にも増して下り鰹節の荷受けが激増したばかりでなく、その間、享和年間以降になると与市の指導を受けた伊豆節が良品となり、江戸市中に流入して来るという好運に恵まれたからである。

六代目は、夫婦共に養子として迎えられた。この時代に、狩野栄川、村田春海、大田蜀山人等、当代一流の文化人が店に出入りし、六代目は彼らとの交流を深める一方では、経済的な援助を続けた。応挙の名画、芭蕉の墨絵、著名浮世絵画家の初刷りの錦絵等を続々と買い入れもした。当時の江戸の大店主人とは、一様にこのような趣味教養の持ち主であり、文化人の庇護者であったわけで、〝にんべん〟も名実共に大店の一翼を担ったのである。

大田蜀山人は、寛政年間には、鰹節のカビ付けを含めた詳細な製法の説明をその著『一話一言補遺』の中に書き留め、文化年間には日本橋の鰹節市場についての記録を残している。彼が〝にんべん〟への出入りを続けたところから、このように鰹節への関心を深めたことは確実である。

これより後、文化〜文政期より幕末にかけては、下り鰹節の取引高は増加するばかりで、菱垣《ひがき》廻船積荷の中で鰹節は重要物品九品の一と見なされるようになっている。浜吉組加入の鰹節問屋はいよいよ隆盛を極め、その筆頭にあった〝にんべん〟の繁栄は、江戸時代を通じて極致に達するのである。それは弘化三年（一八四六）の『新板大江戸長者鑑』の中で、数ある大商人に伍して、前頭の中位にランクされていることにも明らかである。嘉永四年の株仲間復興後の浜吉組一五名中、一二名が地借の問屋で、家持の問屋はわずかに三名だけであり、その中に瀬戸物町家持伊勢屋伊兵衛の名が見られる。

鰹節ブームが〝にんべん〟の繁栄をもたらしたのは確実だが、逆に鰹節業界の発展を促進する上でも貢献している。初代以来数々のアイディア商法を創案してきた〝にんべん〟は天保のころ（一八三〇年代）、

世界最初の銀製商品券を創案、普及している。平凡社の旧版『百科辞典』（戦前版）の〝商品券〟の項には、

「商品券の中で最古のものとしては、江戸日本橋にある鰹節店のにんべんが発行したものである。この商品券は、鰹節の形をした銀の薄板で、表面には金額を記している。他面に発行店の[イ]の刻印があって、にんべん取り扱いの商品である鰹節との交換は、老若男女の別なく、この券持参の人に行ったものである。これは商品券というよりは引換切手とした方が良い。とにかく、にんべんの鰹節券は銀の薄板である関係上、所持人は金属価値を認めて尊重したものである。次いで現れたのが紙で出来た商品券である。」

とある。

江戸末期の鰹節問屋「にんべん」

「にんべん」の銀製商品券

なお、明治二十三年の『東京百事便』に「鰹節及浅草海苔」として、「日本橋近傍にて問屋を営むものに至りては、両店とも其数枚挙に遑あらず。今兹に小売商にして有名なるもののみを挙げ」として、著名の問屋兼小売商一四の店名を列挙しているが、一三店までは山本、山形屋を初めとする海苔商で、鰹節商は「高津伊兵衛日本橋瀬戸物町 俗に（にんべん）」だけである。

13　奥州の鰹節、塩鮭の江戸送り

江戸時代における奥州のカツオ漁業の盛業地は、磐城（福島県いわき市周辺）、陸前（唐桑、気仙沼以北）、陸中（釜石、宮古付近）の三国の中にあった。鰹節製法は、江戸後期になっても西国や伊豆等にくらべれば劣っていたことは、文政の鰹節番付あるいは明治年代になってからの各種博覧会における製品の評価の低さなどによって察せられる。

しかし、鰹節番付によってみると、奥羽の製造浦数は関東全域のそれとほぼ同数であり、意外に多かった。また品質はともかく、製造量は少なくなかったようである。現在よりは奥州海岸に接近するカツオ群が比較的に多かったからで、その状況を物語る左のような記録類がある。陸前国女川町石浜の勇蔵の書き留めた『万《よろす》ふしきの事控覚帳』によれば（『女川町誌』）、

一、文政八年、此年は鰹魚舟は大漁なり、弐万、参万つゝ釣り申候

一、天保八年八月十五日より上天気にて……此年と申は鰹漁五十年にも覚なき程の大漁なり。鰹船壱艘に付一万七千、一万五千。一万や九千位は不足誠に以大漁仕候

一、弘化四未の年……此年の鰹漁と申は大漁なり。六月十五日頃迄に本祝仕、八月、九月迄相出候は、

壱万弐万つゝも釣り年なり

などと大漁の年の状況が記されている。もっとも右は、不漁の年の記事を省いてあるが、ともかくも豊漁の年には一艘で二万尾〜三万尾も釣り、一万尾程度では豊漁とはいえなかったほどだったのである。ちなみに嘉永三年にカツオ船新造船をかけた善吉は、三千四、五百本しか獲れず、「御手形」で約千切の収入を得たが、新造船のために三百切の赤字を生んでいる。

『大船渡市史』によれば、早くも元禄十二年と十三年に、大船渡と赤崎との間において、カツオの餌イワシをめぐる入会漁業権の争いがあったと伝えられる。『広田漁業史』にも元禄十二年に綾里《りょうり》村に鰹釣船があって、餌イワシを捕ろうとしたとき、末崎村の漁民が大勢出て拒んだことから訴訟事件に発展したとある。カツオ群が豊富なために、釣り新法が急速に発展した結果、生じた事件である。幕末から明治時代にかけてしだいにカツオ群は遠ざかるのだが、三陸沿岸釣り溜漁の草分け、唐桑の鈴木家当主夫人のお話では、昭和初期まで湾内にいてカツオ船の釣り状況が見られたというから、遠く江戸時代前期までさかのぼれば、沿岸で大量に漁獲されたものと想像できよう。

奥州のカツオ漁業は、比較的カツオ群に恵まれたことと、熊野式釣り新法の急速な普及によって発達していった。獲れたカツオは、塩蔵または鰹節にしたが、腹わたを抜き、樽の中へ塩でまぶしたカツオを重ねて塩蔵する塩カツオの多く製されたのが、他の地方ではあまり見られなかった奥州の特徴である。こうして貯蔵すれば、保存に堪え、樽の表面ににじみ出た漬け汁は調味料に利用できた。また江戸向け輸送の有力な一品ともなった。天和二年（一六八二）の南部藩領宮古県の海産物の項にも、鰹、鰹節が見えるが、この「鰹」は塩鰹と見て間違いない。享保年中（一七一六〜）の南部藩「御領内物産取調書」宮古通りの部では、左の海産物があげられている（『宮古市史』）。

鰯〆粕《しめかす》　鰯油　赤魚　干鱈　鮭塩引　煎海鼠《いりこ》　丸干鮑　串貝　塩鰹　鯣《するめ》　昆布

布海苔　塩

また明和元年（一七六四）の「南部藩勘定規定」による沖の口漁業税を見ると（『宮古市史』）、

一、鮭塩引一本付　銭十五文

一、鰤　同　銭六文

一、鱒　同　銭六文

一、新鱈棒鱈　同　銭七文

一、塩鰹　同　銭五文

一、鰹節　同　銭一文

とあって、北の国らしく、おしなべて寒流魚の評価が高い。それらに対抗するかのように唯一の暖流魚加工品としてカツオ製品が加えられている。

だがその評価は、塩鰹はともかく、鰹節の場合は極端に低い。もしも、カツオを三枚に卸した上で両断し、煮熟、焙乾、日乾工程を経て四本を製したものなら、はらわたを出して塩漬けにしただけの塩鰹より、付加価値が低いということはあり得ないであろう。塩鰹一本が五文に対し、鰹節原料一本分が四文となるからである。

西国は早くから大カツオを四細分して製する現代風の大型製品に変わったが、奥州では後年まで小（ソウダ）カツオを四細分するか大カツオを六細分するかして、焙乾法も未熟な小型製品を製していた可能性が強い。大カツオは塩漬けにし、小カツオは節にしたなら、または大カツオでも六細分したなら、鰹節一本の税額一文は納得できる数字となる。六細分して製した場合、原料カツオ一尾が、六文の税額に評価された計算になるからである。

『宮古市史』などでは、完全な鰹節ではなく生利節だったと解説している。地元消費分についてはその可能性はある。だが、もろくて小さな乾製品もあった証拠として宮古の江戸積問屋、美濃屋に残る仕切状がある。それには、左のとおり相当数の折れ節や欠損分が計上されている。もしも生利節なら、長途の航海故にカビ、腐りが出るはずである。細小の不完全な焙乾品だったからこそ、折れたり、砕けたりして欠損品が出たと考えられるのである。

安永八年十一月の仕切（『宮古市史より』）

一、塩鰹　三百参拾四俵

鰹節　百六十入弐拾九俵

（四拾六束四拾節）

内拾六節　不足かし

八拾五節　折ふしかし

〆壱束三節　かし

残り四拾五束三拾七節

内弐束弐拾六節八分五厘かし

残り四拾三束拾節壱分五厘

代金拾両三歩ト百五十五文

江戸　村田弥兵衛

製品は西国にくらべて劣ってはいたが、南部藩の場合はかなり早くから、塩鰹とともに移出が奨励されていた。『九戸地方史』によれば、元禄十一年（一六九八）の長崎貿易一六輸出品中に「昆布、煎海鼠《いりこ》、干鮑《あわび》、鱶鰭《ふかひれ》、鰹節、鯣《するめ》」の六品が俵詰にされたとある。このころ幕府は金銀の過度な流出を憂い、対清貿易に海産物の積極的輸出を企てたのである。とくに重要輸出品とみなされたのは「俵物《ひょうもつ》」で、煎海鼠、干鮑、鱶鰭の三品が指定され、他は「諸色《しょしき》」といわれ、昆布を除けば輸出量は多くはなかった。鰹節は諸色の一品として、少量ながら清国向けに輸出されだしたのである。俵物、諸色の輸出には奥州産が多く含まれ、鰹節もまた南部産などが含まれていたことを、『九戸地方史』は示しているが、九州産も含まれていた。

長崎からの鰹節輸出量は、他の諸色にくらべればごく少なかった。俵物の三品のように中華料理の必需品とはならなかったし、同じ諸色の一品、昆布のように医食同源思想に基づく根強い需要も起こらず、清国向け輸出品として根を下ろすことはなかった。焙乾品の特質として、カビが生じて腐りやすかったためかも知れない。

したがって南部産鰹節は、長崎諸色としては伸びは見せなかったが、江戸俵物に加えられ、塩鰹とともに重要品目として移出は振るった。釜石十分一役所で改めを受け、役金（移出税）を納めた廻船は海路をとって中湊（那珂湊）に入港し、ここから陸路、川舟などにより利根川に出た。あるいは那珂湊よりさらに南下して銚子港に入り、ここから高瀬舟（川舟）に積みかえ、利根川を遡上した。両航路共に関宿までさかのぼったところで江戸川へ入り、江戸へ着くのである。銚子から犬吠崎、九十九里浜、館山を経て江戸湾に入るコースは、寛文年間に開拓された航路だが、遭難のおそれが多分にあった。気仙沼に海苔養殖と塩田をもたらした功により、生前に神として祀られたほどの英傑、猪狩新兵衛は、三艘の持船に鰹節などの気仙沼物産を積んでこの航路を取ったが、天保年間には安房沖で難船している。しかし豪気な彼は、

表10　安永5から5年間の美濃屋の江戸送りの水産物

品　名	件　数	俵　数
赤魚粕	3件	239俵
イワシ粕	5件	626俵
鮭塩引	5件	448俵
塩　鰹	4件	1,213俵
鰹　節	1件	29俵 (4,640節)

出所　『宮古市史』による。

助かった残りの積荷を処分し、その金を持って江戸吉原の遊廓におもむく。そこでの胸のすくような豪遊ぶりをたまたま居合わせた江戸の海苔問屋、桔梗屋五郎左衛門が見て感じ入り、海苔養殖を始めるように勧め、励ました結果が、気仙沼ノリ創始につながるのである。明治を迎えてから、鰹節製法を伝えた吉田与平と並び、気仙沼産業の二大恩人として顕彰されている。

江戸初期～中期の江戸俵物の記録の中からは、鰹節は見出し難いが、安永のころ（一七七二～）からは江戸向け輸出品の一として目立つようになる。ただし輸送の主力は魚粕や塩引鮭、塩鰹等で、鰹節は比較すればわずかであった（表10）。

美濃屋一族が扱った中ノ湊送荷を、安永五年（一七七六）から五年間の分についてまとめてみると表10のとおりとなる。他の魚加工品にくらべて、はるかに少ないばかりでなく、塩鰹の四〇分の一程度に過ぎなかったのである（中ノ湊＝那珂湊は江戸向中継港）。

奥州産の鰹節は、江戸後期まで改良が著しく進んだ様子は見られない。文政の鰹節番付が西日本に片寄った内容にしても、奥羽産が極端な最下位にあるのは、他産地にくらべて低品質だったことを示している。しかし、膨大な潜在需要を抱える江戸では、下級品の売れ行きもよく、幕末維新にかけて、江戸向け輸送は増加していった。明治を迎えてからの奥州鰹節製造の繁栄は、江戸時代末期における江戸向け輸送の活況に根ざすものである。

14 土佐の鰹節商

消費地に専業問屋、仲買が出現すれば、産地への仕入れ網は拡大強化される。番頭、手代を派遣し、継続的な集荷を強化するためには生産者への仕込み資金の前貸しも行う。あるいは産地仲買を育成して、集荷の便を図る。大坂に近い紀州とか、江戸に近い伊豆などの主要産地の場合は、このようにして消費地問屋、仲買の影響力が強く及んだことが多い。小産地が沿岸に連なっている上に、大消費地江戸から遠く離れている奥羽の場合は、有力な海産物の産地問屋が集荷、輸送に当たった。

江戸時代を通じて全国随一の大産地であった土佐の場合は、鰹節を有力な取扱い商品とする大商人が出現した点で、他産地とは大きく異なっている。その大商人の両雄、袋屋と山城屋が大きく成長した場所は、土佐第一等の産地だった清水七浦であった。以下に両者の活躍ぶりを略述してみよう。

豪商袋屋の出現の時代は不明だが、延宝〜天和のころから少しずつ目立つ存在となっている。一族が、大浜、松尾、伊佐、中浜などに分かれ住み、それぞれに酒造の専売権をもち、金貸業、廻船、カツオ漁業を手広く営む浦方商人であった。宝暦十二年九月吉日の銘のある金剛福寺山門入口に寄進された常夜灯には、紀州印南や土州宇佐の廻船業者とならんで、大浜浦袋屋吉右衛門、同清右衛門、同彦四郎の名がみられる。『土佐清水市史』には、右のほか袋屋の幅広い事業内容について記述してあるが、カツオ漁業と節製造は従たる事業のように見受けられる。

これらを主力事業として経営した豪商は中浜の山城屋であった。幡多郡中浜浦を根拠地とした山城屋の先祖は、尊海大僧正に従い、足摺山金剛福寺の副士として京から下った人で、名を三河守と称したと伝えられる。山城屋を興した初代儀右衛門は江戸中期の人で、中浜浦庄屋山崎某の四男といわれる。二代武兵

山城屋墓地にある与三右衛門の墓

衛は、三崎村大庄屋沖家から婿入りした養子である。これらによってみると、儀右衛門以前から代々庄屋の家柄だったことがうかがわれよう。それだけに儀右衛門が独立して商売の道に入るに際しては、資力、人脈ともに比較的恵まれていたものと推察される。

だが、山城屋を名乗り、出色の大商人となったのは、二代武兵衛の代であった。彼は五百石積の廻船春日丸を所有し、カツオ漁業、鰹節製造を兼営したばかりか、製品を大坂方面に輸送する産地問屋業務を果たしたのである。武兵衛は天保三年（一八三二）に没した人だから、春日丸が活躍し、春日節の名声が天下に知れ渡ったのは文化～文政期ということになる。

山城屋は単に自家製品だけでなく、手広く鰹節を買い集めて春日節の名で売り出していたのだから、土佐節の発展に寄与したところは多大であった。そのために三代儀右衛門のときになると、御目見得《おめみえ》（藩主への）、苗字帯刀を許され、商勢は大いに振るうことになるのである。カツオ船五艘のほかに、伊佐、松尾などの諸浦に出張りを置いて漁船をあずけ、その数は一七艘に達したというから、カツオ漁業はずばぬけて大きかったわけである。江戸、上方に向かう大型船は、春日丸を含めて三艘、このほかいさば船（小型廻船）も三艘を数え、大廻船問屋にもなったのである。

天保七年（一八三六）の銘のある金剛福寺の常夜灯は、高さ二・七メートルの雄大なもので左右各一基には儀右衛門とその子四代武兵衛の名が刻まれている。このほか中ノ浜天宮の鳥居下にも、「山城屋儀右衛門、文政十年九月吉日奉寄進」と刻まれた二基の石灯籠がある。文化～文政から天保時代にかけて、山城屋が隆盛期を迎えていた象徴的刻印である。

山崎家の墓地の中に、もう一つの刻印を見出すことができる。代々の当主の墓とくらべて遜色のない他所者の墓がただ一基混じっているのである。それは紀州印南の角屋一族である、久保田与三右衛門の墓碑で、「仁誉浄運信士、文政二年三月二十九日没」と記されている。このような破格な待遇を没後になお受けたことや、戒名の内容から察すると、彼は山城屋から鰹節製造の管理、運営のいっさいを任され、文化〜文政時代において春日節の名声を天下にあげる上で、主として製造面で絶大な貢献を成しとげた人であることは間違いあるまい。土佐清水市の中山進氏は、前記『土佐清水市史』の中で彼を同じ印南人で東国(伊豆、安房)で鰹節製法に普及に力を尽くした、土佐の与市に比肩する土佐節の改良者として位置づけている。印南は甚太郎、弥兵衛、与市に続く鰹節普及の功労者を生んでいるのである。

清水浦一帯の鰹節は、「晴天清水改め」の証印を受けて、全国第一等の品質をうたわれたのだが、それはまた春日節の名で江戸、大坂にまで知られたのであった。使用工員は、最盛期において七〇〇人に達し、春日節を運んだ廻船は、春日丸(五百石)のほか、儀吉丸(八十石)、儀徳丸、春栄丸、小春日丸(各五十石)があり、嘉永四年に分家して山西屋を興した四代目当主武兵衛の弟儀助も長久丸(百石)、天神丸(五十石)を所有していた。なお山城屋は、木炭や薪、木材を積むすみとく丸など百石積み程度の炭船四艘を所有し、持ち山を切らせて焼いた薪炭から近在の農山村の産物を集めての廻船業をも営んでいた。

山城屋の全盛時代は三代儀右衛門までで、四代目武兵衛のころからしだいに斜陽化するのだが、それでもなお明治の初めにおいて山城屋一統の持ち船は五艘あり、それは中ノ浜部落の全カツオ船の半数に当たるものであった。江戸、大坂にまで名声のとどろいた銘柄「春日節」を創製し、盛時には三〇〇人の使用人が出入りし、世人には「寺の坂から山城屋見れば、庭じゃ餅つく、茶の間じゃ碁を打つ、表八畳の間じや金はかる」と歌われた隆盛時代は再び戻らなかった。

しかし分家の山崎次郎等三兄弟は、明治二十一年の第二回水産博覧会に共同出品した春日節の伝統を伝える製品が抜群に優秀だったことに加え、七代百二十余年にわたって鰹節業に尽くしてきた祖先の遺功をも讃えられ、金牌授与という破格の光栄に浴している。明治・大正時代には、数々の水産関係博覧会が開かれているが、金牌の授与の行われたのは第二回水産博覧会だけで、しかも受賞者は他に一例が見られるだけである。さらに明治四十一年の関西九州府県連合共進会に際し、江戸時代において鰹節業に貢献した数名が追賞されているが、この際前記した三兄弟の父で、幕末維新当時に活躍した山崎儀兵衛が「鰹漁業、鰹節製造、製造場の結構（構造）改良」に功労があったとして追賞の栄を受けている。親子の努力研鑽もさることながら、明治時代になってもなお、春日節の優秀性と名声が関係者の脳裡に強く焼きつけられていた側面も否定できないであろう（袋屋、山城屋については、『土佐清水市史』所収の中山進氏の研究による）。

15　名古屋の塩干物鰹節市場

名古屋の商業の草創より発展に至る過程には、江戸のそれと類似したところが多い。第一は、慶長五年（一六〇〇）の関ケ原合戦が大きな転機となって町造りがはじめられたことである。両都市は、京、大坂とは違って慶長年間の新興都市といってよい。第二は、名古屋は旧城址、江戸は荒城跡で、築城以前は共に名もない場所であり、むしろそれぞれ近くに位置する熱田神宮もしくは浅草観音の門前市のほうがはるかに古くから発達しており、町屋も形成されていたことである。新興両都市は、共に当初から諸物資を門前市に仰ぐ形態の流通ルートを開いて、発展が緒についたのであった。

熱田の市（『愛知の江戸時代』国書刊行会）

ただし名古屋の本格的な町づくりは、江戸にくらべればやや遅れていた。また海産物についていえば、江戸の場合はその主たる供給先は浅草の門前市ではなく、芝浦など前面の海だったが、名古屋はその前面の海の産物を一手に集荷する力を持つ、熱田の魚問屋に供給を頼らざるを得なかった。これらの点で両都市の間に若干の差異がみられるほか、鰹節の供給先ではかなりの違いが生じるのである。これについては後に譲るとして、名古屋創成の歴史を振り返ってみよう。

名古屋城の出現より数十年前、この地は那古野と呼ばれ、織田信長の居城のあったところで、信長もここで生まれている。だが信長は那古屋城を捨てて清洲に築城して移ったので、その後は小集落を残すだけとなっていた。徳川家康は関ケ原合戦の勝利によって天下の実権を握ると、那古野の地が東西交流の枢要の位置にあると重視し、第九子の義直をここへ移して鎮めとしようと図った。そして慶長十三年には義直をまず清洲城に移し、同十五年からは家康は諸大名に命じて名古屋の築城に着手させ、二年の歳月をかけて金鯱の輝く名城を完成させたのである。

義直は清洲から大家臣団を引き連れて名古屋に入城することになった。このとき、清洲にあった有力商人等も付き従った。この大移動に加わった人々は、士農工商合わせて実に七万人に達したといわれる。これが後世までその名を残した「清洲越《きよすごえ》」で、これに参加して名古屋の城下町形成に力あった商人等は、代々にわたってこの町の著名商人として商勢を盛んにしていくことになるのである。ただしこの初期の段階で、鰹節にも関係のある塩干魚商人が含まれていたか否かは明らかでない。

熱田港に陸揚げされた海産物は、「宮より出で二里」に及ぶ「一条の長き街路」を通って、名古屋の町なかまで運ばれたのだが、それだけでなく河川による輸送路も開かれた。利用されたのは、名古屋築城のために開削されたと伝えられる堀川で、熱田の七里の渡し辺から、堀止めの朝日橋付近までに延長六・三キロメートルに及び、川幅二二〜二八メートル、水深一・八メートルとなっている。その中心部、現在の中村区に納屋橋があり、その西岸に船入町、納屋町があった。納屋町は、魚屋《な》町であり、この付近まで熱田から魚介類を積んだ船の出入りがあったことを、これらの町名や橋名は語りかけている。

熱田の魚問屋は藩の特許を得て経営するものだから、市場以外での売買は許されなかった。名古屋で売買される海魚の類はすべて熱田を通して供給されるしきたりとなっていたのである。幕末に近づいた天保年間になって、ようやく熱田の問屋の手を経ず、歩荷《かちに》によって名古屋市中に売られるものが多くなり、あるいはまた、堀川をさかのぼって沿岸に魚市を立てるものが現れて、熱田の問屋が抗議を申し込み、紛議を生じている。

このような他町での魚商売を厳しく取り締る商慣習が厳然と存在したにもかかわらず、元禄十五年（一七〇二）、清洲の人清水太兵衛という者が船入町に塩干魚問屋を開いた。なぜ開けたかについては、解明できる資料が見出されていないので、推測に頼るほかはない。『中部の食品業界百年史』は、同じころ熱田の四人の魚商人が納屋橋の辺に移住してきて魚屋を建てたところから納屋町の名が起こったと説く。その原典が記されていないが、熱田商人の移住が事実なら、藩の承認も熱田魚市場の諒解も得ていただろうから、納屋町、船入町の魚市場は難なく開かれたに違いない。あるいは熱田が生魚市場に重点を置いていたのに対し、船入町に出現した問屋は塩干魚を主としたから、問題を起こさなかったとも考えられる。ともかくも塩干魚市場に関しては、船入町を奥と呼ぶのに対し、熱田を口と唱える習慣が生じた。維新前後には船入町に清水太左衛門、見田七右衛門、岩間勘兵衛、吉田佐助の四問屋が存在しており、その取扱商品として、鰹節、干し烏賊《いか》、煮干し、乾魚、塩魚、海藻類をあげた明治二十六年の記録がある。これからみると船入町における塩干魚問屋は、元禄年間に出現して以後、順調に発展を続け、鰹節も少量ながら取扱い商品に選ばれ、江戸時代を推移したとみてまず間違いない。この塩干魚問屋の客層は庶民ではなかったであろう。彼らにとっては多少とも付加価値の増す塩干魚は買い切れるものではなく、まして高価な鰹節は手の出るものではなかったからである（船入町、納屋町は、隣合わせで魚市場を形成していた）。

船入町に塩干魚鰹節問屋が出現しても、熱田の生魚問屋は痛痒を感じるところは少なかったであろう。塩干魚、鰹節類の取扱い量は、鮮魚よりは比重が低かったからである。船入町の塩干魚鰹節問屋は、江戸中期までは熱田の問屋を刺激するほどに大規模の売買はしていなかった。それは、尾張藩の初代義直以来の藩士、領民に対する節倹の勧めによるところが大きい。寛永十年（一六三四）九月の家中に対する布令に、

一、振舞之事、振舞候は而不レ叶時は、汁二ツ、菜三ツ、肴二種、酒三篇たるべし、於二相背一は、為二過料一銀子二枚可レ出之事

とあり、この布令は後年まで守られている。

ただし、正保元年（一六四四）尾張藩が上使を迎えたときの饗応の料理献立はかなり豪華なものであった。かまぼこ、からすみなどの高級加工品と並んで「よりかつを」が使われ、菓子でも高級なやうかん、かすてら、あるへいとなどが名を見せている。よりかつをとは、鰹節の芯に近い、赤身のところを細長く削って美しいよりを持たせ、ふりかけなどに用いるものである。元禄時代ともなると、藩士の饗応もかなりぜいたくとなり、かまぼこ、からすみ、かずのこ、するめなどが使われ、鯛、生椎茸あるいはすずきのわたの吸物が作られている。吸物には鰹節も当然使われたであろう。

大坂から江戸へ向けた菱垣廻船により、下り鰹節輸送は享保年間（一七一六～三五）以降となるとしだいに活発化していく。そして安永～天明のころ（一七七二～八八）から全盛期に突入するのだが、大坂～江戸航路の中間に位置する名古屋へ寄港する船も激増して、諸物資の流入量は増大していった。

もともと名古屋地区の鰹節の主な仕入先は、最も近接している産地である志摩半島沿岸から紀伊半島熊野浦に至る一帯であった。この方面では、明治年代に入ってもなおカビ付け節をつくらず、赤むきと呼ばれる裸節製造に徹していたから、江戸時代において塩干魚、鰹節商街の色彩の濃厚であった船入町界わいで取り扱われた主力商品は裸節であり、生魚取引に重点を置き、鰹節を従たる商品とした熱田でも同様だったはずである。

しかし、大坂方面との交易が盛んになるにつれ、下り鰹節の主力商品となっていた「カビ付け一乾」（上枯節）の取扱いも増大していった。現在名古屋が、本枯節（削り節を含む）の取扱量では東京に次いで二位を占めるようになったのは、赤むきからカビ付け節へと食習がしだいに変化していった長い歴史があるからで、さかのぼればその起源は江戸後期に達するのである。

第九章　江戸っ子の初鰹

1　初鰹の賞翫

〝初鰹〟――この言葉は江戸初期に使われて以来、四〇〇年の歳月を経てきたが、現在でもなお新鮮な響きを失うことなく、初春の訪れを告げるにふさわしい風物詩の一つとなっている。判明している限りでは、この文字が初めて見られるのは寛永年間であり、駿河国田中城（現在の藤枝市田中にあった）に関する文書の中である。

現在鰹節の最大産地である焼津は、その当時田中城の東方海岸にあって、鰯ケ島、城之腰、北新田の三村に分かれており、漁業を主とする浦として成り立っていた。江戸時代の半ばを過ぎたころの記録だが、焼津より北方、駿河湾奥の吉原ではカツオ地曳網漁が、また江戸の初期から焼津の対岸に当たる、伊豆半島の内浦や安良里《あらり》ではカツオ建切網漁が、それぞれ盛んに行われていた。「延喜式」により駿河国は「堅魚」を産したことが知られ、カツオ漁業の創始はきわめて古い。これら三か村もまた早くからカツオ漁を主要漁業としていたのであって、宝永二年（一七〇五）の「城之腰村明細書上帳」には「鰹釣参候」とあり、前記した浦々と違って釣り漁業を行っていた模様である。

さて、慶長十九年（一六一四）四月十三日の『駿府政事録』によれば、駿府の奉行、彦坂九兵衛が柳津（焼津）浦で釣れた「生鰹二筒」を家康に献じたとある。『慶長見聞集』によれば「鰹しびは毎年夏に至て西海より東海へ来る。伊豆、相模、安房の海に釣りあぐる賞翫也」とある。前記田中城に関する「万《よろず》覚《おぼえ》」の中の寛永二十年（一六四三）卯月（二月）二十九日の条には、

「新屋村可右衛門初鰹三本指上候、同日城之腰庄三郎同弐本指上げ候」

とある。旧の二月二十九日は、新暦では三月末にあたる。このとき焼津周辺の海で獲れたのが「初鰹」と呼ばれたのである。前記した四月十三日に家康へ献上の「生鰹」も「当年初めて之を釣る」とある。一か月半もカツオの漁獲始期がずれこんでいることに疑問はあるが、ともかくも江戸期の初めから最初に獲れた鰹は、まず殿様へ献上するものとされていたのであった。

もっとも、初物を献上した後でなければ、下々の者が食べられぬ魚類は、鯛や白魚など例は多いが、カツオの場合には将軍家のお膝元にふさわしく、江戸城にまず初鰹を献上するしきたりになっていた。江戸市中では、その後にお上にあやかり、天下晴れて賞味ができるわけで、将軍様もお上がりになる、初鰹人気はしだいに高まっていく。

寛永十五年（一六三八）出版の『毛吹草』に諸国の特産物が紹介されている中で、武蔵、相模の部に「生鰹」とある。相模湾もまた古くから駿河湾同様に湾奥までカツオ群が回遊していたことは、『徒然草』にも、また天文六年（一五三七）に北条氏綱が小田原沖に船を出させ、鰹釣りを見物した話にも明らかである。

三浦半島西岸の鎌倉や三浦岬などは、江戸時代を通じてカツオの漁獲地として知られているから、相模国の名産として挙げられたことはうなずけるが、武蔵国でカツオがとれるはずがないのに特産物とされた

のはなぜか。

幕府が置かれて以来の江戸の発展は猛スピードで進み、寛永年間ともなると百万の人口を抱える大都市に成長していたという。この町で生鰹が人気を呼び、鎌倉の海から魚河岸へ送られ市中に売買されれば、武蔵国江戸産とみられても不思議ではあるまい。似たような例としては、葛西産の海苔が浅草寺門前で売られて「浅草名産」とされたことが、『毛吹草』に書かれている。寛永年間当時、江戸の名産とされるほどに、生鰹を江戸の住民が食べるようになっていた要因はいくつかあげられる。

長い厳しい冬からまさに解放されたとき、人々は陽春到来の兆しを次々に探し求めては、歓びにひたる。その兆しを江戸の住民らは、野山の青葉若葉とともに海の初鰹に求めた。南方洋上から北上してきたカツオは、相模湾に入りこんだころがちょうど三、四月に当たり、脂の乗り具合が適度によくなり、生食に適してくる。その漁港、鎌倉、三崎などが、江戸と近距離に位置していたことが第一にあげられる。つぎに大坂が商人の町として成長したのに対し、江戸はその成り立ちから武士の町であった。勝男―鰹は、縁起のよい語呂からしても、将軍家がその初物献上を好んだ。将軍様のお膝元の江戸に住むことを誇りにし、気っぷの良さを売り物とする江戸っ子たちが、活きのよい初鰹に思いを馳せたのも当然の成り行きであろう。これが第二の要因である。第三は関ケ原合戦より約四〇年を経て、世相もようやく穏やかとなり、人々の生活も落ち着きをみせるにつれて食物へも関心が向けられ、第一第二の要因とも重なり合って、春を告げるカツオを求める気運の高まったことがあげられる。泰平の世が続き、生活の華美化する後世となるにつれ、いよいよその傾向は強まっていく。

江戸の町に初物賞翫の気運が高まったのは、『毛吹草』が出版され、田中城関係文書に「初鰹」の文字のみられた寛永末年（一六四三）に近接した年代であろう。幕府は寛文五年（一六六五）には、季節外れの食品の出回るのを禁じ、魚介類も種類別に出回り時期を指示した。同時に生鰹の鮮度を偽って新しく見えるようにして売る者があり、それを買った者が迷惑しているとして、古鰹の販売の禁令を布達している。これらは逆に、ますます初鰹やら、各種の初物を追い求める風潮を強め、また禁令を破る者が多くなったらしく、貞享三年（一六八六）には再度江戸市中に初物禁止令が出されている。町民たちが年々ぜいたくになり、初物をはしりと称して賞翫し、七十五日生き延びるといってこれを追い求めて競い合い、そのためには万金を投じても惜しくはないとの気運がひろまったために、これに苦りきった幕府が時節外れの売買を禁じたのである。

同令によれば、「かつほ」は四月以降に売買すべしと定められているから、裏返せば三月のころから初鰹を求める風潮があったことになる。また寛文、貞享と二〇年間に二回も禁令の出されている事実からしてその風潮の根強かったことが知られよう。ところが、続いて元禄年間（一六六八〜一七〇三）には、またまた初物売買の禁令が発せられている。天下泰平の世となるにつれ、いよいよ初物指向が強くなり、お布令は禁じても間もなく破られるほどに、初鰹賞翫の風はいよいよ高まっていくのである。その状況は、当時の高名な俳人等の名句により、その一端をうかがい知ることができる。

初物禁止令を破る者はその後も跡を絶たず、八代将軍吉宗の晩年に当たる寛保二年（一七四二）には、「魚鳥、野菜、物売り時節の事」という、時節外れの食品売買を禁ずる布令を出した。これによって定められた、魚類の売り初めの時節は次のとおりである。

鱒《ます》——正月節より　年魚《あゆ》、鰹——四月節より
海鼠《なまこ》、鮭——九月節より　鮟鱇《あんこう》、生鱈、白魚——十一月節より

カツオは、旧の四月一日以降に禁を解かれたのだが、お釈迦様の降誕日の四月八日を期して売り出すの

が、慣習となった。「日本橋の魚市、大には鯨、小には鰯、貴品には鯛、鰈《かれい》がある中に、鰹だけは別格扱ひ、四月八日の初市には……」とあるように、この日以降は初鰹は江戸市中に飛ぶような売れ行きを示すのである。ところが天保十二年（一八四一）に、水野越前守が初物禁止令を出しているところからみると「商ひに水はうてども中々に道にはぬかりあらぬ魚がし」の狂歌の残るように、目先にさとい魚商は巧みに法の網をくぐって、初あきないの時期を早めていたようだから、初鰹のひそかな売り出し時期はもっと早かったかも知れない。

2　初鰹讃歌

元禄十三年（一七〇〇）七三歳の生涯を閉じた徳川光圀は、晩年に船を仕立ててカツオ釣り見物に乗り出したくらいだから、よほどカツオ好きだったのであろう。ある時江戸から上使があり、隠居所へ訪れた。光圀は、この珍客をもてなすために戸棚から鳥目《ちょうもく》（小金）を取り出し、奴に命じてカツオを求めさせ、自分で料理して刺身と汁を作ったという（『武林隠見録』）。

荒天続きで海が荒れたために、正月の必需品であるミカンの不足に悩んだ江戸へ決死の覚悟で紀州蜜柑を運んで、巨利を得た元禄の豪商、紀国屋文左衛門（寛文九～享保十九年、一六六九～一七三四）について左のような話がある。

ある日のこと、文左衛門が側近の重兵衛に「市中に鰹が一本も出回らないうちにまっ先に食べてみたい」といった。重兵衛は、江戸中の魚問屋に前金をいうがままに与えておき、初日に入ってきた船から、ことごとく買い占めてしまった。初カツオの入荷を知らせると、紀文は大得意になって取り巻きの者を連れ、ぞろぞろと繰りこんできた。そこへ出されたのはたった一本のカツオの料理だけ。皆が騒ぎ出したので、文左衛門はあとを早く出せと声をかけたが、一向に出て来る様子はない。我慢ができなくなって階下へ下り、カツオはないかと問い、かつ見渡せば、重兵衛の庭にはカツオを入れた箱が山積みされている。重兵衛は、おもむろに蓋を開いて「カツオは、これほどございますが、初ガツオは、珍しいから賞翫するものです、残りは家内の者や近所の者に振る舞います」と、何食わぬ顔で答えた。紀文は、一瞬あきれはて、してやられたと、苦笑いするばかりで、ぐうの音も出なかった。だが、その機智には感じ入り、当座の褒美として五十両を渡したほか、町屋敷などを与えたという。

芭蕉は「初字に一朝を争ひ、夜家に百金を軽んじて、まだ寝ぬ人の橋の上にたゝずみあかすまゝに、一片の風帆をのぞんで早走りを待て公門に入る時、鬼の首取るこゝちしけり」といっている。初期に初物禁止令の出た当時、すでに鎌倉からの初鰹が江戸へ夜を徹して船で運ばれており、芝浦や日本橋魚河岸の辺の橋上では、夜通しかけて待ちこがれた人々が、帆船で運ばれてくるカツオに、鬼の首を取るほどの喜びを見せている様子が、芭蕉の眼に映じたのである。またこのころ三崎から急走する帆船のほか、鎌倉から早馬で送られるカツオもあった。陸路の馬か、海路の櫓拍子《ろびょうし》か、夜通しかけて、どちらが生きのよい鰹を明け方の魚河岸へ着けられるかが競争であった。この競争に勝つのが、網元等には自慢でもあり、また懐具合にも大いに影響したのであった。

鎌倉を生きて出でけん初鰹　芭蕉
馬舟とわかる鰹やけいば組　其角

松尾芭蕉は、正保元年（一六四四）出生、元禄七年（一六九四）没、その弟子、宝井其角は寛文元年（一六六一）出生、宝永四年（一七〇四）に没している。初物禁止令の出たころ、芭蕉は枯淡の境地に達しはじめた四二歳となっているが、其角はまだ二五歳であり、彼がその俳風に円熟味を発揮したのは元禄のころとなる。

藤咲いて鰹食ふ日をかぞへけり　其角
まな板に小判一枚初がつお　同

もう一人同じころ、カツオの名句を詠んだ人に、芭蕉より二歳年上で句の友、詩文の兄であった山口素堂（寛永十九年出生、享保元年没、一六四二〜一七一六）がいる。

目には青葉山ほとゝぎす初鰹　素堂

初鰹を語る人なら、誰もが引用する有名な句は、素堂の没年代からみて、元禄前後の作であろう。当時の風流人は、みはるかす野山の鮮麗な青葉、若葉に眼を奪われ、鳴き渡るほととぎすの音に詩情をそそられながら、初鰹の活きのよい美しさと、その味わいに、まさに初夏の江戸気分を満喫したのであった。

後世に生まれた川柳では、目と山、耳（時鳥）、口（鰹）を詠みこんだ素堂の句には二の句がつげず、川柳子の持ち味である毒舌を忘れて讃え、その心を受けてこう詠んでいる。

目と山と耳と口との名句なり
時候たがわず鳥も出る魚も出る
聞いたかと問へば食ったかと答へ
耳と口どっちがはやひ四月也

一方では素堂の名句もかたなしの小噺《こばなし》も生まれてくる。

時《ほと》鳥《とぎす》

雨ふって淋しさに、二、三人より合ひ、趣向する所へ鰹売りの声、「これは、よい処へ初鰹、それ呼べ」と値段かまわず買ひとり、「サア御亭主、包丁、包丁」といへば、「これはきじ焼きにせふ」と魚串を取りだす、「コレハどうだ、初鰹を焼くとは、いかに下戸《げこ》じゃといふて心もない、刺し身につくり給へ」といふて、酒をあたため、楽しむ折から、空に一声時鳥。「アレ聞き給へ、初ほととぎす、どふもいへぬ（何ともいえない）」と、座中耳をそばだつれば、亭主聞いて「何、時鳥とおっしゃるか。これこそ焼き鳥がよからう。」

鰹

郭公《ほととぎす》の初音を聞いたの、聞かぬとのはなしの中へ出て、「おらあ、きのふ鰹のはつねを聞いた」「とほうもないことをいやる、何、鰹が鳴くものか」「それでもきのふ、初値が一貫五百文だと言った」（『譚嚢』）。

素堂の句の影響はまだまだ広がる。

　初かつほ山ほととぎす嫁の礼

昔は嫁が生家に年賀に行くのは婚家に気兼ねして「門松のすっこむ時分嫁の礼」で、松の内にはとても出られなかった。それがさらに遅れて三月を過ぎて初がつおの時期と前後を争うこともあったというわけである。

　耳に沓口《くつ》には烏帽子《えぼし》目に甘茶

沓は沓手鳥《ほととぎす》で、烏帽子は鰹の別名（エボシ魚）であり、甘茶は初鰹の解禁日、四月八日がお釈迦様の降誕日であることを示す。

　誕生の指は松魚《かつお》とほととぎす

　あれを聞けこれを食らへと指をさし

釈迦《しやか》は誕生すると右手で空のほととぎすを指し、左手で皿の鰹を指したというわけである。

僧正は山ほととぎす青葉なり

初かつほかと僧正は無我で聞き

座頭の坊山ほととぎす初かつお

悟りを開いた僧正となれば、生ぐさの鰹には無関心で、ほととぎすの声に耳を澄ませるはずだが、同じように頭をまるめていても、按摩《あんま》や鍼灸《はりきゆう》などを職業とする座頭は、誰にはばかることなくほととぎすの声を聞きながら初鰹を賞味する。

僧は聞き俗はくらへと釈迦おしへ

は四月八日を迎え、世間が初鰹で湧き立っているとき、無我の境地になりきれぬ俗僧を、釈迦が諭《さと》す図といえようか。素堂の句を受けた川柳はまだまだあるが、次節へ譲ることとして狂歌を一首。

いづれまけいづれかつをと郭公《ほととぎす》　ともにはつねの高うきこゆる　から衣《ころも》橘州

（唐衣橘州——四方赤良《よものあから》・朱楽管江《あけらかんこう》と併せ、狂歌三大家・寛保三〜享和二）

ともあれ、高名な三俳人の詠んだ名句により、早くも貞享〜元禄から初鰹を讃え、待望する気運の高まっていた様子が明らかとなった。幕府の再三にわたる初物禁止令にもかかわらず、江戸町民の初物指向は改まるどころか年々高まるばかりであった。そこには抑圧された町民たちの、爆発せんばかりの生活の熱気に支えられた、秘かな抵抗の心根があったものと推察される。だがまだ元禄のころまでは、江戸町民のすべてが初鰹を渇仰するほどに機は熟していなかった。粋《いき》な江戸っ子らしく、初鰹にわれもわれもと飛びつくようになったのは、元禄年間より数十年後、明和〜安永（一七六四〜八一）のころからとみられる。

生鰹や鰹節に関する料理書が盛んに出版され出したのも、やはり同じころである。このころともなると、それまで追随していた上方の食文化から独り立ちして、江戸の町全般に特有の食文化が生まれ育った。鰹節の食習がひろまり、大坂からの下り鰹節の輸送が盛んになったのも、これ以降のことである。安永のころから文化〜文政期（一八〇四〜二九）にかけて、カツオや鰹節のさまざまな料理がもてはやされ、もはや初鰹は、武家や一部の金持ちだけの愛好するものではなくなるのである。

ちょうどそのころ、狂歌、川柳の類も盛んになり、天明の四大狂歌師が出現し、川柳書の集大成ともいえる『柳多留《やなぎたる》』が出版され、そこで初鰹は絶好の題材とされている（その一部分は素堂の句の項で紹介した）。また蕪村（享保元〜天明三年、一七一六〜八三）、蓼太（享保三〜天明七年、一七一八〜八七）、一茶（宝暦十三〜文政十年、一七六三〜一八二七）をはじめ数多くの俳人が鰹を詠みこんだたくさんの句を残した。

芝浦や初鰹から夜が明ける　　一茶
白魚の今朝は冷し初鰹　　蓼太
朝日奈が曾我を訪ふ日や初鰹　　蕪村

これより文化〜文政期あるいは幕末に至るまでの間に鰹を詠んだ俳句、狂歌、川柳、小咄《ばなし》の類は数多く出されている。

3　初鰹狂騒詩

元禄前後までは、初鰹は文人等が大らかに詠み上げる讃歌の題材としては、誠に趣の深いものとされていた。だが初鰹礼讃の声は、必ずしも江戸の市井の中から湧き上がってきたものとは言い難かった。ところが天明〜寛政のころともなると、江戸の町の隅々まで初鰹を求める声がこだまし、しだいに増幅されてゆき、ついには上下を問わず、江戸の住民全体が滑稽と思われるほどに興奮状態を呈してしまった。それ以前までは、耽美《たんび》の世界で嗜まれていた初鰹讃歌は、この時代に至って江戸中を揺るがす、初鰹狂騒詩へと変わっていくのである。ただしこれはあくまで江戸の町を中心とした世相であって、上方では桜の咲くころを旬《しゅん》とする瀬戸内のタイに、桜鯛の雅称を献じて熱烈に親しみはしたが、初鰹にはなんら関心を示していない（桜鯛……節分のころから、八〇日ないし一二〇日ごろまで、体色が鮮やかな紅色となる）。

江戸っ子の初鰹へ寄せた心情に対し、川柳子、狂歌師等は、時には正視して温かく見守り、時には斜に観て皮肉に笑い飛ばすなど、縦横無尽に料理して余すところがない。以下にはほととぎすの啼《な》く音の聞こえるころ、狂騒に明け暮れした状況を物語る初鰹のうたの数々を紹介してみよう。

江戸初鰹売り（『守貞謾稿』）

鎌倉の鰹

江戸前期における素堂の名句に匹敵する初カツオ讃歌を江戸後期に求めるならば、蜀山人の「鰹魚讃」の中の名歌があげられる。

「鰹魚讃」（大田蜀山人、文化五年）

「吾朝にては、『かつを』と呼び、もろこしにては松魚と云ふ。東夷、宝鑑、北狄、西戎、四維八荒天地、けん好がつれづれ草に大根おろしのおろしかけ、先を辛子にかゝれても、延喜式には供御となり、万葉集には、水の江の浦島が子が、『かつを』つり、鯛つれかねて七日はおろか七五日いきのぶる、三千本の初物を誰か一本買はざらめや。又

鎌倉の海より出でしはつかつを　みな武蔵野のはらにこそ入れ

人と名所は古きをもとめ、肴と器物は新しきを求む。卯月ばかりの初がつを、皿に盛りたるいきほひは、鯛もひらめも鱸《すずき》も、首尾をおそれ、鱗を正し、ひれふしてこそ見えけれ。」

大田蜀山人（寛延二～文政六年、一七四九～一八二三）、別に南畝の号を持ち、狂名を四方《よも》の赤良《あから》という。前記した唐衣橘州より七歳年下で、共に天明の大狂歌師として知られる。門人に鹿都部真顔《しかつべまかお》、宿屋飯盛《のめしもり》などの著名狂歌師がいる。右の名歌のほかに、

鍋のふた明てくやしく酔ぬるは　浦島が子が釣る松魚かも

の狂歌も残している。鰹節へ寄せる関心も非常に深く、その著書『一話一言補遺』の中で、カビ付け法を含む鰹節製法を初めて紹介した人となっている。日本橋魚市場や小舟町河岸にも訪れており、鰹節問屋仲間が、浜吉組と小舟町組に分かれたときの記録を残した人でもある。

鎌倉を詠みこんだうたは、芭蕉の句を思わせるものがあるが、広々とした武蔵野の原に芭蕉のころよりは多く住む人々に、初鰹が食べられるようになってきたことを示してくれている。

かまくらの頼朝殿にどこかにて　かつをもよほど大あたまなり　卯雲

鎌倉の鰹早稲田《わせだ》のつけ合わせ

（早稲田は茗荷《みょうが》の産地）

鎌倉の魚も黄金の札をつけ

（文治三年、鶴ケ岡八幡宮で源頼朝は鶴の脚に金色の短冊をつけて放し、戦没者の霊を慰めた。鎌倉のカツオも高い値札をつけている）。

初鰹の輸送

江戸へ送られたカツオは鎌倉のものばかりではない。森火山は、駕籠に乗って小田原まで初鰹を買いに出た、江戸の通人を描いている。早馬便はともかく、航路によるものは三崎や安房からも送られてきているが、川柳ではカツオは鎌倉からのもの、鎌倉の魚はカツオとなっている。カツオなど生魚の運搬船は押送船《おしおくり》とよばれた。

押送《おしおく》りたった七十五本積み
（初物を食べると七十五日生きのびるという縁起のよい数）
一本の松魚日本のさわぎなり
（初鰹の便りで日本中がさわぎとなった）
初鰹むかでのような船に乗り
丹殻《たんがら》でやっさやっさと初鰹
（丹殻は赤色に染めた鉢巻）
初鰹かっかちめいて江戸に出る
（かっかちめいては気忙しく）
竹芝を的に矢声で初鰹
（矢声はやっさやっさ）
鯛や平目にしばらくと初鰹

相模の海でとれたカツオは百足《むかで》のようにたくさんの櫓《ろ》のついた船に積まれ、赤の鉢巻をした漁師によって芝浦をめざしてやっさやっさと掛け声も勇ましく、大急ぎで送られてくる。魚市のある芝浦へは一夜で千本も水揚げされる。市場では上魚であるタイやヒラメに会っても、当代一の人気者らしくやあしばらくと大見栄をきった。

初鰹売り（森火山画）

鰹　売

芝浦（竹芝も同じ）が出てくるが、日本橋の魚河岸にもむろん揚がったことであろう。魚河岸の問屋はそれぞれ各浦々に船主や網元を抱えており、仕込金を前渡ししておく。揚がった魚は、すべて仕込金を渡していた問屋に入る仕組みである。初鰹が入ると、まず幕府に注進して上納する。これが烏帽子《えぼし》魚と呼ばれたことは、第二章で記した。上納後に市売りにかけられるが、そのせり値は滅法高い。だがそこは江戸っ子、

べらんめい糞でもくらへ初鰹　市の相場はたった千両

とやせ我慢をいう。鰹売は、こうしちゃいられないと一刻を争って売り切るために、われ先にと市中へ向かってまっしぐらに駆け出す。

あてがあるやうにかけ出す鰹売
初松魚飛ぶや江戸橋日本橋
そらをかけるつばさ地をはしるかつを
利かぬ気な肴と向ふ見ずな鳥

（ここにもほととぎすが顔を出す）
初松魚飛ぶが如くに通り町
抜いて行く桜と松魚すりちがい
昼までの勝負と歩く初鰹

一直線に飛ぶほととぎすのように、朝まだきの市中をがむしゃらに駆ける。夜桜見物の朝帰りとすれ違い、抜いて行く。日本橋、江戸橋を飛ぶように渡り、豪商の多い通り町筋には、無茶な買物をする客はないので素通りしてしまう。

『塵塚談』に「我等十四歳の頃迄は、魚売はいそがしさうに早飛脚に往来せり。わけて松魚売抔《など》は侠客の形気にして、魚を截《きる》事抔《など》は指置《さしおき》、価を下値につくれば首 計《ばかり》もうらぬの、わたしはうりたけれど魚がいやだといふなどと、雑言を吐ちら出行し也」とある。

高いよと初手におどかす初鰹

と鰹売は強気で、買手のほうはというとその高値にたまげるばかりである。

れい年のことにたまげる初鰹
筋隈の魚アつがもねえ値《あたい》
（筋隈の魚＝鰹、つがもねえ＝べらぼうな）

初鰹高くはないと買はぬやつ
初鰹そうだろうさと人が散り

で、鰹売は、

それ見ねえなと尻をふる初かつを

貧乏人は相手にできぬとばかりに、カツオの尾をみせびらかしながら、去って行く。それでも初鰹を一目見たいという連中が、またまたわっと寄って来て取り巻かれてしまう。

人立をのぞいて見れば初鰹

（人立＝人垣）

初鰹担《かつ》いだままで見せてゐる

そんでいに見なしと鰹ひったてる

（そんなに見るな）

鰹売釣瓶《つるべ》落として逃げて行き

引きとめられて、しかたなしにかついだまま見せていたが、いよいよ押し合いへし合いとなるだけで、売れはしないから、いちもくさんに逃げだしてしまう。一番の上得意は、吉原など花街である。

蝶かろき日に吉原は初松魚

江戸町で皆売り仕舞う初鰹

吉原の中心街、江戸町で売りきってやっと一息。蝶が、ひらひらと舞うのを見る余裕もできた。

奥様は聞き妾は早く食ひ

出格子で鰹買ふ日は旦那が来

奥様は、買うのも控えて、ほととぎすを聞いているというのに、妾《めかけ》は出格子《ごうし》から首を出して初鰹を買い、旦那の来るのを待ちかねている。鰹売にとっての上得意はこんな手合だったが、これらに加え、袷《あわせ》や蚊帳《かや》の類を質入れしても買うといわれた無鉄砲者も入る。

質置きて喰ふべきものは初鰹　己《おれ》もくふから利もくへばくへ

　初鰹りきんで食って蚊に食はれ
利子が高かろうが蚊帳が無くなろうが、食いたいものは食うんだ。

女　房

鰹売にとっていやな相手、というより川柳子がこけにしている買手は、女房と伊勢屋ときまっている。女房は、見栄《みえ》で買う亭主と違って締まり屋である。
　初かつを内儀こわこわ百につけ
　女房は頭斗《ばか》りの値をつける
　初かつを女房頭も食ふ気也
鰹売はこんな女房を相手にしないで、さっさと行ってしまう。
　色が違ひやすと鰹が振り向かず
女房もけなされるが、亭主も買うかどうか内心ではさんざん思案するものだ。
　清水《きよみず》に思案して居る初鰹
　初鰹まだ舞台から落ちられぬ
とにかく高いので清水の舞台から飛び降りかねていると、家の前を葬礼が通る。それを見て途端に「人間僅か五十年……」を思い出し、やっと決心がつく。
　そう礼を見て初鰹直ができる
　初鰹人ン間僅かなぞと買ひ
　初鰹袷《あわせ》を殺す毒魚かな

思い切って買いはしたが、女房の留守に彼女の袷を質に入れて買ったのであって、家内中が高値のカツオを眼前にして、

初鰹家内残らず見た斗《ばか》り
目を皿にして見た計り初鰹

と思案に余っているところへ妻が帰ってきて、質屋に入った袷《あわせ》がカツオに化けたことを知り、その値では袷があたらしくできる、「寒い時ぉ前鰹が着られるか」と怒り狂う。

初鰹妻に聞かせる値ではなし
女房に半いさかひで初かつを
初がつほ女房目なしにいひつける
初鰹女房食った上小言
初鰹女房に小一千年言はれ
女郎よりまだも鰹と女房いひ
意地づくで女房鰹をなめもせず

亭主は江戸っ子の気っぷの良さで思い切りよく買ったが、女房はぐちの言いっぱなしである。

伊勢屋

けちな小言をいう女房などと違って、したたかなのは伊勢屋である。江戸時代には近江商人とその流れを汲む伊勢商人は、勤勉さと商才に長《た》けていることで知られ、大坂や江戸へ出て成功した人も多い。しかし彼らの才智と勤勉と商売へ賭ける意欲のすさまじさは、在来の江戸住民からは驚異の目で見られ、恐れ

られもした。「宵越しの金は持たねえ」と啖呵《たんか》は切るが、年中貧乏している江戸っ子らにとっては、他国から来て大店を築き上げ、その旦那に納まった伊勢屋、近江屋のたぐいは癪《しゃく》の種でしかない。「近江泥棒に伊勢乞食」などとことさらにそしったのは多分にやっかみから出ている。川柳子はこの辺の空気を巧みに汲みとって、伊勢屋をけちで初鰹は置わぬものに仕立て上げ、大向こうからの受けを狙ったのであった。

初鰹伊勢屋の門《かど》はかけて過ぎ

金持ちと見くびって行く初かつを

伊勢屋さんまだ高いよと松魚売

梅雨の候となると鰹の値段は暴落する。梅雨は鰹売りにとってはイヤな雨だが、伊勢屋にとっては、いよいよカツオの買い時到来である。

伊勢屋から鰹を呼ぶや否《いな》や雨

大地にかつほみちみちて伊勢屋よび

大伊勢屋古背を弐本百につけ

大伊勢屋――伊勢屋の総本店（事実はありはしないが）が、カツオの旬も過ぎたころの、肥り過ぎの鰹二本で百文にしろといったそうな、という。これらの川柳は、江戸っ子の心意気で高い初カツオを買い切った貧乏人らが、古背のカツオをも値切る金持ちのけちを嗤《わら》い飛ばして、溜飲《りゅういん》を下げる図式である。けちんぼうの伊勢屋が買うのは、ひりひりと舌のしびれそうな古カツオである。

尾頭《おかしら》のないのが伊勢屋の鰹也

ひりひりと辛いが伊勢屋の鰹也

怖いこと刺身を食へと伊勢屋いひ

客に勧めるだけでなく自分も食べて、とうとう鰹に中毒、じんましんになってしまった（中毒するのを酔うといった）。

伊勢屋の生酔い酒だか鰹だか
松魚にて伊勢屋七十五日病み

けちとそしられた伊勢屋も、二代目になると勤倹な精神は薄れている。その上「外聞を伊勢屋も二代目には知り」で、けちだという噂を気にかけているだろうからと、声をかけてみる。

二代目の伊勢屋へは呼ぶ初鰹
二代目の伊勢屋近江屋初鰹

三代目、孫の代には全くのぼんぼんで、金に糸目をつけず、浪費ばかりしている。

三代目伊勢屋かつほに弐両出し

その結果は「売家と唐様《からよう》で書く三代目」となり、無一文となるまで落ちぶれる。

カツオの料理

滝見せば登りかねまし初鰹　蒼狐
海底の名剣得たり初松魚　左簾
水を出でて藍より青し初松魚　米璘

江戸の風流人はカツオを食べる前からべたぼめしている。夏の一夜、初鰹をまず見て楽しみ、つぎに藍染の魚体から現れる対照的な鮮紅色の刺身の美しさに気を呑まれた。

紅は花に限らし初松魚　蓼太

初鰹盛ならべたる牡丹哉　嵐雪

初　鰹　よみ人志礼多

われ一とまっさきかけてくひぬるは　人にかつをのさしみなりけり

夏の夜かつを調理するを見傳《まも》りて　むせん法師

まな箸につたふ雫《しずく》のすゝしさや　月もさしみの夏の夜かつを

刺身は好みにより素辛子、わさび、生姜、にんにく、からし味噌、からし酢などで食べた。とくに辛子が鰹の刺身には恋人のように寄り合うものとされた。

寄初松魚恋　ふるせの勝雄

初鰹こゑ聞《きき》からしみそめれば　千代をふるせの後も契らん

はしりのカツオをからし酢でさしみにして食べれば、その噂話で狂歌の生まれるのが当時の世相であった。

或人、初松魚のはしりを買ふて、ふたりにてさしみに作り、喰ふたりといふを聞きて

蛙面坊《あめんぼう》

はつ鰹ふたりさしみてくふたりと　耳にはかりはきいたからし酢

梅に鶯かつほにはからしなり

すりこ木とわさびおろしで初鰹

すり鉢を賑かに摺る初鰹

そこが江戸小判を辛子味噌で食ひ

春の末銭へからしをつけて食ひ

「からし」（森火山画）

徳川家康の生母に仕えた大年寄り、江（絵）島は、増上寺へ代参の帰途、木挽町山村座で芝居見物をし、俳優生島新五郎と親しくなった。後年仕組まれた歌舞伎では、新五郎は饅頭箱に隠れて江戸城大奥へ潜入したことになっている。のちに二人の乱行が露見して、江島は信州高遠に、生島新五郎は三宅島に、それぞれ流罪となった。『一話一言』（大田南畝）に、このとき生島は四四歳、江島は三三歳だったとある。三宅島は黒潮の真っ只中にあり、昔も今もカツオのよくとれるところである。だが、江戸で栄華の暮らしをしていたころとは違って、罪人の身で食べたカツオは、辛子《からし》も酢もない味気《あじけ》ないものであった。彼はかつて親交のあった二代目団十郎に、

釣鰹芥子酢もなき涙かな

と書き送った。これを見て哀れんだ団十郎は、

その芥子きいて涙の松魚《かつお》哉

との句を返して、慰めた。森火山は、句を詠んだのは、三宅島に流された英《はなぶさ》一蝶で、哀れんだのは其角だとしている。

江戸と島芥子に泣いた初松魚

このころ「鎌倉風たたき」が、江戸に知られていた。秋カツオの脂の乗ったのを頭を砕き、肉も骨も一緒にたたきこんだ塩辛のことである。新興都市江戸にとって、鎌倉は初カツオをもたらす海辺であり、カツオ料理の先進地でもあったのである。

秋　鰹

折もよき秋もたたきの烏帽子魚　かま倉風にこしらへて見ん　雀　酒盛

寄魚恋

しほらかになるまで縁のふかかれと　かつをのあたまくだく恋かな　此道くらき

女房の留守塩からでのんで居る
塩辛が呑ませたように嬶《かか》にいひ
面当《つらあて》に酒盗を出して余計飲まれ

塩辛や酒盗が酒の肴に喜ばれたことはいうまでないが、刺身もまた何よりの好物とされた。吉田兼好が『徒然草』の中で「鎌倉の老人がいうには、鰹は私の若いころは身分の高い人の前に出ることのできぬ魚だった」と悪口をいったというので江戸時代になって鰹の肩をもつ人々が、兼好を茶化したり、けなしたりしている。『うずら衣』「百魚の譜」の中に「鰹は芥子酢の風味、上戸は千金にかへむと思ふらむを、鎌倉の海の素性を兼好にいひさがされたるいと口をし」とある。川柳子も口を極めて罵っている。

兼好が毒だといふが飲める奴
初鰹なに兼好が知るものか
兼好と伊勢屋がほめぬ初鰹
兼好と伊勢屋は馬鹿だなあ嬶《かか》ア

鰹に酔う

芭蕉の句に、

鰹売いかなる人を酔はすらん

がある。カツオの刺身で酒に酔う者もあれば、一文を惜しんで魚に酔う（食当りする）者もあるというわけである。伊勢屋でなくても、酔いそうなカツオをおそるおそる買う人も少なくなかった。

今食へばよしと肴屋置いて行き
今食へばいいと不気味な刺身なり
かかり人《うど》かくごして喰う初かつほ
（かかりうど＝居候）

その結果は、

今更にくひてかへらぬ初鰹　酔ふて天窓もうつき朔日《ついたち》　もの言の明輔
安かつほとくしんづくでなやむ也
（とくしんづく＝承知の上）
酒よりは鰹に酔てくるしいか　元峯
かつほの生酔はちまきをしめている
はづかしさいしゃに鰹の値が知れる

となり、鰹売に怒りを爆発させる。

あすきたらぶてと桜の皮をなめ
（桜の皮は鰹の中毒に効くとされた）
鉢巻に謝って居る鰹売
酒は梅魚は桜で酔がさめ

（神の梅という薬が二日酔いに効くとされた）

カツオの値

はじめには歯にたちかねる堅い魚

目も耳もただだが口は高くつき

初がつほ銭とからしで二度涙

初がつほそろばんのない内《うち》で買い

初がつを値もたかたかとよはふ也　わきめもふらす足をはかりに　crossorigin

初鰹の値などあってないようなもので、そのときどきの掛け合いできまってしまう。ことに初日、二日目くらいは御祝儀相場が出るから四、五本かついだだけで飛びだしていっても大丈夫である。

ばかものをあてに四五本初がつを

一日と二日かつをの値ではなし

高いよと初手におどかす初鰹

値切ったらぶちのめしさう初鰹

というわけで、貧乏人は、

目を皿にしてみたばかりの初鰹

だが、「初鰹百貫しても売れ足らず」で、「ばかもの」の成金たちにたまげるような高値で売り切れてしまう。

いったいどのくらいの値がつけられたのか。すでに元禄のころ其角が、

初鰹一両までは買ふ気なり
まな板に小判一枚初がつを

と詠んでおり、後世その句を受けて左のような川柳が生まれている。

いけたごへ小判を入れる珍しさ
（いけたご＝魚を生かしたまま運ぶ桶）

初カツオの値段が、とほうもなく高かったことを、一尾が一両と表現したものであって、現在の貨幣価値に換算しても意味はなさそうである。俳人や川柳子も必ずしも数字にとらわれず左のように詠んでいる。

初鰹金はほこりと見へにけり　闌東
黄なものをひらりと投げてぺろり食ひ
かつほ呼ぶとなりはばかりで金をかけ
十両はしまひ見せやれ初鰹
初の字が五百かつをが五百なり

合わせて一貫文となる。これについて左のような話がある。

宝暦七年（一七五七）のこと、江戸和泉町に手習指南をしていた勝間龍水という当時名高い人が、ある時母が寺詣に出かけた留守に初鰹を売りに来たので、早速鰹売を呼びとめて一貫で買うことになった。ところが、さて銭は一文もなかったので、日頃母が信心家だけに立派な仏壇を飾ってあったのを残らず持ち出して難波町の仕廻物屋へ売り飛ばしてようやく初鰹を手に入れた。そこで近所に住む、俳諧の宗匠、平砂、湖丁、買明などを呼んで舞えや唄えの底抜け騒ぎをしてしまった。そのうちに母親が帰って大いに驚いた。けれど龍水は「三つ具足の初鰹と変じたのは不思議だが、母上が今日仏参して有り難いと思われたのも極楽、私がこのように朋友と一緒に楽しんだのもまた如来です」と言ったので、母親も笑って争わなかったという。

元禄のころ、早くも一両はしたというカツオの値段は、安永〜天明の初鰹狂瀾期には十両はともかく二、三両もすることがあったようである。

『五月雨草紙』には、

「同じ頃（安永〜天明の頃）にや奢侈の人の初鰹を賞翫するに、魚屋の持ち来たるを待てば其品すでに劣るとて、時節を計り品川沖へ予め舟を出し置き、三浦三崎の方より鰹魚積みたる押送船を見かけ次第、漕ぎ寄せて金壱両投げこめば、舟子は合点して鰹魚一尾を出すを得て、櫓を飛ばして帰り来たる。是を名付けて真の初鰹喰と云へり。」

『蜘蛛の糸巻』によれば、

「天明の頃我家の長臣某、石町の富豪林治右衛門が許に至り初鰹の振舞ありし時、林が手代に価を尋ねければ、今日安し一本二両二分なりとて、立ち帰りて我父へ語りたるを我等傍にありて聞きし事ありき。」

とある。

『五月雨草紙』の初鰹「一両」は、わざわざ三浦三崎より早船を仕立て初鰹を載せてくる押送船を見つけて、船上で買い受けるという最高に豪奢な初鰹試食を競う、遊戯三昧の場合の値である。仕立てた船代を計算すれば、『蜘蛛の糸巻』でいう「今日は安」くて「二両二分」の値段（魚商値段）とほぼ同じになろう。両書の説くところから判断すれば、安永〜天明時代には、初鰹の御祝儀相場というべきものは、一尾二、三両となる。

初鰹賞味の風潮は、宝暦年間（一七五一〜六四）に高まりはじめ、天明年間（一七八一〜八九）に最高潮に達したのである。そのころの川柳に、

桐が八つ出る鎌倉のはしり魚

がある。桐の紋を刻印した一分金が八つといえば、はしり魚（初鰹）の値段は二両となる。嘉永年間版の『守貞謾稿』には「先年は一尾二、三両とす」とあるが、この「先年」も天明のころを指すものとみてよかろう。

4 初鰹人気の凋落

初鰹人気は文化年間（一八〇四〜一七）ともなると下降している。『五月雨草紙』は、

「文化年中には此弊は既にやみて、昔人の豪華を嘲るのみなりしかば、初鰹の値は目の下一尺四寸の者にて、価金百疋にて、追々盛漁に従ひ下落して二百五十文に至る。」

とある。金百疋は金一分だから、天明の初鰹狂瀾期における鰹値段よりはわずか一〇年間で一〇分の一前後まで下落したことになる。

もっとも年により、もう少し高かったこともあるが、もはや二、三両などという馬鹿値にはならなかった。大田蜀山人によれば、文化九年に日本橋魚河岸へ最初に入荷したのは三月二十五日で、一七本のうち六本は将軍家の御買い上げ（市価の一割ほどの安値）で、三本は新鳥越にあった高名の料理屋、八百善が二両一分で買い取り、残りの八本は魚屋が引き取ったが、このうち一本を中村歌右衛門が買って一座の役者などに馳走したという。八百善の買ったのは一本当たりにすれば金三分となる。文化年間より約二〇年

後の嘉永年間（一八四八〜五三）出版の『守貞謾稿』によれば、

「四月朔日、今日以後初魚の松魚を江戸にては特賞之て初松魚と云ふ。先年は一尾価二、三両とす。近年漸く賞之こと薄きか、価金一、二分に過ぎず。」

初鰹に熱狂した時代は去ったが、金二分前後という値段はまだまだ初鰹人気が続いていたことを物語っている。それは、出盛り期の値段との落差の大きさからうかがわれるのである。

値を負けぬ意地あるうちぞ初松魚　梅室

鰹売りが、鼻っ柱も強く売り歩くうちが初鰹も花である。四月のうちこそ金持しか手が出せぬものだが、やがてつゆ晴れの六月を迎えると「千本も一夜に河岸へ松の魚」で、魚河岸へどっと入荷し、たちまちに相場が下落するので、どこの家でも鰹料理にありつける。

入梅《つゆ》晴や鰹つくらぬ門《かど》もなし　蓼太

大島蓼太（享保三〜天明七年、一七一八〜一七八八）は、信州伊那の人、深川の芭蕉庵を再興している。安永〜天明期のカツオの食事情がよく分かる『五月雨草紙』には、「追々盛漁に従ひ、下落して二百五十文に至る」とある。

十六すると犬迄が食ひ飽きる

一両を四貫文として十六本で割ると一本が二百五十文となる。ここまで下ったころには犬も食わなくなる。

初鰹人気のぐんと落ちた文化年間となると、安値がさらに下る。『蜘蛛の糸巻』には「今は初鰹も弐両、三両をなさず。古背（秋の大カツオ）も二百孔（文）のものもなし」とあるから百文程度か。こうなると、大通りに鰹の頭がごろごろする。

　　百すると大道中が頭なり

天明年間の初鰹最高値を三両とすれば、文化年間の最安値を百文と見た場合、一二〇分の一の暴落である。熱狂騒詩は、幕末を待たずにあっけなく終末を迎えるのであった。

　　落ちぶれるものは鰹の値段なり

5　鰹節の贈答

『四季料理献立』（寛延三年）の中で各種の生魚に上中下の位付けを試みている。おもなものは左のとおりである。

上　品　鯛（冬にとれたのは最上）、鮭（焼物、煎物）、鱸《はぜ》、鯉、鮒、鮟鱇、石鰈《かれい》、鱒《ます》、鰆《さわら》、鱠残魚《きす》、ふぐ

上の中　白魚（冬上、春中）、蛸、いか、なまこ

中の上　鯔《ぼら》、鯒《こち》、赤魚、目近、鰹、鯵《あじ》、赤えい、ほうぼう、うなぎ

中　　　茂魚、あゆなめ、石もち

下の上　生鰤《ぶり》、鮫、鯥《むつ》、鰌《どじょう》

下の中　はぜ、ひしこ、生鯖、うぐい、はや、生鯨、鮪、生鰯

生鰹が諸魚の中に占める位置は、中位よりわずかに上であって、あまり香ばしくない。サバ、マグロなど、鰹と同系統の魚がそれ以下であることからみて、いわゆる酔いやすい魚は下位に格付けされたもののようである。この本の出版年代は、初ガツオブームの頂点にあった天明期より三〇年ばかり前であり、鰹

料理では、煮物、煎物、揚げ物、なまり節などが多く、生食に関する記述は刺身ぐらいしか出ていない。初鰹に対して異常な関心の高まりを見せた時代を別にすると、江戸時代を平均すれば、生鰹の評価はこの本の説くとおり、中の上といったところだったのであろう。魚の番付も同じ傾向で、二段目の中ごろに鰹節五郎の名が見られる。

生鰹にくらべれば鰹節には、初鰹のような熱狂的な人気は出なかったが、おそらく有史以前からとみられる根強い「堅魚」需要は、古代、中世を経ても変わることなく、中世末になり鰹節の出現によって、ますますその需要層を広めていった。鰹節は「勝男武士」に通じる。つねに生死の関頭に立つだけに、ことのほか縁起をかつぐ武家階級にその語呂が気に入られて、平和なときを迎えた江戸時代になっても酒と並んで鰹節は最高級の贈答品とされ続けた。別記のとおり徳川家光の御台所に対して大坂の全町民総代から酒と鰹節が送られている。またいつのころからか江戸全町の名主代表から江戸城へ向け、年々お酒とともに鰹節が献上される習わしが生まれていたが、江戸後期になると、不況続きのために取り止めるようお上からお布令が出ている。鰹節の産出地を抱える各藩からは、当然のことながら将軍家へ献上されていた。定例献上を物語るものに寛政年間の『大成武鑑』がある。同書によれば、三百諸侯がそれぞれに領内の名品を選んで献上しており、その中で鰹節関係では左の諸藩の名が見られる（カッコ内は参考としてあげた、魚介類を加工した献上品である）。

和歌山藩	三月	鰹節（釣瓶鮓、酒粕漬鯛）
鹿児島藩	寒中	鰹節（琉球熬海鼠《いりこ》）
佐伯藩（豊後）	寒中	鰹節（串海鼠）
徳島藩	五月	鰹節（煎海鼠《いりこ》）

秋田藩　　　　　　二月　　鰹節（粕漬鮭）
高崎藩（上州）　　　　　　鰹塩辛

紀伊、薩摩、阿波は古くからの名産地だから、和歌山、鹿児島、徳島藩からの献上は当然のことである。また佐伯藩（現在の大分県佐伯市周辺を藩領とした）では、領内南部の蒲江浦がカツオ漁の根拠地となっており、鰹節が少量ながらつくられていたのである。秋田藩領でもカツオはとれており、明治時代になってからは鰹節の製造されていた記録はあるが、江戸時代については明らかでない。高崎藩は現在の千葉県銚子市（旧海上《うなかみ》郡下）に一七か村五千石の飛地を持ち陣屋を構えていたから、塩辛はここで製されたものである。

上は将軍家、諸大名が鰹節を最高級の献上品として用いれば、下がこれを真似するのは世のならいである。寛政の町法によれば天明の度重なる大飢饉により、江戸の物価が高騰して町民が生活の困窮に苦しんだので、時の老中松平定信が町法を改正している。この中で町屋敷の売買にさいして、お弘めと称して、町内の家持一人に対して鰹節一連（二〇本）ずつを配るしきたりがあったが、以後は「相止メ申ス可キ事」と命じている。

ただしこの贈答は家持という、江戸では富裕階級の間での贈答であって、長屋住まいの一般町民にはとてもまねのできることではなかった。彼らが鰹節を食用とするのは、よくよく栄養補給を必要とするときであったことを、左の川柳は物語っている。

　乳貰ひの袖に突張る鰹節

大切な乳を貰いにいくお礼だからこそ、ふんぱつして高価な鰹節を持っていったのである。上流家庭で大切にしている鰹節も、食べたことのない下女には、その価値が葉桜ぐらいにしか思えぬ。花鰹の山ができているのを見た主人は、びっくり仰天する。

花がつを葉桜ほどに下女はかき

江戸の上下町民の鰹節食用状況を、言い得て妙な川柳である。

第十章　黒潮流域沿岸に鰹節産地出現

1　文政五年の鰹節番付より

平成の現在、鰹節製造の中心地は静岡県下と鹿児島県下に集中しており、他県には製造地はないといってもよい。ところが江戸後期には全国的に製造家が分布していた。そのころの鰹節生産事情、つまり全国の産地とそれぞれの製品の優劣まで知ることのできる絶好の資料が残されている。文政五年板行という「鰹節番付」の一枚刷りである。当時の貨幣経済が急速に進行する中にあって絶好の現金収入源とみなされた鰹節製造とカツオ漁業は全国津々浦々にひろまっていたのである。

これによれば、南は南西諸島からはじまって、黒潮分流の北上する九州西岸海域に臨む二か国と、本流の接岸する太平洋側一七か国が記載され、太平洋岸で名の見られぬのは、三河、遠江、相模の三か国に過ぎない。東京湾内、伊勢湾内と日本海沿岸は別として、黒潮の及ぶほとんどの国で製造されていたのであった。

鰹節に限らず、各種の番付表作成は当時の流行だったから、大関、関脇、小結などには、興味をそそるために、多少の無理は承知で当てはめたものとの見方が成り立つ。おそらく、三役陣と前頭上位陣に記された各製品とをくらべた場合には、役名が示すほどの品質の開きはなかったであろう。しかし大局的に見れば、格付けされた上下の差はおおむね肯定できるものである。この観点に立って、表11のとおり、まず東国、西国に大別し、さらに上位二、三段と下位三、四段に分けた上で、東西産地の製品の格差を概観してみよう。

まず番付上の位置をみると、上位の一段目は伝統ある西国五か国の産地が独占し、東国産地は入っていない。二段目、行司、世話方、勧進元にも圧倒的に西国が多く、東国では二段目に伊豆半島の六産地と八丈島、それに安房の二産地がわずかに顔をみせているに過ぎない。逆に下位の三、四段に西国産地はなく、すべて東国産地で占められている。また三段目は駿河、伊豆、安房、磐城などで、関東産地が多くて奥州産地は少ない。四段目は両総、常陸と仙台、南部藩領などを含むが、その中では比較的上位に関東産地が位置し、最下位に近づくほどに奥州産地が多いという鮮明な傾向が出ている。

つぎに品質面を判断すると、焙乾法やカビ付け法を含めて土佐式改良法の進歩した土佐、薩摩を中心とする西国産地が、優良品のすべてを産している。東国では、土佐の与市の教えを受けた伊豆の安良里や田子、安房の白子や千倉など、少数の産地が土佐式改良品を産出していたが、まだ西国の一級品には及ばなかった。上総以北から奥州にかけての産地には、まだ改良法は知られていなかった。たとえ一部に知られたとしてもその効果はあらわれていなかった――等々のことが推察されよう。

産地数で比較すると、東国の六八産地に対し西国は五〇産地となる。それ以前まで鰹節産地について記述した諸書では、品質下位と簡単に片付けられて製造事情の明らかでなかった東国が、産地の数では三割余も西国を上回っていることが判明したのである。

終わりに概括して、東西産地の内容に立ち入ってみよう。西国は、産地数では東国に及ばないが、品質

諸國鰹節番附表
文政五年
行司
勢州 阿曽節
同 樫栖節
志摩 波切節
世話方
勧進元
紀州 日向 加太
大関 土州 清水節
関脇 同 宇佐節
小結 同 福島節
大関 薩摩 役島節
関脇 土佐 御崎節
小結 同 須崎節

文政の鰹節番付

表11　鰹節番付による国別の品質優劣

国名	現在の都県名	一段	二段	三段	四段	行司	世話方	勧進元	計
薩摩	鹿児島	3	3						6
日向	宮崎		1					1	2
土佐	高知	14	3						17
伊予	愛媛						1		1
阿波	徳島	1	1			3			5
紀伊	和歌山	4	9					1	14
伊勢	三重					2			2
志摩	三重					1			1
肥後	熊本						1		1
肥前	長崎						1		1
西国小計		(22)	(17)	(0)	(0)	(6)	(3)	(2)	(50)
駿河	静岡			4					4
伊豆	静岡		5	4					9
伊豆島	東京		1	6					7
安房	千葉		2	8					10
上総	千葉				5				5
下総	千葉				1				1
常陸	茨城				9				9
磐城	福島			5	3				8
陸前	宮城				6				6
陸中 陸奥	岩手 青森				9				9
東国小計		(0)	(8)	(27)	(33)	(0)	(0)	(0)	(68)
合計		22	25	27	33	6	3	2	118

注　番付では南部藩とされている9産地の中には陸中，陸奥のどちらの国に入るのか，不明なものがあるので合計して表示した。

では東国よりはるかに勝ると見なされている。産地数に偏りがあって、土佐、薩摩、紀伊の三大カツオ漁業国と、それに続く産出国、阿波を加えれば、五〇産地中、八割以上の四二産地にも達する。その上に最上段もこの四か国で独占しており、品質面でも傑出していたと評価されている。むろん全国産地の中でも群を抜いていたことになる。

　その他の六か国は、産地数が一あるいは二しか示されず、しかもほとんどが行司、世話方、勧進元の部に入れられているところから、このころすでにカツオ漁業、鰹節製造は、現役を引退（製造を中止）したか、凋落期に入っていたかのような印象を与える。だが、それは事実と若干異なる。伊予は外海《とのみ》浦（現在の城辺町）、肥後は牛深、肥前は五島の福江島と、明治になって明らかになった産地は、確かに少数ではある。しかしそれぞれに活発な生産活動は、江戸時代から明治・大正時代まで続行されている。また日向、伊勢、志摩などの諸国は、おのおの数産地以上を抱えていたことは確実である。とくに志摩半島の南部、東部の海岸では、古代から伊勢神宮へ堅魚を貢納した慥柄《たしから》浦をはじめとして、連なる浦ごとにカツオ漁業が行われていたといってよい。鰹節製造も盛んであって、志摩国を領する鳥羽藩がその専売を企図したほどである。これらによって、京、大坂を遠ざかる産出国については、記載に不備のあったことがうかがえよう。東国が豆粒ほどの産地まで挙げた手法を西国でも用いれば、三段目クラスに載せられるべき産地はまだあったはずである。以下に番付表に基づきながら、幕政後期における全国各産地の状況を東西に分けて展望してみる。

2　東国の産地

東国は西国にくらべ、はるかに下位に格付けされながらも、西国より多数の産地があげられている。なお左のとおり、各ブロック別にほぼ同数の産地がある。これまで各種記録に見出されず、後進産地と見なされていた、関東と奥羽の産地数が意外に多いのは、とくに目を惹くところである。

伊豆、駿河群　二〇産地
関東群　二五産地
奥羽群　二三産地

文政年間当時において、伊豆と安房の一部を除けば、西国の製品には及ばなかった状況が、番付にはよく現れている。関東、奥羽群の中には、「鰹節」産地として名をあげられていても、生利節やごく粗製の荒節産地もかなり多く含まれていたようである。

番付面にあげられた東国産地の状況を西国と比較すると、左のように推察できる。大坂側の編集者は、過去から文政年間当時までに大坂市場と関係の深かった、西国の有力産地をまず上位に取り上げ、次に二段目に入り得る有力産地を上げ、それに準ずる産地は「世話方、行司」役に押しこめた。そして三段目に入る程度の産地は切り捨てるなど、選別を厳しく行っている。これに対し江戸側の責任者は、東国の産地名を知り得る限り、細大洩らさずあげたものとみられる。東国のほとんどの産地は、江戸初期以降、紀州式製法の影響を受けて成長した。奥州が意外なほど多いのは、仙台藩、南部藩や磐城国に分立していた各小藩が、それぞれに強弱の差はあるものの製造を奨励していたからである。南部藩の鰹節は、最下位に格付けされているが、江戸向け移出や長崎向け輸出品として長い実績をもつものである。番付がきめつけているほどには商品価値は低くなかったが、大坂ではあまり知られていなかったのであろう。東国で最上位の伊豆産地も、土佐、薩摩産地の製品とくらべて、番付面ほどの大幅な格差はなかったと見てよい。大坂が主体となって作成した番付なので、上方市場における人気が反映して格付けが行われたものと考えられる。

天明年間、土佐の与市が安房の千倉へ渡り、東西鰹節文化の橋渡しを行ってから、彼の直接の指導を受けた伊豆や安房の産地の製品は、西国の一流品には及ばぬまでも、二流の位置を占めるまでに成長した。その後、間接的な影響はしだいに東国各地に浸透していくのだが、文政のころは未だしであった。

文政年間（一八一八～二九）当時は、改良法による製品は、伊豆、安房両国の一部産地（田子、安良里、千倉、白子等）でしか造られていなかったといってよい。その他の東国産地の製品は取るに足りないものであった。製法が未熟なために、番付表では最下位群を形成していたのである。

これより先、寛政年間（一七八九～一八〇〇）、江戸の鰹節問屋は、東海道今切（浜名湾口）を境にして東西に分かれ、下り鰹節を扱う問屋仲間―浜吉組と、地廻り鰹節を扱う問屋仲間―小舟町組に分立した。下り鰹節は、土佐、薩摩、紀伊など、一流産地の品を主力としており、高級品のイメージが強かった。生切り、煮熟、焙乾等の各工程では地廻り節にかなりの差をつけており、カビ付けは一番カビまでだが、伝統ある製品だけに仕上げは上々、美味な一級品であった。

これに対し地廻り節は、与市以前には、彼に嘲笑されたほどの粗悪品であったが、与市以後は、各工程ともに長足の進歩をとげた。とくに製造の伝統をもつ、伊豆の田子、安良里を中心とする産地の進歩はめざましく、幕末までには西国よりもカビ付け面では進歩した、本枯節創製に進むのである。伊豆を別にすれば、東国産地は西国とはくらべ物にならなかった。その中でわずかに安房が、伊豆に次ぐ製品を出していたことなどが、番付表により明らかである。

A　北関東・奥羽

鰹節番付が後世に残した最大の貢献は、それまで記録に載らなかった、多数の無名産地の所在を明らかにしたことである。静岡以西に関しては資料も比較的多く、よく知られた産地名もかなりあるが、安房以北については少数を除いて知るすべもなかった。それが番付の発表によって、驚くほどの事実が判明してきたのである。

北関東と奥羽産地の番付位置は左のとおりとなる。磐城国産地だけが、三段目の位置にあるのが目を惹いている。

常陸国（茨城県）産地（水戸と書かれているのを含む）

四段目　水木、大瀬、中ノ浜、川尻、久慈、田尻、磯ノ浜、大津、河原子

磐城国（福島県）産地

三段目　江名、小名浜、久ノ浜、中ノ作、豊間　　四段目　江畑

仙台（藩領——宮城県）産地

四段目　遠島、気仙（沼）、松崎、唐桑、細浦、綾里

南部（藩領——岩手県）産地

四段目　釜石、山田、折（織）笠、八戸、宮古、田ノ浦、大浦、大畑、白銀

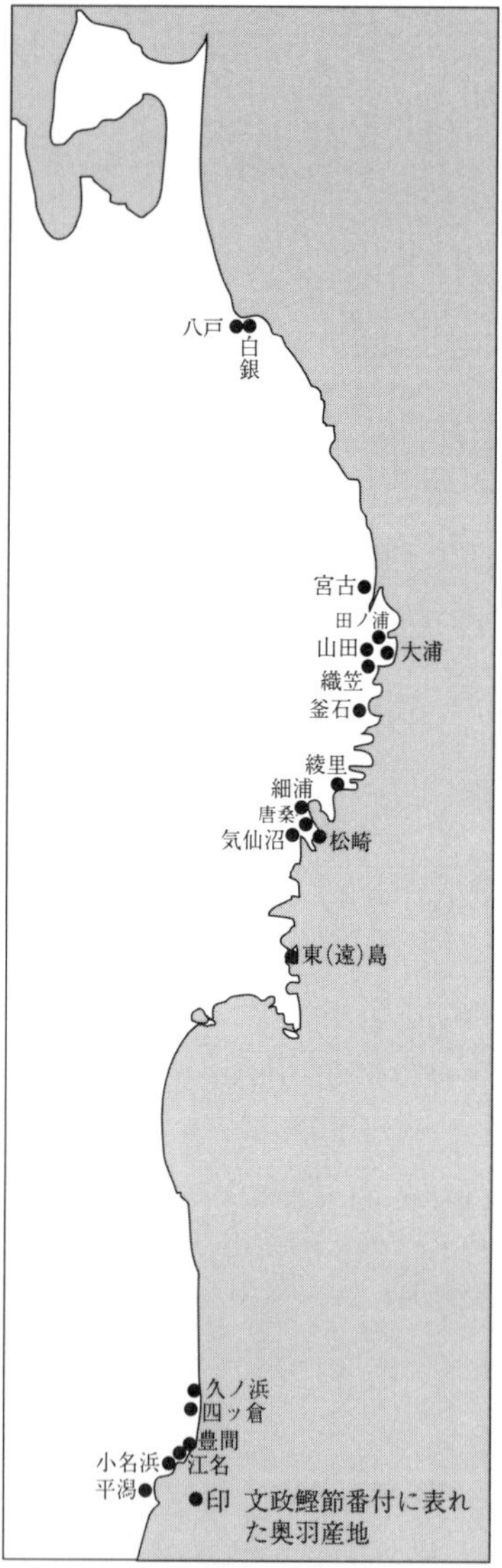

奥羽鰹節産地

常陸国の北部の久慈、川尻方面あるいは、磐城国南部の小名浜、江名方面など産地の密集しているのが、これら産地群の特徴である、三陸海岸では、古い産地である唐桑周辺と宮古、山田周辺に若干集中傾向が見られるほか、はるかに離れた八戸、白銀までが鰹節を産していたのは意外というほかはない。

土佐式製法は、嘉永年間、安房国興津の人吉田与平によって気仙沼へ伝えられた。興津は鰹節番付には名がないから、天津村などとともに熊吉（後出）渡来後に急速に鰹節製造の盛んになった地であろう。彼は文政三年に生まれ、一三歳のころから鰹節製造納屋で働き、のちに土佐に渡り、その製法を学んだといわれる。はたして土佐が他国者に秘法を教えたのか。与市の例もあり、疑問が残るが、ともかく三〇歳の働き盛りに気仙沼に来住し、釜の前に徒弟を集め、土佐式製法を伝授した。その内容は追賞文の程度しか分かっていないが、仙台藩主は彼の功績を認め、与平に節類製造御用を仰せつけた。その時鰹節を献じて嘉賞されたのをきっかけに、鰹節の大量製造に着手したが、運悪くもその企ては失敗した。そのほかデンブ、ソボロの製法を教えるなど、気仙沼とその近村に大きな影響を与えた。明治二十五年三月二十日、七三歳を以て病没。海岸山観音寺に葬られた。明治三十年十一月の第二回水産博覧会では三陸沿岸鰹節製造の功労者として左の通り追賞されている。

　　　　　　　　　　　　　　　宮城県本吉郡気仙沼町　故吉田与平

嘉永年間　鰹節製造事蹟

嘉永年間安房ヨリ移リ来リ、土佐式ノ鰹節製造法ヲ伝ヘ、乾燥室ヲ設ケ、或ハ削小刀ニ左刀ヲ用ユルコトヲ発明シ、熱心指導シ、着々改良ノ実効ヲ奏シ、遂ニ気仙沼地方鰹節ノ声価ヲ発揚シ、人呼テ土佐与平ト称スルニ至ル。其遺績洵ニ称揚スヘシ

右の追賞文は、『第二回水産博覧会誌』第九号に、同じ気仙沼に大森の海苔養殖法と行徳の製塩法を伝え、明治十年に生神として祀られた人、猪狩新兵衛の追賞文と並んで記されている。与平、新兵衛は気仙

沼産業の二大恩人である。

　与平が気仙沼へ向かう以前から、奥羽の浦々はカツオの豊漁が続いていた。磐城国平藩領の三つの浜（沼之内、薄磯、中ノ作）では一艘で一万尾以上釣り上げた場合には順番を定め、八月末から九月にかけて行われる津祭にさいし、一番、二番の者には法被《はっぴ》をほうびとして藩の御年寄中から下さる、と文政三年の文書にある。天保十年女川（牡鹿半島東岸）浦では、五十年来の大漁で、一艘につき一万七千尾から一万九千尾を水揚げした（紀州においても江戸後期から明治初期までは年間一万尾内外、大漁のときには二万本を揚げた）。同十二年、女川では一切（金一分）につき鰹節九ふしから一〇ふしの高値がつき、製造人気をあおった。年代不明ながら江戸後期のものとされる津軽石浦の盛合家文書によれば、「手舟弐艘、万吉壱艘大漁にも御座候也、宮古へ参り候壱艘は三百余釣り参り候」と大漁の模様を差配役に報告し、漁夫たちが隙なく働いていること、塩カツオ用の塩が不足しているので困りきっている様子などを鰹船の運営者から訴え出ている。『気仙沼町史』に載る古文書によれば、文政十二年には「浜方鰹漁更になく」とあるが、天保八年には「鰹大漁にて人気よし」、同十年七月には「鰹大漁」などと記録されている。

　大漁が続けば、鰹船も増える。十四、五人乗りの釣り溜船ばかりでなく六、七人乗りの小船で、夜泊りでカツオの釣れるのを待つほどになった。その結果鰹船の遭難が相次ぐようになり、弘化四年には本吉郡以南の五郡で、大小七五艘が沈没し、溺死するもの三三五人という大惨事を引き起こしている。これは江戸後期～明治年代では明治二十八年に起きた鹿児島県のカツオ船遭難の際の死亡者七一三名に次ぐ、いたましい犠牲者数であった。

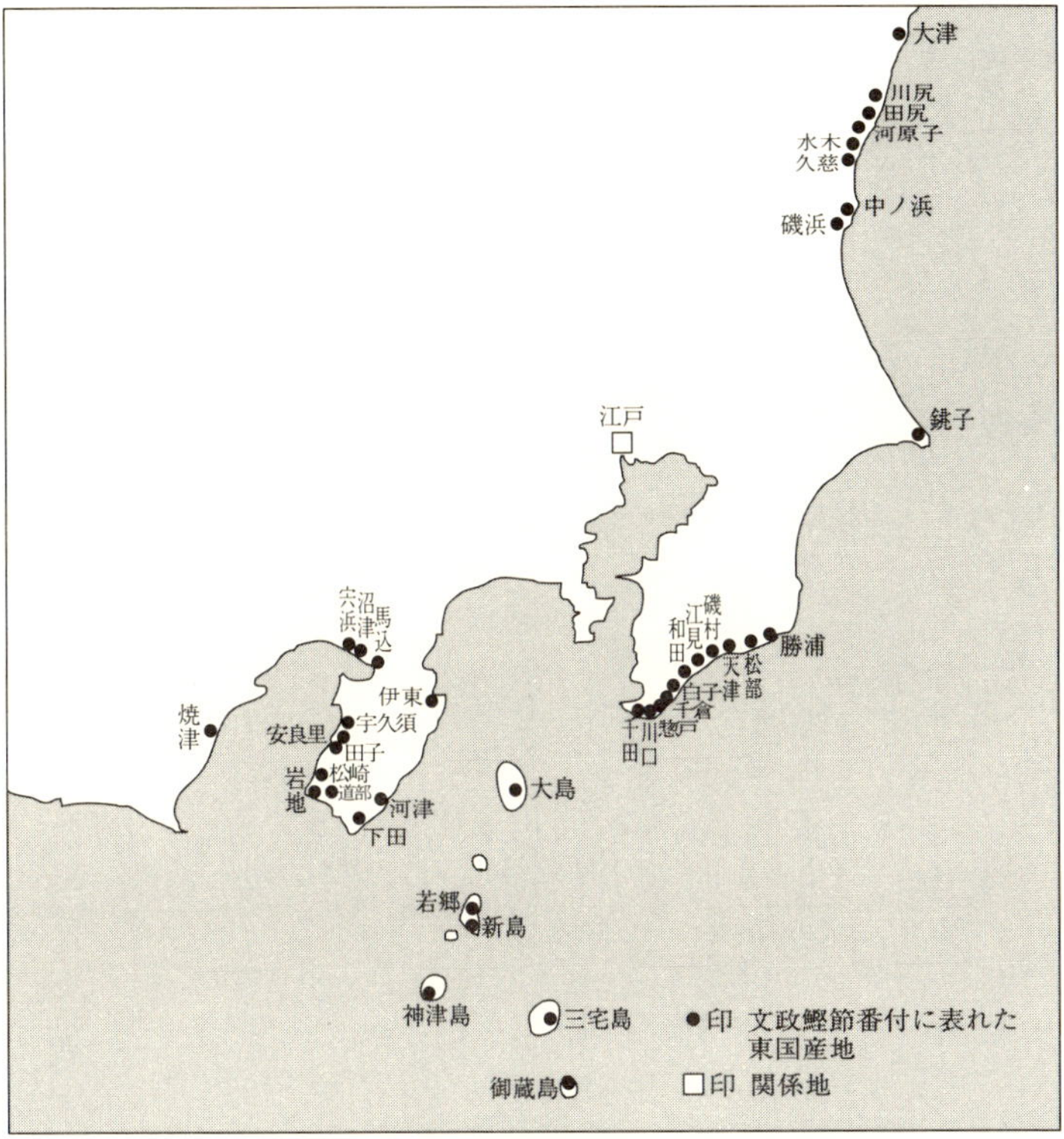

関東中部鰹節産地

B 安房、上総、伊豆の島々

安房産地は伊豆より格落ちするが、二段目に二産地が顔を見せ、三段目には八産地が載せられ、合計一〇産地は伊豆に次いで多く、東国二大産地の一翼を形成している。

安房（千葉県）の産地

三段目　忽戸節、千田節、辺立節、川口節、和田節、天津節、江見節、磯村節

房州の三段目のうち、下位グループとほぼ同位置に伊豆の島々が出てくる。

伊豆七島の産地

二段目　八丈島節

三段目　神津節、若郷節、新島節、三宅節、大島節、御倉（蔵）節

伊豆七島のうち五島までが産地として名を見せている（若郷は新島のうち）。八丈島は、伊豆、安房に次いで二段目に格付けされている。東国では、三番目に優秀品を産していたことになる。八丈島の例にみられるとおり、各島々に伊豆の影響が及んでいたことは明らかである。なお番付面には出ていないが、利島でもつくられていた。

上総（千葉県）の産地は安房よりずっと格落ちして、最下級（四段目）の上位に、磐城と前後して五産地が出ている。

四段目　勝浦節、奥浦節、吉宇節、松部節、櫛浜節

右の三産地のうち、まず安房について、番付作成当時より維新のころまでの状況を一望してみよう。ここに「紀州熊」と呼ばれた人物がいる。その来歴は定かではないが、本名は熊吉、紀州熊野浦の出生だといわれる。天保四年（一八三三）というから、与市の死の四年後に安房に渡り、天津村橋本町の魚住方に養われ、名を紋四郎と称した。彼はまだ二〇歳を過ぎたばかりだったが、鰹節製法に通じていたので、同村をはじめ近郷近在に招かれ、製法改善を指導した。

熊吉が招かれていった天津村や太夫崎村は、かつて与市が指導もしているところからみて、与市が指導半ばにして死亡したことを惜しみ、その後釜として熊吉を招いたもののようである。ともあれ熊吉について学び、優秀な腕前を持つまでになった業者がつぎつぎに現れ、ついに安房の鰹節は、熊野式の改良を加えた優良品として「房熊節」と呼ばれ、江戸において高い評価を得られるようになった。

番付面にはないが、天津村に近い太夫崎村では熊吉の指導を受けて、多くの人が研鑽に努め、別に「太夫崎節」の名称を得るほどになった。彼らは「与市講」と呼ぶ、一種の同業組合を組織し、賃銀の協定、紛争の調停、相互扶助の機関としたという。この名称からしても与市の与えた影響の大きさが知られる。

なおまた熊吉が、与市の遺髪を継ぐ者として招かれたという推察がなされるのである。熊吉の評判はしだいに近隣に広まり、各地から指導に招請されるようになった。天保年間以降のこととみられるが、彼は房州における年々のカツオ漁が終わりに近づくと、カツオ群の北上するにつれて、上総、下総、常陸、磐城へと渡り歩き、指導に奔走している。

上総の大原では、天保のころまで鮮魚のままか、塩カツオにつくるかして販売する方法しか知られていなかったが、天保年間にはじめて生利節を製造し、江戸へ送って利のあることを知った。弘化年間になって安房方面の漁師を指導に頼んで、鰹節を製造する者が一、二名現れた。安政年間になるとますます隆盛となり、さらに文久年間には、先進地である興津(安房)や川津(東伊豆の河津か)へ製法を習いに行く者が数名現れた。慶応年間には、豊漁のために一段と好景気となって、従来の漁業者だけでなく、ほとんど全村民が製造に従事するようになり、大原節としてその声価を江戸市場で大いに上げるまでに成長した。なおこの間に熊吉を招いて師とし、改良に成果をあげている。

下総の銚子では、やはり長年にわたり塩節を製し、江戸に出荷したり、上州や信州を得意先とする行商人に売り渡したりしていたが、文政あるいは天保年間に、上総屋彦七がはじめて生利節を製造したといわれる。天保以降、弘化~嘉永の間に、焙乾法による鰹節製法が行われ、紀州の喜六、駿河の清五郎が伝授した。なお熊吉の教えを受けた天津村、太夫崎村では、弘化年間になって伊豆の田子から若五郎、大五郎等の職人が相ついで訪れ、鰹節製法を教えている。

C 伊豆、駿河(両国とも静岡県)

伊豆産地は、二段目では西国の雄、土佐、薩摩、紀伊三国産地とほぼ拮抗しており、東国では断然上位

鰹地曳網（元吉原一本松村辺，『東海道名所図会』）

陣を独占して、気を吐いている。また三段目では最右翼を占めるが、これらはほとんど東伊豆沿岸にあり、南伊豆の下田のほか宇久須、伊東、河津が顔を見せている。

二段目　田子、松崎、道部、安良里、岩地（以上西伊豆）

三段目　宇久須、川（河）津、伊東、下田（以上東伊豆）、沼津、馬込、宍浜、焼津（以上駿河）。

駿河産地は、伊豆には遠く及ばず、三段目で伊豆諸島産地と入り乱れて互角の位置にある。このうち焼津を除く三産地は、現在の沼津市内にあった。遠江国（静岡県）にも御前崎のような古くからのカツオ漁業地があるほか、白羽をはじめとする遠州灘に臨むいくつかの産地が、幕末維新当時には存在したことは明らかだが、鰹節番付に載らぬところを見ると、その当時はまだ目立つほどではなかったのであろう。

関東、関西と番付所載の産地を分けたとき、関東では関西産地に迫る品質をもつ鰹節を産したのは、独り西伊豆だけである。西伊豆が面する駿河湾は、江戸時代まではカツオ群の来集が多く、各種網漁も大々的に行われていた。湾奥の駿東郡静浦以西、富士川河口にいたる一帯は、江戸初期からカツオ地曳網の行われたところで、寛政九年（一七九七）版『東海道名所図会』にも「此辺（元吉原一本松村辺）みな漁家にて、初夏の頃は大網を地引して鰹を漁する事多し」と記され、その有様が描かれている。網船二艘に漁夫一八名が分乗して網を拡げ、曳子《ひきこ》によって引き揚げるものであった。明治二十八年版『静岡県水産誌』にも詳細な説明があり、幕末はむろんのこと明治初年まで行われたものである。西伊豆の土肥方面でも行われたが、こちらは海底が泥質でないので手船数艘ないし十数艘が、網の所々につけた手縄を曳き、岩礁の障害を避ける必要があった。

建切網漁は、水深にほぼ一致する網幅の帯状の大網で魚群を外海から建て切り、その内部で曳網、敷網、刺網などを用いて漁獲するものである。湾入の深い所では湾口を建て切るか、湾内で弧状に建て回し、それを陸地に引き寄せてから、曳網などを用いて漁獲する。そうでないところでは建切網を円形に建て回し、内部に漁船を入れ、敷網などで漁獲する。

建切網の盛んだったのは、伊豆半島西北部にある内浦湾に臨む西浦と内浦である。江戸期以前からはじまり、それ以後一進一退を繰り返しながら明治初年までは続けられた。内浦六か村に一九組、西浦七か村に二組ないし数組の網組が存在した。『静岡県水産誌』によれば、西浦の漁場は駿河湾に進入した浮魚群（マグロ、カツオ、メジカ等）が必ず一回は通遊する位置にあるばかりでなく「尾鰭岸ヲ払フノ接岸ヲ遊泳ス」る好条件に恵まれており、「山嶺ニアル魚見人」はその尾数まで詳しく知ることができたという。建切網には最も適した、天然の地勢を有したが、番付表に内浦、西浦の名はなく、西隣の沼津方面にだけ産地がみられる。この方面にカツオを運んで製したのであろう。

内浦湾だけでなく、西伊豆沿岸の所々でも建切網が行われた。例えば安良里浦では、江戸期以前の文禄三年（一五九四）文書に鰹鮪建切網漁の行われた記録を残している。また東伊豆の城東村から宇佐美村に至る間でも行われたというから、伊豆半島の広範囲にわたって古くから主要なカツオ漁法の一とされていたものであろう。

ただし前記のとおり、建切網は湾内深くカツオ群が進入する時に限って有効なものであるから、年によって湾外を通るような場合には釣り漁によらなければならなかった。地曳網には海底に岩礁の障害が少なく、カツオの大群が岸辺近くまで押しよせる自然的条件が必要とされる。東伊豆を含め駿遠豆三国のカツオ漁業を概観すると、全国のカツオ漁業地にくらべて網漁は最も盛んだったということができる。それでもなお、釣り漁を主業もしくは専業とする浦が多かった。とくに駿河湾の富士川辺から西へ向かって焼津、御前崎、さらには遠州灘に点々と連なっていたカツオ浦は、カツオ群の大挙接岸もなく、海岸線も平坦であり、釣り漁以外は行われなかった。

このうち御前崎を例示すれば、カツオ船は江戸前期元禄年間（一六八八〜）に二〇艘だったのが、後期の文政十三年（一八三〇）には四〇艘に倍増し、安政三年（一八五六）には四二艘に達している。安政三年の場合その他の船種は小漁船一四、引網船四だけであり、同六年の例で漁猟運上四十貫文のうち三十一貫文余を鰹釣船が負担していたことによっても、カツオ釣り漁業への依存度の高かったことが知られる。

だが鰹節製造では湾東岸（西伊豆）はむろんのこと、湾奥にくらべて立ち遅れていたのか、文政の番付表には御前崎の名はない。それればかりでなく、西岸の浦々でも顔をみせるのは焼津だけである。その焼津も三段目にあり、二段目の中堅を占める西伊豆各浦にくらべ製品の劣っていたことを示している。焼津では文政年間に至って「志摩の初」といわれる職人が来住して土佐切りを主とする製法を教えたが、荒節製造を主とした模様である。「志摩の初」については、『焼津水産史　上巻』や『東遠の港と御船神事』などに記述があり、概略つぎのような事績が知られる。文政二年（一八一九）、御前崎の川口六右衛門が、カツオの荒粕を船に積み、ミカン用の肥料として紀州に売りに行く途中、志摩国崎島に寄港したとき、山際初次郎なる人物に逢い、積荷は何かと尋ねられ、荒粕である旨を答えた。すると初次郎は、カツオを荒粕にするのはもったいない、鰹節にしたらどうかといった。六右衛門はその話を聞くうちに、初次郎が優れた鰹節製造技術を持っていることを知り、懇願して御前崎へ招いた。初次郎はここで製法を教えたのち相良に移り、魚商人たちが設けた鰹節製造伝習所で、地元のほか住吉、城の腰方面の人々まで集めて伝習を開始した。その後さらに住吉（吉田）、城の腰（焼津）、原と海岸ぞいに教え歩いた結果、のちに相良節、遠州節と江戸方面でもてはやされる良品の産出に成功するのである。彼はさらに伊豆西浦まで教えに行き、同地で教えを受けた人々に看取られながら、天保三年（一八三二）九月十二日に没した。遺体は相良港近くの浄心寺に葬られた。法名は「蓮成日受信士」である。彼が教えた製法として伝えられるものには、土佐切りがあるが、万般にわたったことは以上により明らかである。

駿河、伊豆を通じて最良の鰹節を生産したのは田子で、各地の荒節はここに送られ、本枯節として精製されていた。田子からは、安房の天津、太夫崎へ若五郎、大五郎が、与市、熊吉に続いて製法の伝授に出かけているほどであった。田子、安良里《あらり》などは与市の製造技術を最も熱心に受け入れ、さらに研究を積み重ね、文政のころには当時東国最大の土佐式改良節の中心地となっていたのである。

伊豆産地の幕末維新当時における製品水準は、明治三年以後にはじめて明らかにされた、三か国の製品相場表が物語っている。伊豆節は、文政鰹節番付面では土佐節、薩摩節の足下にも及ばず、紀州節より下位にあったが、幕末維新以降になると、紀州節を追い落とし、土佐節、薩摩節に迫る存在となったのである。鰹節市況は、幕末に向かうころ好調を維持し続けており、それぞれ大藩の強力な支援の下に、土佐、薩摩の生産者なども改良努力を続けていたはずだが、伊豆の生産者などは自分たちの力でそれらを上回る技術改良に努め、成果を上げたことになる（為政者が伊豆のカツオ産業に関与した記録は見当たらない）。この背後には、江戸の鰹節需要の増大を背景にした、江戸の鰹節問屋資本の強力な介入があったことであろう。伊豆にかぎらず、鰹節製造の後進地、東国の幕政後期における急伸長は、江戸の需要増に支えられたものである。

3　西国の産地

A　西国の三大産地

西国における伝統ある三大産地、紀伊、土佐、薩摩の製造状況を比較してみよう。まず江戸時代に入る前後に最大の産地であった紀州は、その製法を伝授した土佐に、江戸初期には早くも質量ともに追い抜かれた。だが伝統の力は動かし難いもので、鰹節番付によれば、上位にある産地数では土佐領に次いで多く、質的には薩摩に迫るほどである。残念ながら土薩両国のように藩当局が製造に関与・奨励しなかった（か、あるいは多少は力を入れたかも知れぬが、記録には見出されていない）。そのせいか、幕政後期を迎えたころには両国に遅れをとっていたのであった。明治年間を迎えて明らかにされたところでは、土薩両国の産地はむろんのこと、伊豆産地よりもはるかに劣るものとなっていた。

藩をあげて鰹節を海産の第一と定め、技術の向上と生産増強に努めたのは土佐国である。その傾向は江戸後期にはますます目立つものとなった。幕末維新のころとなっても断然一位の座を維持している。藩当局ばかりでなく、鰹節を製造する漁民等が、技術の改良に心を砕いてきた力も大きく、なおその上に良質の鰹節原料に恵まれもした。これらの好条件が重なって、江戸初期以来つねに薩紀両国に勝る良質の鰹節をつくり続け、大坂市場で第一級品ともてはやされ続けたのである。

薩摩藩領の場合は、万事が土紀両国の中間にあった。紀州藩とは違い、藩が、あるいは家老の喜入氏が鰹節を重視したことがはっきりしている。だが、土佐ほどに国の上下をあげての活躍には及ばず、土佐のように多数の産地は出現しなかった。薩摩藩が重視した産業は多々あり、鰹節製造の重要性はあまり高くはなかったのである。また海の産業としては、南島や上方との間の海運力の確保と通商が重視され、江戸後期に活躍した家老調所《ずしょ》笑佐衛門による密貿易は有名である。幕末が近づき、外国船の往航が増えたとき、大型鰹船の建造を許したのも海上警備の目的から発している。

以上のとおり、それぞれに特質はあるが、江戸後期の鰹節製造大国は、土薩紀の三国であって、鰹節の名にふさわしい優良品を質量ともに独占していたことは既述のとおりである。

B　阿波、伊予

土佐の製造技術は、隣国阿波（徳島県）と伊予（愛媛県）へ影響を及ぼした。紀州により近い阿波の場合は、ことによれば、土佐より早くから熊野式製法を伝えられていたかも知れぬが、記録には見出されない。その後は、藩と漁民とが一致して増産と改良に努めた土佐に差をつけられていった。だが、天明〜寛政当時における画期的な土佐節の製品改良の影響が、その後長い間には両隣国に及んだことは当然に考えられる。

伊予、阿波両国を比較すると、阿波のほうがカツオ漁に適する海岸線が長い。文政鰹節番付では土佐との国境に近い宍喰《ししくい》の鰹節が、先進土薩紀三か国の鰹節と肩を並べて最上位群を形成している。ここより東北方へ向かうと海部《かいふ》、牟岐《むぎ》、大島、由岐《ゆき》の四産地の製品が番付表に名をみせており、総合した品質順位では三か国に次ぎ、第四位にあったと判断される。これより先、寛政年間の『日本山海名産図会』では紀州節より上位に格付けされている。

江戸末期に近づくころ、カツオの大群にも恵まれたようである。天保『魚鑑』によれば「諸州ありといへども土佐、阿波、紀伊、伊勢のおびただしきには及ばず、駿河、相、房、総、陸これに次ぐ。北海絶て見ることなし」とあり、土佐に続くカツオの漁獲地とされている。もっとも、同書には九州についての記述はなく、伊豆にも触れていない。どちらかといえば西国に片寄り、東国のカツオ事情に目が届かぬようである。例えば黒潮の影響を強く受ける海岸線の長い駿豆地方よりも、黒潮が比較的に沖合を通り、カツオ漁の浦数も少ない阿波のほうが、カツオが「おびただし」く獲れたであろうか、疑問は残る。ただし文政前後に紀伊水道の向こう側、紀伊半島西岸でいくつかの浦がカツオ漁を開始している上に、これらの浦々の中には、阿波から漁法を伝授されたところのあることからみても、その当時は阿波の沿岸へもカツオ群が大挙して押し寄せることがあったのかも知れない。

だがその漁場は、概して沿岸から遠く離れていたようである。天保二年の「土州表漁稼」に関する「心得方」の通達書によれば、「牟岐浦から土州表（室戸岬南方洋上）へ鰹船四、五艘が三、四月の両月出漁したいとのこと故、試しの為に承知するが、帰港の上は前々通りの御口銀を差し出すように」とある。このころ阿波沖では獲れなくなったので、あせった牟岐《むぎ》浦の漁民がカツオ群の多い土佐の海へ出漁を願い出たのである。

『寛政武鑑』によれば、徳島藩もまた江戸城へ年々鰹節を献上している。同じころ阿波節の品質は土佐に次ぎ、紀州の上位にあった。優良品がつくられていたことは確実で、藩も重視していたものであろうが、関与した資料は見当たらない。

鰹節番付にのせられた産地のうちで比較的徳島に近い由岐浦に揚げられた初鰹は、まず藩主の食膳にと、昼夜兼行でお城まで運ばれ、この献上が完了するまでカツオ漁を始めてはならぬとする慣わしがあり、幕末まで続いた。隣国土佐にも宇佐から高知城まで同様に初鰹献上のしきたりがあったが、由岐、徳島間は、道程が宇佐、高知間の三倍（約四五キロメートル）もあるから、粗漏のないように、一刻も早く新鮮な品を殿様の所へ届けようとする気配りは大変なものだったであろう。

伊予国も鰹節製造では古い歴史を持っている。今では高知県境に近く、宿毛《すくも》湾に近い城辺《じょうへん》が唯一の産地となっているが、江戸前期にはカツオ群は豊後水道を奥深くまで入り、沖之島、日振島付近から宇和島の眼前に横たわる九島の辺までが漁場となっていた。鰹節の製造もこれらの島々で行われ、藩への献納には厳重な定めがあった。

文政の鰹節番付に宇和島節とあるのは、前記した島々の鰹節が城下町である宇和島へ集められ、そこから大坂表へ送られたところからきている。ただしカツオは春先に来る「通り魚」と呼ばれ、宇和島藩が重視したのは、干鰯に製造して収入増の期待できるイワシ漁であった。この点は豊後水道をはさんで対岸に当たる豊後国佐伯藩領の浦々と似ている。幕政後期に近づくほどに豊後水道にはイワシの大豊漁が続き、両藩領ともに干鰯の製造を盛んにし、相対的にカツオ漁は衰えていった。

宇和島では餌イワシ漁は通り魚――カツオを釣るためのものとして二義的なものとされ、つねに干鰯製造用のイワシ漁が優先された。天保のころになると沖之島に近い加島、戸島や土佐の国境近くの外海浦まで餌イワシ漁は行われていたが、イワシ網漁業者からの苦情訴えがたびたび出され、そのつどカツオ漁業者が敗退している。それにもかかわらず、宇和島藩は、隣国土佐同様にカツオ漁業に対し、保護あるいは統制を加えている。例えば幕末の慶応年間のことだが、希望する鰹船主に対して銀札貸下げの布令を出しているのである。農耕地に恵まれぬ同藩領では、換金可能な海産物製造はすべて監督下に置く必要があったのである。

C　九　州

豊後国（大分県）では、豊後水道を隔てて外海浦の対岸にあたる、佐伯藩領の蒲江《かまえ》浦がカツオ漁の北辺となっていた。だが、カツオ群に恵まれることはまれだったようで、大漁可能なイワシ漁に押されて片手間漁の状態で江戸時代を終始している。その南方、日向国の保戸島辺でも獲れたが、やはり鰹節製造の盛んになるまでには至らなかった（これらは鰹節番付にあげられていない）。

日向国（宮崎県）の中心地は、現在は景勝地として知られる日南海岸である。青島辺から都井岬辺に至る間に発達したリアス式海岸に点在する天然の良港、外《と》の浦、目井津《めいつ》、油津《あぶらつ》などが主要基地となっていた。この辺一帯を領し、油津を城下とした飫肥《おび》藩は、鰹節の専売を強行している。

まず鰹船に限っては「船株」を指定し、株主だけに漁船の所有とカツオの専用漁業を認めた。新たにカツオ漁業を開始するには、船株を買収するよりほかはないとする制度である。餌魚（キビナゴ等）漁場への入漁も、株主以外には許さなかった。例えば青島村では、沖合の黄金瀬では餌魚漁のほかの漁業は許されず、他村、他部落の漁業は禁止されている。カツオの漁獲は藩によって運営され、その売買に当たっては、特設した納屋、長屋に諸役人が出張して評価した。

鰹節については、油津、大堂津《おおどうつ》等では、藩がカツオを全部買い取って、指定の製造家に製造させ、青島村では船主自身が納屋を持ち、製造させている。「釜株」が定められ、指定された者だけが製造家となることができた。株仲間員は、生カツオの重量一割六歩を標準として納入するものと定められ、生カツオの価格と製造賃銀は藩により規定されていた。製品は藩の手により大坂へ送り、販売された。藩営専売は明治維新により廃止され、以後、「飫肥商社」が設立され、カツオ漁業と節製造を続行したが、明治十年に同商社は解散し、自由漁業に移行するのである。鰹節製造が土佐ほど大規模でなかったので、固有の特産名（油津節、飫肥節等）も生まれていないようだが、専売制の強行された珍しい例である。

青島より北方は平坦な海岸線が続くが、河口港が発達している。ゆるやかな流れで日向第一の大河、大淀川の河口には宮崎があり、一つ瀬川河口の近くには佐土原があった。佐土原藩は『寛政武鑑』によれば、鰹節を、伊予の宇和島藩等と並んで幕府に献上している。カツオ群は、日南海岸目井津（現在南郷町）の対岸にある大島沖に押し寄せることが多く、それより北方に当たる佐土原藩領沖となると減少していたはずだが、江戸後期には同領内でさえカツオがとられ、節に製されていたのである。

文政鰹節番付では日向国の鰹節は、二段目の最上位に宮崎節が載るだけで、佐土原、飫肥両藩内の産地名はいっさい出て来ない。両藩産の鰹節は、宮崎を通して売られていたのであろうか。あるいは佐土原領内の産出品が宮崎節といわれ、藩営専売故に飫肥領内産出品は、番付に出なかったのかも知れない。勧進元として、「加太」と並んで「日向」が見える。「節」の字が付けられぬのは、両地だけである。「日向」とだけ書かれたのは、往年には名産地として知られ、広範な浦々で製造されていたが、この当時は、専売制下にあった一部の浦を除けば衰退期に入っていたことを意味しているからだとみられる。

加太《かだ》は、紀伊半島西岸では最北端にあり、紀淡海峡を隔てて淡路島の由良浦と相対する位置にある。紀伊半島の南端に近い、周参見《すさみ》の海岸に衝突して半島の西側を北上する黒潮の反転流は、しだいにその勢力を弱めながらも紀伊水道に到達し、加太、由良の南西にまで及ぶのである。となれば、カツオも多少はそ

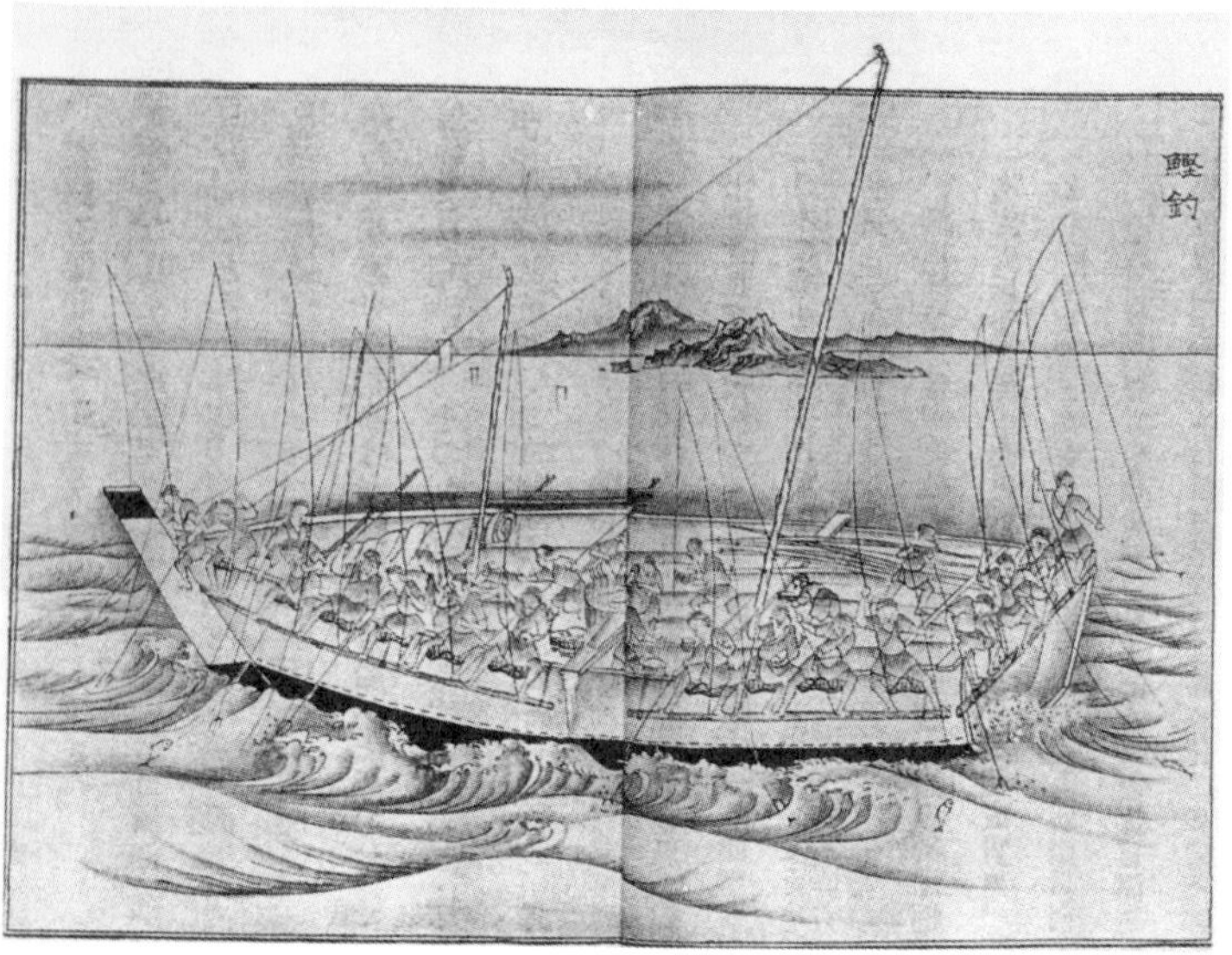

鰹釣（『熊本県漁業誌』）

の付近に現れるはずで、事実、昭和に入っても由良や淡路島西端の沼島浦では、カツオ漁（ただし小鰹漁）が行われていて、その昔は隆盛期があったのかとも推察させられる。

だが、江戸後期となると紀伊水道まで進入するカツオはもはや少なくなっていた（一四六頁以下参照）。加太が番付表に名を連ねるのに節名を持たないのは、はるかな昔にこの浦で鰹（ソウダ）節の造られた時代があったことを示すものであろう。鰹節番付表には、日向と相通じる感があったのかも知れない。

九州の西岸で世話方の部に肥州天草節と示された産地は、肥後国（熊本県）天草島の牛深である。牛深沖では、ハガツオからマガツオまで漁獲が多かったが、天領であるために牛深の独占とされ、他国船の操業は禁じられていた。鰹節製造の創始期は不明だが、正徳五年（一七一五）長崎貿易の制限令が出て、従来の無制限の銅銭流失を防ぐことになったとき、長崎代官所支配の牛深からは鰹節、干鰯、アワビ、フカヒレ等を集荷するようになったというから、かなり古いもののようである。創始に関連した人としては、寛永十二年（一六三五）に紀州湯浅から移住した、浪人岩崎六兵衛があげられる。またそれとは別に、次のような言い伝えがある。

その昔、牛深村に緒方新左衛門という役人がいた。ある年、肥前国（長崎県）鹿子船津の人、中島惣左衛門という者が商用で時々往来したが、新左衛門はその人となりを信じ、ついに養子として娘を妻《めあ》わせた。この惣左衛門がはじめて鰹船を仕立てた人で、享保十七年五月二十五日に没したが、以後累代相ついでカツオ漁業を営んだ。それを見習った同業者がしだいに増えたためと連年の不漁で、幕末になるころには家産が傾いていった。明治十七年、緒方継次の代になり、五島に出漁して大量に漁獲し、鰹節に製して帰航中暴風雨に遭い、船が転覆して全員が溺死した。その子が事業を継続したがその後も不振で、明治十九年に至って廃業し、深川勇次郎に株を譲った。

深川家は天草郡中、代々の網元として著名で早くからカツオ漁業に手を染めていた。これを盛んにしたのは祖父五三郎で、その子卯三郎の代になるとますます業務を大きくし、鰹船一一艘（このほか鱰《しいら》船一七艘）を持つ、大船主となったばかりでなく、慶応元年には長さ五丈（一五メートル）、幅一丈二尺（三メートル余）、四五人乗りを建造した。当時のカツオ漁業としては破天荒の巨大船である。この目的は、五島列島や南西諸島方面の遠洋カツオ漁に乗り出しても風波をしのぐことができ、破船を免れようとするところにあった。これによってこのような大船を建造しても採算が取れるほどに、鰹節製造は利益の上がるものとなっていたことがうかがわれよう（前ページ図参照）。

これらの事情を総合すると、天草節の名の知られたころには、緒方家、深川家のほか複数のカツオ漁業者、鰹節製造業者がいたことは明らかだが、幕末維新と時代が進むにつれ、深川家の独占経営の観を呈していった。単独の業者が巨大になり過ぎて、他の業者が消えていった産地は他に例がない。なおその漁場は、牛深のはるか西方、七島方面、五島方面など、広大な範囲に及んでいた。

天草節とならんで世話方に載せられている五島節は、五島列島の中で、福江島の富江、玉の浦、中通島の奈良尾などの製品だったとみられる。このほか西彼杵《そのぎ》半島西岸の瀬戸、伊王島、野母などの浦々でもつくられていたが、これらの産地の品が五島節に入れられたかどうかはわからない。

牛深の天草節や五島節は、薩摩の鰹船が黒潮の分流に乗り、北上するうちにこれらの浦々に製造納屋を造ったことに強く影響されている。そのために明治時代に明らかにされた製法は、薩摩節のそれと同一であった。土佐式製法が、阿波、伊予に及んだのと事情が似ている。

4　土佐国の鰹節産地

土佐国（高知県）は、鰹節製造に最適の自然条件を備えている上に、藩当局が格別に力を入れ、漁民もまた精励これ努めたことにより、優秀品を産した。大坂の鰹節商人もこの点に着眼し、種々の援助を与えたのであった。江戸時代後期において大坂鰹節市場へ流入した鰹節は、土佐物が質量ともに他を圧しており、一段落ちて紀伊、薩摩、阿波物が続いていた。言い換えれば土佐の鰹節のおかげで、大坂の鰹節商は商勢を拡大したことになる。

土佐の鰹節が全国一の品質を持っていたことは鰹節番付に最もよく表われている。東西三役のうち西の大関を薩摩に譲ったほかは五役を独占し、前頭上位四位まで、東西合計八役のうち六役をも土佐が占めている。土佐では最低位の西泊節ですら、全前頭の中では上の下の部類に入る。

上位の過半数を占有するばかりでなく、番付にあげられた節数の多さでもトップにある。有名産出国を

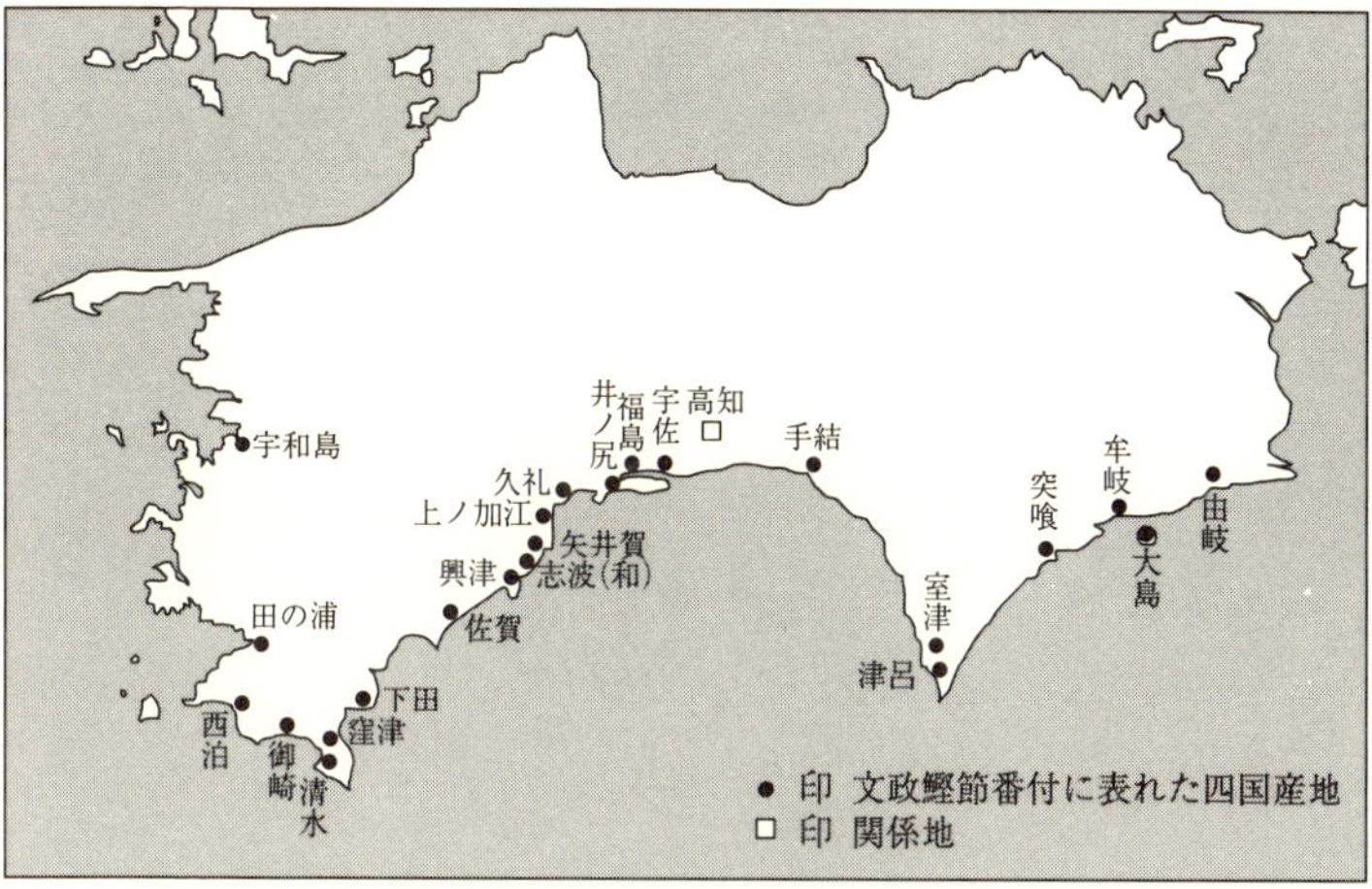

土佐，阿波，伊予鰹節産地

比較してみると、

土佐　一七　紀伊　一二　薩摩　六

土佐節が優秀品を製する産地の数でも、他国を圧倒していたことはここに明らかである。ただし鰹節番付表というものは、ある種の遊びであって、興味本位に順位づけられているとみるべきである。土佐節が最高位、という大勢には（他の書物にも記述があり）変わりはないとしても、土佐の各産地の製品の品等差は、相撲の上での大関と前頭上位ほどの開きはなかった――つまり東の大関清水節と西の前頭十五枚目の西泊節の品質には、大差はなかったであろう。

土佐鰹節製法の秘密は、対外的には守られても、国内では開放され、品質向上を願う藩当局によって、産地間相互の技術交流がなされていたものとみられるからである。そうかといって全く均一でもなく、古い製造の伝統をもち、熟練者が多く、製造条件の整った清水七浦や宇佐浦が、他の浦々よりも優良品を多く産出したということはできる。

清水七浦は中でも最も重視され、藩はここに「御手先漁船方」を特設して、自らカツオ漁業を経営している。またここに置かれた鰹節の検査所は最も著名である。また清水七浦のうち、中浜に藩公許の大鰹節商人、山城屋がいて大量に優良品を生産していた。

鰹節生産高の多かったのは鰹節番付表で大関、関脇の位置にある清水七浦と宇佐浦で、そのほかでは西泊、福島、須崎、室津、津呂などが続いていた。次に掲げるのは、山内家記録による天保九年のカツオ漁獲状況である。

生産高の上位七位までの産地の漁獲をあげてみよう。

下（西）灘	清水、西泊	七十九万九千本
	宇佐、福島、須崎	三十四万一千本
上（東）灘	室津、津呂	二十万本

三一産地の合計一九〇万五千本中、右の七産地が七割を占める弘化年間（一八四四〜四七）の鰹船数は、天保年間のカツオ漁獲地に合わせて記したもので、実際には七三か浦の中で四七浦までが鰹船を持っていた。その合計は二三六艘に達している。これを上下灘別にみると、

下灘　百九十一艘　　上灘　四十五艘

となる。下灘のうち宇佐浦が三一艘、清水浦が二四艘を占めており、両浦が土佐鰹漁業の中心地だったことを示している。

5　薩摩半島の産地

薩摩半島は、西岸沖合を黒潮の分流が北上し、南岸の沖合をその本流が東に向かっており、西南岸、どちらの浦々も真近にカツオ群をみる位置にはなく、近海のカツオ漁には不適であった。南岸の鹿籠《かご》は、唐

物崩れにより坊津の大船を受け入れて沖合操業ができるようになってから本格化しており、西岸の坊、泊は数十〜百キロメートルも離れた宇治、草垣群島までの出漁であった。

こうした地理的条件のために、薩南諸島にくらべてカツオ漁業と鰹節製造は大きく遅れたのだが、領主喜入氏の力を入れた鹿籠がまず発展した。カツオ漁業開始前の正徳年間（一七一一〜一五）における人口は、約千人だったのが、唐物崩れから五〇年後の明和四年（一七六七）になると、八一五六人と飛躍的に伸びている。さらに「水主三百三十七人総数百七十余艘、専ラ年中心掛ケテ鰹ヲ釣リ、節ニ整フ」（『鹿籠名数記』）とあり、このころすでにカツオ漁業と鰹節製造は盛況を呈し、鹿籠浦の最大の生業となっていた状況がうかがわれる。

同じ明和のころ、坊村では士族森某、浦人日高次郎太、農人田原長作が、泊村では岩田三左衛門がカツオ漁業に従事していた。カツオ船は四間船で、藺筵《いむしろ》の帆を用い、一艘の乗組員は二十四、五名であったという。ここに明らかなように釣り溜漁法が行われていたのである。寛政のころ（一七八九〜一八〇一）となって、さらに四、五名がカツオ漁を開始し、徐々に隆盛に向かった。坊、泊の北方、久志、秋目等の浦々でもカツオを獲り、節つくりをはじめていたとみられるが、はっきりした資料はない。

薩摩半島の鰹節製造事情がより一層明らかになったのは、文化〜文政以降のことである。まず坊津についていえば、享和〜文化（一八〇一〜一七）の間に郷士伊瀬地善平、商人森吉兵衛が製造を開始した。坊、泊両村は荒節を製造して鹿籠商人に売っていたが、文政四年（一八二一）坊村の森吉左衛門は、直接大坂、兵庫に輸送する道を開いている。ところが製法未熟なために良い値に売ることができなったので数年にわたって改良に努めた。その結果、坊・泊節の評価が上がって従事者は増え、文政十二年には鰹漁船は坊村で八艘、泊村で六艘となった。一人の船主が製造家を兼ねて一艘を持っていた――中には二、三艘の持ち主があった――とみてよいから、両村併せて鰹節製造家は一〇名程度になっていたことになる。

同年度記録による両村の三か年間の平均上り高は泊村一五万七千本、七千貫、坊村三七万五千本、一万七千余貫となる。これは、後掲の先進産地である、薩南諸島の生産高をはるかに上回っている。坊津の一艘当たり得分は、一両を七貫五〇〇文で換算すると約六八両となる。鹿籠産地への依存から脱却して船主は高収入を得られるようになったのである。しかしこれを漁師の側からみると、相変わらずの低収入であった。同じく文政十二年の記録、「漁師賃銭並飯米代其外諸雑用」は一万三千余貫である。鰹漁船一艘当たりの乗組員を二〇名とすると、八艘合計一六〇名となり、一人当たりは単純平均して約八〇貫となるが、これから諸雑費を差し引かれるから、純収入は船主と比較した場合（一船主当たり五一二貫）微々たるものだったことが知られよう（記録は『坊津拾遺史』による）。

しかもつねに生活に窮して、船主からの前借金を受けており、漁期終了後に賃銭から相殺されるので、事実は収入皆無に等しかった。こうした関係が深まって、漁船主（親方）は漁師（釣り子）の生活万般を庇護・支配し、譜代的隷属関係が成立していたところは、他の多くの浦と同じである。

鹿籠の北方、背中合わせの位置に小湊港がある。鹿児島港から出帆し、山川、鹿籠、坊、泊を経て、西から瀬戸内海方面へ向かう船が立ち寄る重要な位置を占めている。江戸後期になってその西方にある片岡村野間崎の海岸に船や異国船がたびたび漂着する事態が生じてからは、薩摩藩は小湊浦の重要性に着目するようになった。

そのころ薩摩藩は、「唐船改衆」という役目を定め、その手足とするよう浦々の漁船を指定して、海上警護の任に当たらせていた。ところが漁業の不振のため、在船が減少する一方なので、港として枢要の位置にあり、カツオ漁の行われていた小湊浦の漁民に対し、カツオ船兼用の御用船建造の特命が発せられた。

その時代は、後に記す事情からみて文政十二年（一八二九）より以前のことである。これ以後も建造は続けられたもので、安政四年（一八五七）の文書には「異国船遠見片手漁方」の「鰹漁船」（二十人乗り）が、薩摩藩「御兵具所」から五〇両を拝借して造られたとある（年々一〇両ずつ返済の条件であった）。その漁船は、これまでの通常のカツオ船より大型の二十人乗りで、餌取船や荷渡船（物資輸送船）を伴って、屋久島、口之永良部《くちのえらぶ》島方面まで出漁することができた。

6　薩摩節産地の展開

文政以後幕末にかけては、薩摩節産地が発展し、それに伴う矛盾、摩擦も生じた時代である。まず薩摩節産地の発展状況を示すものとしては、文政五年の「鰹節番付」がある。

これによれば、薩摩節の代表的存在は屋久節で、西の大関として、東の大関、土佐の清水節と肩を並べている。屋久島に近い（口之）永良（部）節も高位にあり、鹿籠節も健闘しているが、伝統ある七島節は取り上げられていない。大坂へは送られず、琉球向けとされていたからであろう。

離島部は、一、二、四、五位と上部を占める上に、半島部の二に対し四と二倍の数である。番付には出なかったが、臥蛇島など七島も、屋久島に次ぐ優良品を産出していた。その事情は、天保十四年（一八四三）版の『三国名勝図会』に、一層具体的に記述されている。

同書は、薩摩藩領のカツオ漁業と、鰹節、塩辛、煎汁製造の盛業地名をほとんど洩れなく記している（片浦、口之永良部島はみられない）。

カツオ漁の浦

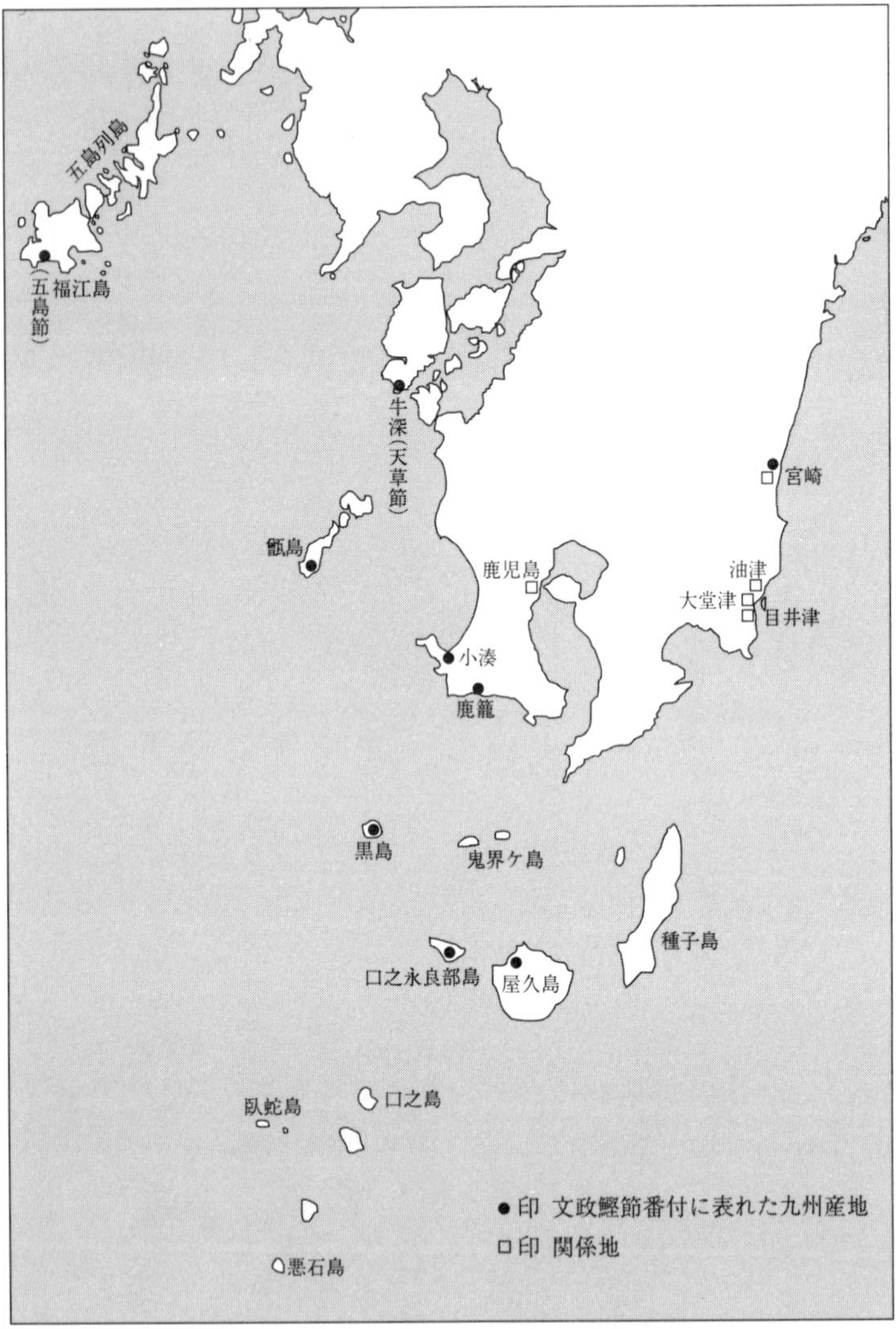

薩摩，牛深，五島，日向，薩南諸島鰹節産地

日向国三か所、大隅国五か所、薩摩国十一か所
カツオ加工品産地
一、松魚腊（鰹節）産出地
○薩摩半島――坊、泊、久志《くし》、秋目《あきめ》、加世田《かせだ》（小湊）、鹿籠、串木野
○薩南諸島のうち
△大隅諸島――屋久島、黒島、竹島、硫黄島。△七島――臥蛇島、悪石島など
二、煎汁《せんじ》産地　七島、屋久島
三、鰹鮧《しおから》（方言、塩辛）産地　七島、屋久島
（注：塩辛は松魚の腸を醃《かも》したる者也）

同書によれば、「松魚腊は薩摩の内七島、屋久を最上とす」とある。また七島と屋久の煎汁と鰹鮧は名品であり、松魚腊（鰹節）とともに「本藩所産中の第一」だとしている。なお七島腊（節）と七島煎汁の二品は、「七島中、臥蛇、悪石を最上とす」とも記してある。伝統ある離島産のカツオ製品は、断然他を圧していたのである。

これにくらべれば、薩摩半島の産地は質量ともに劣っていた。文政の鰹節番付によれば、登場する六産地中、半島部は二産地に過ぎない。喜入氏が力を入れた鹿籠が、比較的上位にあるほかは、海上警備のお声がかりで、二五人乗りの大型船の建造を許された小湊が、やっとのことで二段目の末尾に、薩摩の六産地中最下位として名を連ねるという有様であった。このころ、坊津や泊浦、久志、秋目、片浦などでも製造していた。が、どの港も、坊、泊に次ぐ天然の良港でありながら、漁場が遠く、エサ場に恵まれず、鹿籠にくらべても製造の歴史は浅く、良品を産出していなかったのである。

例えば坊津（村）の場合、番付作成当時までは名も現れず荒節をつくって、鹿篭の商人に売却していた。番付に刺激されてかその後の発展はめざましく、文政十二年にはカツオ船は八艘となり、天保年間（一八三〇〜）以降には隆盛期を迎えた。坊村では、天保十年にはじめて藺筵《いむしろ》帆を木綿帆に改良している。このころ坊村製造家は一六名、鰹船二三艘に増加し、豊漁の年は一艘で二万尾、薄漁の年で約一万尾。節にして年々一〇〇万本以上を製していた。これらの製造家は即船主でカツオ漁業経営者でもあった。その中で三、四名の製造家は、鰹船二艘以上を所有して大量に製造した企業的経営者で、商人（産地仲買商）まで兼ね、自家生産分だけでなく他業者の製品をも買い集めて、遠く大坂、下関方面へ直輸出していた。鰹節に関する漁業、製造業、販売業を多角的に経営したのである。封建制経済下で、商業が未発達な地域で起きた現象とはいえ、この地方における鰹節業の、急速にして異常な発展ぶりがうかがえよう。

文久から明治元年までには、鰹船は二七艘となり、その間に鰹節値段が騰貴したので、製造家に余裕が生じ、船体を改造して約三〇人乗りまでの大型船を建造している。だが、たとえ製造家が自己資金で建造したとしても大船の建造には藩の許可は必要である。小湊のように、異国船遠見の御用を条件に建造したものであろう。

鰹節業によって、坊村最大の成功者となった森家の多角経営状況を一望してみよう。森家は、自己生産分のほか村内各生産者の分や天草節も買い集め、五島のカツオ漁業者に投資してつくらせた荒節をも製品とし、大坂の鰹節問屋和泉屋へ送っている。天保十三年の和泉屋からの仕切書によれば、売却代金は薩摩節、天草節、五島節を合計して二千両の大金である。

森家は漁船経営、鰹節の製造と産地仲買商の三業を総合的に経営したばかりでなく、大坂へ直輸出する大船も持ち、廻船業をも行っていた。その上に大坂の問屋、和泉屋へ融資するなど、金融業も併せ行っていたのであった。森吉兵衛の名は『全国長者鑑』に載せられ、その家産は「坊之津から川辺峠をこえて鹿児島城下まで銭をならべてもまだ余る」とまで噂されたという。

片浦については、享保六年死亡の第五代林勘左衛門がカツオ漁業を開始したというが、鰹節製造の記録が『三国名勝図会』にも載らぬところから見ると、幕末近くになって盛大になったものであろう。林家は鰹船六艘、帆船、上下船四艘を持ったばかりでなく、カツオ漁業の取り締りにも当たったという。また城主島津公へ金品等を献上した功労により、太刀を下賜されたことがあった。一人で六艘も経営したのは封建制経済下においては大企業主の部類に入る。

鹿児島藩は直接の鰹節専売に手をつけなかったが、藩内鰹節の一手買占めを企てたものが現れた。鹿児島城下町の商人、藤崎熊助が御礼銀を上納するという条件で願い出て、許可されたのである。その時代はおよそ安永のころ（一七七二〜）とみられる。この当時の藩主二七代重豪は藩政に積極策をとり、藩学造士館、演武館、医学館、天文館を相ついで建設した。彼の二女茂姫は、一一代将軍家斉の御台所であったために権勢は大いに振るったが、それ相当の出費もかさみ、右の開化政策とあいまって藩財政は破局に追いこまれた。

藩の借金は宝暦四年（一七五四）にすでに六六万両、享和元年（一八〇一）には一一七万両と、うなぎ昇りに激増する状況下にあったので、窮乏する財政立て直しに狂奔し、その一助として専売制は鰹節だけでなく、領内産物の過半に及んだ。菜種子、櫨蠟《はぜろう》、骨粉肥料、焼酎、海人草などがそれで、これらを「御《ご》物《もつ》」として藩庫へ買い入れ、余った分は城下の大町人によって専売させるという仕組みを設けたのである。これに対しては各製作人等から、当然に猛反対がおこった。

鰹節の専売に対しては、坊・泊の有力製造者をはじめ各浦方一同から「一手買上げを任された藤崎の金払いが悪いので、われわれ生産者は資金にゆきづまって生産をやめねばならぬことになり、御国益にならない」と訴え出た結果、聴許されてその専売制は撤回され、幕末まで二度とそうした企ては起こらなかった。鰹節生産にたずさわらぬ者が流通過程にだけ関与して、上前だけをはねようとする、虫のよい考えがまかりとおるはずがなかったのである。このころ隣国日向の飫肥藩や土佐藩では、藩営専売、準藩営専売を強行している。両藩領には、沿岸に類似した条件を持つ産地が連なっていたから成功したのである。薩摩藩領の場合は、半島沿岸にカツオ群の来集がないために、鰹節製造が主要産業とはならず、主産地の離島の鰹節は貢納を強制され、事実上は藩の管理下に置かれていたのであった。

7　紀伊半島沿岸の産地

A　西岸の浦々

紀州は、近世カツオ漁法の発祥の地である。紀州の中でも潮岬周辺がルーツとなるが、既述の潮御崎会合に参加した一八か浦のすべてが、会合成立の当初からカツオ漁を行っていたわけではなかった。串本、大島、出雲、上野、樫野、古座、須江の各浦は、江戸初期には浦をあげてカツオ漁に従事していたが、和深では、元和年間（一六一五～）には三、四名、串本の隣浦の有田では寛文八年（一六六八）で四名の従事者しかいなかった。元禄のころ（一六八八～）から徐々に増加しはじめて、文化年間からようやく最盛期を迎えている。また必ずしも一八か浦が大島、串本を中心に結束していたとは言い切れない。そのことは、周参見《すさみ》のカツオ漁業は、勝浦の漁師から伝授されたとの言い伝えからもうかがえる。

しかし東牟婁郡（紀州の熊野浦の主要部）中、最古の漁港といわれる大島を中心にした一八か浦こそは、

紀州鰹節産地

カツオ漁業と鰹節製造の中心地であった。けれども、紀州藩が土佐のように国をあげて鰹節製造に取り組まなかったことや、一八か浦がその恵まれたカツオ漁業の自然条件に安住していたことなどにより、その東西に連なる一部の浦にくらべ、江戸後期へと向かうにつれ、鰹節製造では遅れをとってゆく。

潮御崎会合の一八か浦より西方では、西牟婁郡の田辺浦周辺と日高郡の印南浦が古い歴史をもっていた。往昔の当地方のことわざに、紀伊国漁業上の来歴を知ろうとするならばまず田辺の江川浦に問い、明瞭を欠く点があったなら、印南浦に問い正せば詳細がわかるといわれていたという。由緒ある紀州漁業の浦々の中でも、両浦は代表的存在だったのであり、とりわけカツオ漁業では目覚ましい活躍を見せてきたのであった。田辺大庄屋の記録「万代記」によれば寛文四年（一六六四）十月の条に、三栖組（田辺の内）の大庄屋から「若山」城内へ「鰹節百本」を進物したとある。田辺湾の中で、カツオ漁業の中心地として古くから知られたのは、江川浦である。同浦は、富田浦など近隣にもカツオ漁を伝えたほか、田辺浦会合の推進役を任じ、江戸時代を通じてカツオ漁業の一大中心地であった。潮岬周辺にくらべれば、カツオの来集は少ないが、鰹節の集散地、大坂にははるかに近いという有利さがあった。明治初年ではないかと見られるが、餌イワシを活かして運ぶ生け間を船底に設ける法を創案したのも江川浦だといわれる。

はるか西北方にある印南浦は、日向と土佐両国にカツオ釣り溜法と鰹節製法を教えた漁民団の出身地である。紀州の「旧藩時代の漁業慣行調査書」（明治二十年ころの書上げ）によると、印南漁民の土佐への出漁事情は、土佐に伝えられているものとはだいぶ違っている。

同書によれば、土佐や熊野における鯨漁法さえも本村漁夫の伝授したものだという。カツオ漁を土佐へ伝授した事情については、次のとおりに記してある。同浦の久保田為次郎の祖先で助五郎と称する者が、土佐国幡多郡へ魚貝等を仕込みに出漁していた。これが数代にわたったが、その後足摺岬沖にカツオの群集するのをみてさらに三一艘を出漁させたという。ここには、土佐で伝えられている甚太郎は全く出てこないのである。次に明和年間（一七六四〜七二）の記録には、土佐、熊野、銚子等へ出漁した船数一五三艘とあるが、このうちカツオ船が何艘あったかはわからない。

右の助五郎の一件については、印南町の郷土史研究家要海正夫氏によれば、甚太郎と同じ角屋系統である助五郎家が、明治年間に繁栄していたので、漁業慣行調査の際に助五郎伝授説を回答したのであって、土佐に伝わる甚太郎説が肯定できるとのことである。

印南漁民は、清水浦でのカツオ旅漁の特権を保持し、一面では貢献もしてきたが、ついに天保年代を以て中止を余儀なくされた。以後は故郷へ戻って、切目崎南方の岩代村沖合辺でカツオ釣りを続けることとなった。それより約二〇年間はかなりの漁獲高を得たが、安政年間からは点火鯖釣業（かがり火を焚いてするサバの夜釣り）が始まっている。なお日高郡下は、黒潮の分岐点である周参見（西牟婁郡）からは遠く西に離れているだけに、西牟婁郡のようなカツオ漁業の発達はみなかった。文政年間になって日高郡下の海めがけてカツオの大群が押し寄せだしたので、浦々がこぞって釣り溜船の建造に乗りだし、ようやく大量漁獲ができるようになった。だが、群来の時代は二、三十年とは続かず、釣り溜船はサバ釣り兼用船になるか、サバ夜釣り船へと変換を余儀なくされるのである。

日高郡の北隣、有田郡下の栖原、湯浅、広などの浦々の漁民は徳川時代の初期に房総各地へ大挙して干鰯漁出稼ぎに行ったが、その中で少数ながら数か所へカツオ漁を伝えた漁民も現れた。最初は正保年間（三代将軍家光の時代）で栖原の人が伝えたといわれ、その後広、湯浅、網代の各浦から関東へ向けたカツオ釣りの出稼ぎが続いた。黒潮の影響は西牟婁郡沖から、日高郡、有田郡沖へと西北方へ進むにつれ衰えるので、有田郡下のカツオ漁業はその昔からそんなに盛んだったとはみられない。おそらく江戸初期には早々とカツオ群の来遊は減少し、出稼ぎに出漁する必要にも迫られて房総の浦に新天地を求めたものであろう。その時代は印南カツオ漁民の日向出漁始期とほぼ一致している。

B　東岸の浦々

潮岬より東北方へ向かうと、紀州の東牟婁郡、その東北方に南北牟婁郡と続き、その北方に伊勢国度会郡、さらに東北方には志摩国の志摩郡が連なる。新宮と熊野間を除けば、複雑に入り組んだ海岸線で、それだけに良港が多い。徳川の天下泰平の時代を迎えてからは、水軍、海賊が変じて漁民となり、持ち前の操船術を活かして漁業に打ちこむようになった。

潮御崎会合の最北端に位置するのは下田原浦で、それより東北方へ向かって、浦神、下里、太地、勝浦、三輪崎、新宮と良港が連なっている。この中には、太地のようにクジラ獲りが古くから盛んな浦もあったが、他浦ではカツオ漁が行われていた。勝浦は、ここから潮御崎会合に属する周参見浦へカツオ漁を教えたという伝承の残ることでもわかるように、古くからカツオ釣りが盛んだった。三輪崎も古い歴史をもち、早くも寛文の昔に東国へ向けて釣り溜船を走らせている。延宝年間に陸前国の唐桑など、仙台藩領各地にカツオ漁法を伝授した幾右衛門は三輪崎の漁民である。三輪崎浦は潮岬海域に出漁するカツオ漁民を多く抱えていたが、潮御崎会合による会合外の出漁者に対する締めつけが厳しくなると、近隣の浦々を糾合して三輪崎会合を組織した。西の田辺浦会合と同様な結成理由である。だが早くも江戸初期からカツオ漁は不振となり、新天地を求めて奥州へ出漁していったのである。

さらにここより東北方に向かえば、無数の良港が連なっている。幕末に近い嘉永年間（一八四八〜五三）の調べだが、紀州から志摩の沿岸にかけて、熊野灘に臨む五〇か浦にカツオ釣り船が大小合わせて五七〇艘、餌網が二三七張に及んだ。浦により少差はあるが、少なくて二、三艘から多い所では五、六十艘をもち、一か年の捕魚高は一船につき、平均一万本、多い船は二万本であった。

下田原、新宮沖からいちど東方洋上へ向かった黒潮は、御前崎辺で小分流が生じ、大きく西方へ反転、長駆して熊野灘北縁まで押し寄せる。そのために奥熊野といわれた紀州北牟婁郡の尾鷲《おわせ》辺から長島にかけて、あるいは志摩半島南岸の伊勢国度会郡から志摩国にかけての浦々もカツオの好漁場となっていた。熊野と尾鷲の間にある梶賀では、湾内でもカツオが釣れたと伝えられているほどである。その一大中心地、尾鷲周辺のカツオ漁業について概観してみよう。尾鷲湾の北岸にある須賀利浦では、明和二年（一七六五）から安永三年（一七七四）のころ、漁家が五七軒、鰹船は八艘があり、船主八人組が株仲間を形成していた。また、文化十三年（一八一六）尾鷲浦には鰹船二六艘があり、乗子三五〇人がいた。これから計算すると一艘十三、四人乗り、八挺櫓で、当時の釣り溜船の標準型であった。当地方から志摩地方にかけて、浦々の鰹船にはクジラ船に似た極彩色の美しい模様の描かれていたのが特徴であった。尾鷲の南方にある九木浦には安永四年（一七七五）に一三艘があった。九木浦に近い早田浦には、嘉永年間にカツオの建切網一帳、取網一帳、掛網三帳が存在した。尾鷲の鰹船は安政五年になると、減少して一二艘となった、その船主一〇人（二人は二艘持ち）が鰹船株仲間を結成していた。これらの株仲間は鰹船を所有するのはもちろんのこと、餌イワシを必要とするので、えさひき網の経営も行い、餌イワシの確保やカツオの釣り方などにつき潮御崎会合に似た寄り合いを持って株仲間の権利擁護に当たった。

この周辺の浦々でも、鰹節は比較的需要が多いので、製造してもすぐに売り切れ、長々と囲うことは稀であった。藩の役人などへの贈り物にもさかんに用いられたほか、廻船によって江戸、大坂、伊勢、尾張、三河などに送られた。生カツオは、刺身、たたきにしたほか、クジラやイワシなどと同様に脂を取り、灯油に使用したりしている。

北へ向かうと、長島もカツオ漁の多い浦であった。幕末のころの『西国三十三所図会』には長島は殊に鰹節を多く製し、家ごとに竹簾を並べてカツオを干し、あるいは磨いたり、削ったりして往来の狭くなるほどならべていると記してある。

紀伊、志摩両半島の鰹節産地は、文政鰹節番付では、土州、薩州に次いで高位に取り上げられている。が、そこにあげられた産地名は、主として「旧藩時代の漁業慣行調査書」によってこれまで紹介してきたカツオ浦名とはかなりの食い違いが見られる。鰹節番付が、取り上げるべき産地を厳しく絞ったからであろう。

8　黒潮に浮かぶ離島群

江戸時代になると、日本列島沿岸の至る所にカツオ漁を営む浦々が出現し、熊野式釣り溜漁法を開始しているが、紀州の影響を受けた形跡の見当たらないのは、当の紀伊半島（伊勢、志摩両国を含む）沿岸と、薩南諸島しかない。薩南諸島は、以下に記述する自然的諸条件からして、あるいはまた歴史的経緯からして、紀伊半島沿岸より古くから鰹節製造、カツオ漁業が行われた可能性が高い。ただし、紀州のように他地へ影響を及ぼした様子はみられない。

薩南諸島ではカツオ漁をはじめた時代は、その黒潮洋上の恵まれた海況からみると、有史以前にさかのぼるといっても過言ではあるまい。だが、大和朝廷からすればあまりにも僻遠の地であり、黒潮の激流が海上交通を阻害したこともあって、平安朝時代になっても堅魚貢納国の仲間入りはしなかった（朝廷への帰属の遅れた北端の陸奥、南辺の薩摩は、共に貢納品は多くはない）。

ところが、後に記すように（12「薩南諸島の鰹節製造」参照）、遅くとも室町末期、ことによれば室町中期から海上交通の不便、危険等のもろもろの困難を克服して、この海域の鰹節製造とカツオ漁業は、重要産業として発達をとげていったようである。

薩南諸島のうち、古くから鰹節製造に関係あるのは、大隅諸島と前出の臥蛇島を含むトカラ列島で、つぎのような島々から形成されている。

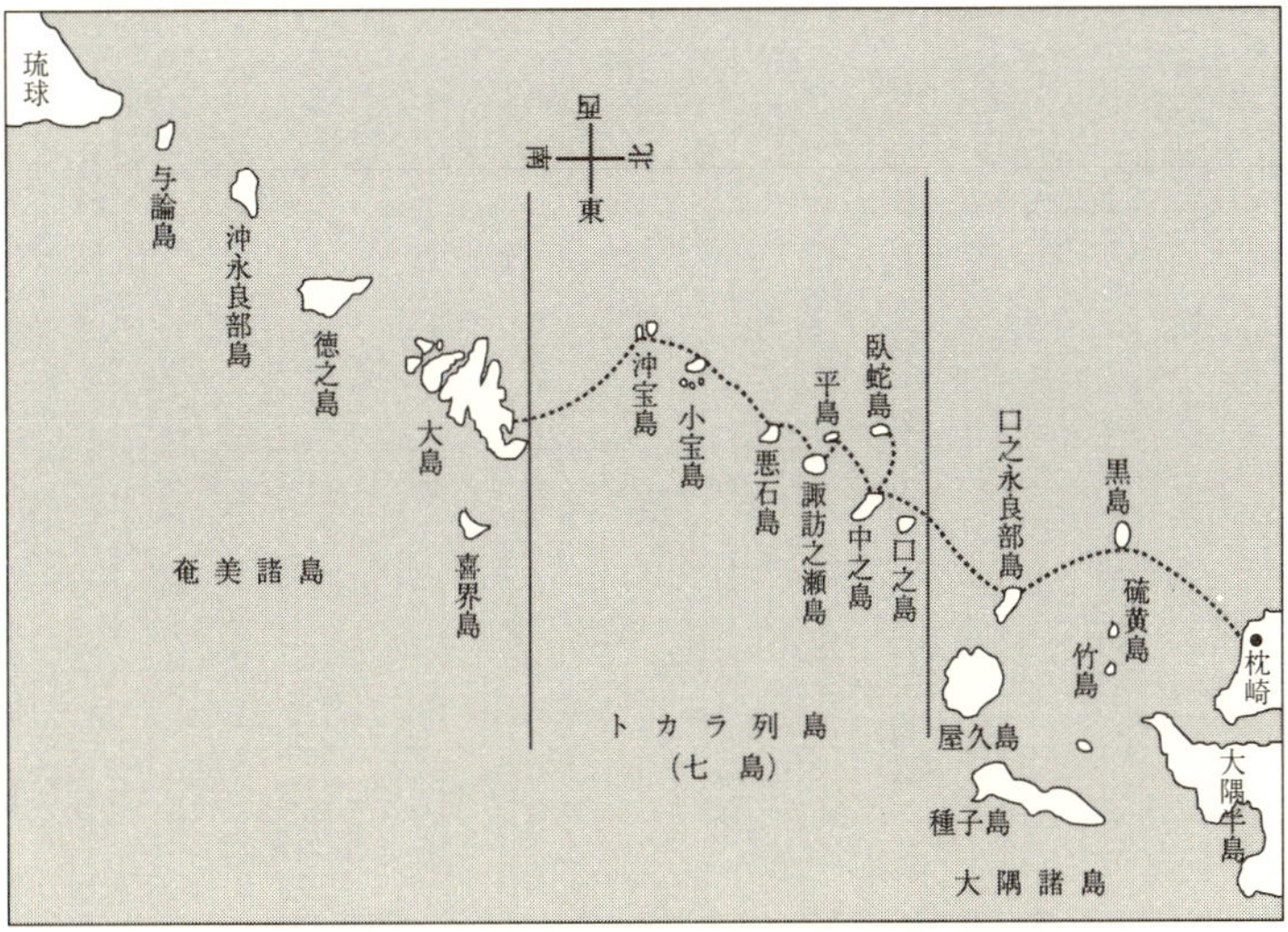

トカラ列島ならびに大隅諸島略図（『七島問答』白野夏雲による）

薩摩半島の西南方約五〇キロメートルの海上に、西から東に向かって黒島、硫黄島、竹島の順に三島がほぼ一直線に並んでいる。東端の竹島からさらに西南方へ向かって約五〇キロメートルの地点に口之永良部島があり、この島の東南方約三〇キロメートルの位置に屋久島が、その東方約三〇キロメートルの位置に種子島が横たわる。種子島、屋久島は大隅半島の真南《まみなみ》に当たることもあって、前記三島と合わせ、大隅諸島と称される。

口之永良部島よりさらに西南方へ向かって、約一〇〇キロメートルの位置にある口之島を先頭にして、その西南方に南北百数十キロメートルにわたって、飛石状に連なるトカラ列島または七島と呼ばれる離島群が点在する。口之島のほか中之島、平島《たいら》、諏訪之瀬島、臥蛇島《がじゃ》、悪石島《あくせき》、宝島がこれである。

七島の西南端にある悪石島より、さらに海上一〇〇キロメートルを西南方へ向かうと、奄美大島に達する。この島と徳之島、沖永良部島等を含む奄美諸島、あるいはさらにその西南方に展開する琉球列島においては、鰹節の製造開始は、明治年間以降にずれこむので、ここでは取り上げぬこととする。

フィリピンの北方から台湾の東方を過ぎて北上する暖流は、琉球列島の先島を過ぎると列島の北方に遠ざかり、奄美諸島に接近することなく、はるかその北方を進む。トカラ列島のはるか西方の東シナ海洋上で二派に分かれ、対馬海流を分流したのち、太平洋側へ東北進する暖流すなわち黒潮の主流軸は、七島群のほぼ中央を横断し、屋久島、種子島のそれぞれ南岸を洗いつつ、大隅半島の東側、太平洋へと抜けていく。とくに七島の場合は、ほぼ全島が黒潮の流れに巻きこまれてしまうのである。

このように黒潮のまっ只中に浮かぶ離島群（大隅諸島、七島）こそ、わが国では最古の歴史を持つとみられるカツオ漁業の島々なのである。日本列島では最初に黒潮の洗礼を受けるという、因縁めいた自然的条件に恵まれたことが、カツオ漁業の島々として成り立つに至った原因だが、それ以外にも幾多の自然的、社会的好条件を備えていたのであった。

9　薩南諸島の自然

これらの離島群の周辺海域には、「曾根《そね》」と呼ばれる暗礁が随所に散在している。曾根の上を黒潮が通過するために、プランクトンが繁殖し、エビ、キビナゴやトビウオ、マイワシ、カタクチイワシなどの幼魚が集まるので、黒潮に乗って北上するカツオ群にとっては絶好の餌場となる。周年、曾根を取り巻くカツオ群がいるといわれ、二歳程度のカツオの幼魚が発見されることもある。

黒潮は、これらの離島に海幸をもたらしてくれた。しかし、七島灘の呼び名が示すように、黒潮の激流は舟航を極度に妨げ、島々の交通、居住環境を悪くした。薩南諸島には宝島、種子島のように褶曲山地から成り立つ島、硫黄島や臥蛇島、口之永良部島のような火山島などがあるが、どの島も良港に恵まれているとは言い難い。とくに七島の場合は火山島の特徴として過去において港らしいものはなかったといってもよく、やっと船着場が取れる程度であった。それも明治初年でさえ、いったん波浪が高くなると岩礁にぶつかり、船が砕けてしまうこともままある程度の船着場であった。

屋久島の場合には、現在全島に一〇を超える港があるとはいえ、一湊《いっそう》を除けば全部が河口港である。今は築港が進んでいるが、昔は港らしいものではなく、河口上流に船を停泊させていたものだった。この島に伝わる話では、江戸時代のことだが、鹿児島へ向けて帆船で舟航するときに、往航は北上する黒潮に乗って一日で着いたが、いざ帰航という段になっても、潮流、風向が悪いときには一月から半年も戻れぬこともあったという。

鹿児島に近接する屋久島でさえこれだから、七島灘《なだ》の難所を控える七島の場合には、航行事情の悪さは想像を絶するものがあったであろう。七島灘とは、黒潮が七島のほぼ中央を横断して屋久島方面へ向かうあたりで、周囲の海流とぶつかり合っておこす激流海域をいう。

この状況を明治十七年、七島に現地踏査して『七島問答』を著した鹿児島県勧業課の白野夏雲は左のとおり叙述している。

「其ノ満潮ニ際シ、東流ノ勢力宛《アタカ》モ大河ノ奔流スルカ如ク、漲《チョウ》声轟《ゴウ》然トシテ其ノ響キ遠キニ達シ、イカナル老練ノ舵子《カコ》アリト雖モ、布帆船ノ決シテ之ニ遡《サカノボ》ルヲ得ズ、（中略）若シ過《アヤマリ》テ其ノ潮勢ヲ船腹ニ受ケシメバ一瞬間十里、二十里ニ漂蕩シ、再ビ其ノ目的地ニ復スルヲ得ズ。」

明治初年でさえこの有様だから、時代をさかのぼれば、よりいっそう航行は至難を極めたに違いない。それゆえに薩南諸島はその昔の都人の目からみれば、この世の末にある島々と映じていたようである。

『平家物語』に載る俊寛の哀話は、七島よりはるかに薩摩半島に近い硫黄島（あるいは喜〔昔は鬼〕界ケ島）のことだといわれるが、その中で京にいたころの家僕、有王が見舞ったとき、つぎのように訴えている。

「この島には人のくひ物たへて……かやうに日ののどかなる時は磯に出て、網人に釣人に手をすり、磯の苔に露の命をかけてこそ、きやうまでながらへたれ。」

俊寛は流罪人だからよけいにみじめだったのであろうが、「人のくひ物たへて」とあるように、米麦耕作の不可能な島々が大部分であり、野菜作りすら満足にできず、海産に多くを頼るほかはないが、それも海が荒れれば思うに任せず、時代をさかのぼるほどに住民の暮らしは苦しかったと思われる。『平家物語』は室町時代の作だが、その時代の末期には臥蛇島で鰹節を造っていた。しかしそれは、領主から強制されて貢納品とされてしまい、絶海の孤島の生活苦は後世まで変わりはなかった。島々相互の交流もままならず、その上に暴風雨が長く続いたり、疫病で多くの人が病んだり、さまざまの災難に見舞われることも多かった。中・近世にくらべれば、事情の好転していたと思われる明治初年でも、宝島、平島は例外として、米穀の農耕はほとんどないに等しいものであった（諏訪之瀬島は当時無人）。宝島、平島を除けば火山島で平地がほとんどなく、極度に痩せた土地だったのである。江戸初期までさかのぼれば、農耕状態はさらに悪かったであろう。

もっとも、『七島問答』は七島の風俗について、「我日本国元禄以前ノ風俗ノ猶存スルモノナリ……薩隅内地ハ明治十年以降日々其風俗近代様ニ変化シ、南島ニ在ッテハ其ノ変スルモノ甚ダ少シ」と説き、変わったのは、ちょんまげを切ったことくらいだと極言している。これから類推すれば、明治初期の農耕もまた元禄当時と変わりはなかったのかもしれないが、どちらにしても取るに足らぬものであった。食糧は甘藷が主食だが、それも充分ではなく、米麦の類は外部から持ち込む以外はなかった。

七島にくらべれば、屋久島は清水が非常に豊富であり、海辺には耕作可能な土地もある。しかし薩摩藩の経済政策が農耕を許さなかったことや、俗に一か月に三五日間雨が降るといわれるほどに、降雨量の多いことが農耕を妨げていた。

10　カツオで生きた島々

古記録が得られないので、『七島問答』の明治初年における七島の海産状況によって、江戸後期を類推することにしよう。

口之島（三〇戸、一二三人）

釣りはカツオを主とし、鰹節として他郷に輸出している。その釣り舟は一村連合で、三艘を置く。一艘の乗組員は、十七、八～二十五、六人、一艘平均三千尾、堅節平均六〇貫をつくる（堅節と書き、鰹節と書いていない。以下みな同じ）。このほかサワラ・マグロやザコ・貝類も獲れるが、村民の食用程度である。

中之島（二八戸、一三一人）

釣りはもっぱらカツオで、堅節に製して他郷に出している。釣り舟は専有者があって三艘あり、乗組員は七、八人～十四、五人。春夏は餌魚が獲れぬので釣り針（擬餌針？）だけで、その製品がきわめて粗雑であり、魚多くして釣獲は甚だ少ない。この一〇年間カツオが獲れなくなって、漁獲高は言うに足りぬほどだが、旧藩時代には堅節を年々二六一六本、煎脂《せんじ》六桶を貢納していた。

臥蛇島（一八戸、八二人）

釣りは専らカツオで、二月から十月までである。カツオ船二艘、小船二艘だが、七島中最も多くカツオを釣るのは本島である。七千尾を獲り、堅節二万八千本を製し、煎汁一〇〇斤を得る。これ以外に物産というべきものはない。

平島（一八戸、九七人）

釣りはもっぱらカツオだが、マグロ、サワラ、サメその他瀬魚の類が獲れる。カツオは島の西方田崎より南大瀬に至る間、沖合七、八丁より二、三里のところでどこでも釣れる。他郷に比べれば、軒下で釣るようなものである。マグロ、サワラ、瀬魚類も四囲の沿海獲れぬ所はなく、「水属の都城」ということができる。またキビナゴがあり、カツオの餌にできるのだが、島の人たちはまだ餌を投げて釣る術に拙《つたな》く、もっぱら餌木（擬似餌）を用いている。本年初めて鹿籠（枕崎）から二艘の船で来て釣る者があり、春以来二十余日間ですでに三千尾を漁獲したが、本島人はまだ一尾も獲ることができないでいる。

年々の物産は堅節一千本、マグロ三〇〇尾、サワラ五〇尾、煎脂三〇斤。その煎脂は、カツオとマグロを合わせてつくったものである。その製品は、臥蛇島に次いで本島を第二等とし、名物としている。

悪石島（三二戸、一二〇人）

魚（カツオ）の巣の中にいるのだが、魚釣り法も極めて拙劣で、したがって釣り舟も堅牢ではない。釣りはもっぱらカツオを欲しているのだが、餌釣りを習わぬので得るところは甚だ少ない。マグロ、サワラの類は、季節によって多少は獲っている。

カツオ四千尾、マグロ五〇〇尾、サワラ二〇〇尾が、漁船六艘で獲る一年間の漁獲高である。カツオは堅節とし、一万二千本、本年の相場で二八〇円を得られる。煎脂二〇〇斤、この代四八円、塩辛八斤、代八円。合計三三六円、皆鹿児島に持って行き、年中の日用品に代えて帰る。この外に物産というべきものはない。

宝島（六四戸、三四〇人）

西南北三面の沿岸より二、三丁を隔てた所で、どこでも釣ることができ、「魚介類の巣窟」である。マグロやサワラが主で、カツオの漁獲は少ない。カツオは岸から遠くを通り、船着場は険悪であり、しかも本島は平坦で水田に恵まれ、畑も多く農事を専業にして漁事に慣れないためにカツオ釣りは行わないが、カツオ群に富まないわけではない。

以上をまとめてみると、七島の周辺の海はその昔から「水属の都城」「カツオの巣窟」の表現が当てはまるカツオ漁業の宝庫であった。旧暦二、三月ごろから十月ごろまで、カツオ群の滞留月数では日本列島のどこよりも勝っていた。ただしその漁法においては「餌木釣り」漁であり、釣り溜漁法ではなかった。後に記すように、明治初年になってもなおこの状態が続くのだから、鰹節製法創始では紀伊半島に先んじたかにみえるものの、漁法でははるかに遅れていたことになる。

11　薩南諸島のカツオ漁業

当海域カツオ漁業の特徴は、角釣りにあった。『七島問答』では「餌木」と呼んでいるが、硫黄と松ヤニをたぎらして、針に麻糸を巻きつけたのに塗り、牛の角の穴に差しこんだ釣り針使用の一本釣りである。また曳き縄（ホロ曳き）漁法も行われていた。餌木使用の一本釣りは、明治後期にジェームス・ホーネルがサモアで見たものと同一であり、曳き縄漁法は、昭和初期に枕崎の原耕がセレベス島方面で見ている。南太平洋と薩南の両海域に同一漁法のあることからみると、南方から黒潮の流れに乗ってしだいに北上して薩南海域にたどり着いたのではないかとの推察が成り立つ。原耕の視察当時、南方海域の一部では活き餌使用の漁法も行われていたとみられる報告が、同行の岸良精一の著書の中に取り上げられている。活き餌使用の釣り新法は、わが国には中世以前にはなく、その後に南方との交流の中から、紀州で生み出されたものである。南西諸島は鰹節製法では先頭を切ったが、釣り新法では立ち遅れた。

表12　南西諸島のカツオ漁業状況（明治初年）

島名	鰹釣船数	一艘の人数	年間捕獲高
黒島　大黒村	1艘	23人乗	6～700尾
片泊村	1艘	23人乗	1,000尾以下
口之永良部島	4艘		3,000平均
口之島	3艘	15～28人乗	3,000尾
中之島	3艘	7,8～14,5人乗	釣獲少なし
臥蛇島	4艘	4～8人乗	7,000尾
平島	4艘		本文参照
悪石島	小漁舟		4,000尾

出所『鹿児島諸島の状況』（明治19年），『七島問答』（明治17年）による。

　なぜ薩南諸島海域では活き餌使用の釣り溜法で遅れを取ったのか。理由の第一は島々の周辺に滞留するカツオ群が豊富なこと、第二は大型の釣り溜船の出入できるほどの良港に恵まれなかったこと。第三は餌料とするイワシが少なく、キビナゴが少々獲れるに過ぎなかったことなどがあげられる。第三が最大の原因となって、原始的餌木漁法によりカツオ群の中に乗り入れるよりほかはなく、釣り溜漁法を採用して、大量漁獲を計ろうとの動きは全く生じなかった。この海域の北端（硫黄島・黒島）まで撒き餌漁法（釣り溜法）が進出してきたのは、享保年間以降、唐物崩れによって坊津から枕崎へ逃れた大船を、紀州式漁法採用の鰹漁船に転用してより後のことである。

　しかしこの新漁法は、七島海域まではなかなか伝わらなかった。薩南諸島中、明治初年において判明しているカツオ漁業の概況により江戸時代を類推してみよう。

表12のとおり、薩摩半島に近い島々（黒島、口之島等）ほど二〇人乗り前後の比較的大きい船を使っているが、全般的に一年間の漁獲高は驚くほどに少ない。最も大量を漁獲している臥蛇島では、一艘の乗組員が四～八人である。明治二十年前になっても、釣り溜漁法はまだ普及していなかったのであった。

この状況は、『七島問答』悪石島の項に左のとおり記されている。

「男ハ専ラ魚釣ニ従事シ、此ノ魚巣ノ中ニ居ルト雖モ、其ノ術極メテ拙ニシテ、釣舟モ亦随ツテ堅牢ナラズ。……其ノ釣ハ専ラ松魚ヲ欲シテ餌釣ニ習ハズ。之ヲ得ルニ甚ダ少ナシ」

また平島の項には、

「其ノ釣ハ松魚ニシテ……キビナゴアリ、以テ松魚ノ餌トスルニ足ルヘシト雖モ、島人未タ餌ヲ投シテ松魚ヲ釣ルノ術ニ拙ク、専ラ餌木ヲ用ユ。本年初メテ、鹿籠・枕崎人ノ客釣スルモノアリ。彼レ春来既ニ三千尾ヲ得ルニ至レトモ、島人未タ松魚ノ一尾ヲ得ズ」

中之島の項には、

「本島皆カクノ如キ福海（筆者注：松魚――鰹の豊富な漁場）アリト雖モ、其ノ餌魚ニ乏シキガ為ニ、多ク餌木ヲ用ユ。餌木ノ製又極メテ粗造ナルガ故ニ、釣獲常ニ少ナク、毎年我ガ物ヲシテ空シク他郡人ニ占有セラル……七、八月ニ至リテ初メテキビナゴヲ生ス。以テ松魚ノ餌ニ用ユ。キビナゴ内地ノモノニ比スレバ、小ニシテ更ニ頭短カシ」

これらによってみると、明治初年においては餌釣りの漁法を知らなかったわけではないが、餌魚に乏しかったためもあってこの漁法を充分にこなし切れぬままに推移していたのである。さかのぼって江戸時代に至れば、漁船も小型で、餌木使用の原始的漁法しか知られていなかったとみてよい。

12　薩南諸島の鰹節製造

「鰹節」の文字を記した最古の記録を持つ薩南諸島は、その後、江戸後期になるまで鰹節製造を物語る資料は見出されていないようである。より明確になったのは明治時代初期で、『七島問答』のほか『島嶼見聞録』『拾島状況録』（拾島は七島の別名）等が相次いで出版されている。『拾島状況録』（笹森儀助）によれば、

「中之島――松魚ハ其肉ハ鰹節ニ製シ、其《その》煮汁ハ頭骨ヲ加ヘテ之ヲ煎ジ、脂肪ノ出ルヲ待チ、其頭骨ヲ去リ、之ヲ煎脂《ぜんじ》トシ、骨ハ之ヲ干燥シテ魚脂ニ製シ、臓腑ハ洗滌シテ塩辛トナスコト口之島ニ同ジ。而シテ臓腑中モツトモ良好ナルハ胃腑ニシテ、藩代中医物ト称シ、献上ニ供シタル、之ト腹皮トヲ以テ製シタルモノナリト云フ。（中略）松魚ノ最モ美味ナルハ背肉ニアリ、之ヲ腹皮ト称ス」

とある。余すところなく使用しているが、最も価値のあるものは鰹節だったことはいうまでもない。江戸時代を通じて、鰹節の製造は絶え間なく続けられていたのである。当地域の製法の特徴として、カビ付けは行わず、焙乾、日乾を徹底させるところに重点を置いていた。それでもなお、薩摩藩領の中で最優良品が産出された原因は、製造の長い伝統を持つことや、新鮮な材料の得られたことなどにあるが、広範囲に及ぶ後背地の長年にわたる消費傾向に左右されてきたところも大きい。

薩摩半島の鹿籠が有力な産地に成長したのは、享保よりはずっと後年の天明年間前後（十八世紀半ば）、坊、泊などはさらに遅れ、文政末年のことである。それまでは薩南諸島だけが、薩摩国とそれ以南における唯一の鰹節産出国となっていたのであった。その販路は、薩摩国から琉球王国に及び、さらに琉球王国を通じて明国、後には清国にまで開かれた。輸出状況については、第五章の8に記述のとおりである。清

人は鰹節を「佳蘇魚」の雅称で呼び、琉球に来てそれを饗応された冊封使等は、「紙の如くして……肉湯」とした時の美味を嘆賞したのであった。

琉球王国は、薩摩藩の支配下に落ちてからは、同藩の指示により古くから交流の深かった福建方面へ鰹節や昆布の輸出を行った。両品共に高級食品であり、しかも藩の販売統制が厳しかったから、庶民の口にはなかなか入らなかったであろうが、王朝関係者等はそのおこぼれを頂戴した。『沖縄県史』によれば、那覇では庶民層は明治のころにはかまぼこを乾燥させ、これを削って鰹節の代用品として用いたり、やどかりを乾燥させてから肉をすりつぶし、塩漬けにして調味料に用いる村もあったという。またその他の魚類も塩漬けや干物にして、調味料にも用いたが、その昔は庶民が鰹節を用いることはなかったといってよいであろう。

鰹節、「清醤」として汁物に用いられ、清人によってその「甘美ナルコト閩（福建省の閩県）ニ十倍ス」と感嘆された。これは、本土同様に、だしとして使用した例だが、豚肉や昆布、野菜類などと煮合わせて、料理の味を深めるのに用いたのが、琉球王朝料理の特色で、そこに清国との関連性が見られる。昆布の場合は、だしではなく、清国の医食同源思想に影響されて、栄養価の高い食品として煮物とされたので、だし分の多い種類ではなく、煮て軟らかくなる長昆布が専ら使われた。清国、とくに福建の食風が琉球王朝に与えた影響は強烈である。それが最もよく現れているのが豚肉料理で、豚の血、頭、耳、足、内臓、肋骨まで、余すところなく料理する技術が、本土で四足を禁忌した江戸時代に根付いていたのである。

その豚肉料理に花を添えるのが鰹節である。沖縄料理の研究家、新城正子氏は、味つけには豚肉と鰹節が二本の柱だとして左のように説明する。

「豚肉はしつこい味、鰹節はあっさりした味を出すに適するから、両種を併用することによって味わいの調和が取れるのです。両種は単に調味料として優れているだけでなく、薬効があるから重用されるのです。味の素が入って来たときも、那覇のおばあちゃんたちは、〝確かに一サジ入れると味は出るが、命の足しにはならない。やっぱり鰹節が一番です〟といっていました。鰹節は本土のように色香を尊ぶのではなく、深みのある味わいを出すために大量を使い、ぐつぐつ十分に煮るのが特徴です。」

この談話で明らかにされた使用目的こそは、現在でも沖縄県の人々が本枯節を喜ばず、焙乾した軟節ばかりを食べ、全国都道府県中、個人食用高トップの原因である。鰹節を食べるところに重点を置く習慣は、淵源を中国の医食同源思想に発するもので、江戸時代までの琉球王朝料理の影響が今に及んだものといえよう。

13　離島群の鰹節貢納

薩南諸島における鰹節貢納は、全国最古である。戦国末期になると、島々からの貢納徴収は薩摩藩によって引き継がれ、幕藩体制崩壊まで続いていく。江戸時代における七島からの貢納は、秀吉の朝鮮出兵当時に始められた。藩主島津義弘公が嘉賞して以来、七島からは毎年鰹節三〇連と塩辛二壺（一壺は三斤入り）を藩主へ献上するように定められ、これらの品は、トカラ各島の郡司が持参し、まとめて献上するようになった。このほか、隠居、若殿へも同数を、船手奉行、上書役、奉行等々へも五〇本程度を献上しなければならなかった。その上に各島では、別に左のとおりの貢納量も規定されていたから、大変な負担だったであろう。その内容は『七島問答』よりの抜すいである（表13中、生産高と代価は明治初年のものであ

表13　七島における旧藩時代の貢納品規定量
（付，明治初年の主要物産生産状況）

	明治初年					旧藩時代の貢納品規定量	1戸当たり貢納本数
	戸数	住民数	物産	数量	代価		
口之島	30戸	123人	松魚節 煎　汁	9,000本 3,000斤	160円 9円	堅節　3,726本	124本
中之島	28戸	131人	硫　黄 雑　品	31,100斤	544円 60円	堅節　2,616本 煎脂　6桶 真綿　356匁	93本
臥蛇島	18戸	82人	松魚節 煎　脂	28,000本 100斤	504円 26円	堅節　1,000本 煎脂　18斤 真綿　14匁	55本
平　島	18戸	97人	松魚節 煎　脂 塩　辛	10,000本 5,000斤 4斗	180円 15円 4円	堅節　2,880本 煎脂　24斤	160本
悪石島	32戸	120人	松魚節 煎　脂 塩　辛	12,000本 200斤 8斗	280円 48円 8円	堅節　1,630本 煎脂　18斤 真綿　250匁	50本
諏訪之瀬	無	無	無	無	無	無	無
宝　島	64戸	340人	砂　糖 鮪，鰆	180樽 200尾	1,080円	堅節　9,418本 煎脂　18斤（6桶） 真綿　1貫230匁	147本
合　計	190戸	895人	──	──	2,918円		

出所　『七島問答』による。

表14　大隅諸島の主要物産収額表（明治初年）

硫黄島	14戸	108人	硫黄 煎脂 鰹節	800,000斤 60斤 40,000本	10,400円 1,600円	硫黄　1,200斤 木綿　25匁
黒　島	70戸	300人	鰹節 塩辛 椎茸	4,000本 10斤 1石	68円 5円	銭　17貫500文
口之永良部島	96戸	461人	鰹節 椎茸	2,400本 1石5斗	49円 7円	薬種　5石8斗

出所　『島嶼見聞録』による。
注　竹島，屋久島についての資料が見出せず，載せることができなかった。

る。表14の大隅諸島については貢納高を示す資料がないので『島嶼見聞録』により生産状況だけを示す)。

表の中で中之島の物産は「硫黄、雑品」となっているが、これは明治十年以降カツオの漁獲が年々減少してから後のことであって、旧藩時代の貢納品にも明らかなように、それ以前は堅節、煎脂が主産物だったのである。七島中、鰹節を主産物としなかったのは、宝島だけである。同島は農耕専一で、カツオの漁法が発達しなかったためだが、この島でさえ薩摩藩は、農産物を鰹節、煎脂に交換させて、貢納を命じている。

これによって、無人の諏訪之瀬島を除き、六島全部がカツオ製品を貢納していたことになる。これ以外には、貢納にふさわしい物品がなかったためだが、薩摩藩が七島の鰹節の価値を高く認めていたからでもある。献上の鰹節総数を七島全戸で割ると、一戸当たりの負担額は年間で二五〜七〇本(一本の長さ約五寸、重さ二〇匁)となった。このほかに貢納規定量(表13)があったわけで、大変な負担だったであろう。

七島の北方に位置する大隅諸島もまた黒潮の流域中にあり、島々の四面の海は魚群に恵まれていた。カツオ釣りはどの島でも主要な漁業とされたが、このほかトッピーの愛称を持ったトビウオ、サメ、マグロ、サワラ等の魚類や貝類、海人草、海苔なども捕採された。米穀の収穫できる島は稀で、主要食糧は、唐芋(甘藷)、粟、魚類等であった。

薩摩藩は、この貧しい島々から貢納品を探しだして、表のとおりの規定量を貢納させていたのである。硫黄島は硫黄、黒島は銭、口之永良部島は薬種、竹島は琉球竹と銭一五貫文を規定されており、鰹節は対象とされなかった。

大隅諸島の中では最大の島であり、周囲の海にカツオ群も多く、他の小島群にくらべれば漁港にも恵まれていた屋久島は、江戸時代において南西諸島最大の鰹節産地であった。鹿籠産地を通じて土佐式製法の影響を受けた面もあると推察される。江戸時代には七島節と並び、代表的な薩摩節となっていた。この島は、屋久杉の伐採が最重要産業であり、島民の大多数は山中で杉の大木を伐り出し、板にして背負いおろすのを日課としていた。それに続く産業が鰹節、煎汁の製造であった。屋久島には耕作可能な土地はあるが、薩摩藩は農耕を許さず、米麦を支給して、杉板か鰹節、煎汁の貢納を強制していた。それが、屋久節をして土佐節に次ぐ優秀な製品に仕立て上げる、重要な原因となったのである。

黒潮は、沖縄、奄美両諸島のはるか西方を北上し、その後、向きを東方に変えて七島の大半をその流れの中に包みこみ、屋久島の南方を通って太平洋上に出る。薩摩藩は、この状況を適確に把握していたのである。沖縄や奄美大島は、一部海域を除けばカツオ漁業にふさわしい環境に恵まれたとは言い難く、七島、屋久島こそは、まことにカツオ漁業、鰹節製造の島として最適であった。とくに七島に関しては、同藩は、カツオ以外の貢納品を求めることは無理だと見きわめていたのであろう。

これらの島々では仮に領主の強制がなくても、鰹節以外に保存と交易に適した食品を得ることは困難であったといってよい。海が長期間にわたって荒れ狂うことはたびたびあり、そのつど人々は飢えに苦しみ、病んでも救いはなく、絶海の孤島の悲哀を身に染みて感じたことであろう。生き抜くためにはできるだけの知恵を絞り、あらゆる環境を効率よく利用しなくてはならぬという、切実な体験の中から選ばれたのが鰹節なのである。

あとがき

縄文人がカツオを食べた痕跡は、約八千年前の青森県の貝塚遺跡に見出せるが、その最初は悠遠の彼方に霞んでしまう。古代人が堅魚（鰹節の前身）を、米、塩に次いで神への捧げ物、あるいは貢納品として尊重していたことは、すでに太宝令により明らかにされているが、それがつくり出された初めは、倭の時代までさかのぼるかも知れない。

鰹節が現われた以後もその評価は高く、例えば三代将軍徳川家光が大坂初下向《げこう》のさいには、三郷中（金町衆）よりお酒と鰹節の二品のみが献上されている。それより先、室町のころ、料理が美味の極致を見出そうとして「だし」に着眼したことによりその評価は加速度的に高まった。同じころエゾ地からはこばれだしたマコンブと鰹節とが、絶妙に複合されたときの味わいの深さ、楽しさは、まさに料理の芸術とすら映じたのである。

カツオと一万年にわたってつき合ってきたわれわれの祖先は、これに「候魚」の雅称を贈った。時鳥（ホトトギス）の鳴き声に招かれるように、早春の沖縄の海に現われ、夏に向けて北上し、秋には北の海を去り、南へ戻って行く。その雅称にふさわしい回遊の神秘性は、大昔から畏敬され、詩情をかき立てもしてきた。

世界中でわが国と共にカツオへの親愛の情を二分している、インド洋上のモルジブでは、これを「モルジブフィッシュ」と呼ぶほどで、鰹節をさかんにつくっている。そして毎食たべている。ただし、わが国の鰹節は、先人たちの几張面さと研究心によって、はるかに精製された良質品となった。回遊魚はあまたあるのに、カツオだけが「候魚」と称されたのは、この鰹節のせいである。

カツオを愛し、鰹節に親しみ続けてきた日本人だが、二十一世紀においては、祖先たちの辛苦の遺産が失われかねない事態が予測される。まずカツオでは、濫獲と環境悪化により、カツオ群の日本列島沿海への来集は激減している。その昔、岸辺に立って釣りをしたというのは『万葉集』の夢物語と化している。日本のカツオ・マグロ船団が世界の海を荒し廻り、ひんしゅくをかっている（そんな時代になってから、カツオやマグロのEPA値、DHA値が、きわめて高いと讃えられだしたことは皮肉である)。

鰹節についていえば、それがどんな形状のものか、とくに四十歳代以下の人たちは、大多数の人が知らない。五十歳代以上の人たちの多くは、子供のころ、鰹節の削り箱を見たことがあるはずである。その昔は鰹節を「かく」（削る）音がごちそうだった、といっても、若い人には理解できないし、関心もない。

鰹節は斜陽産業である、と誰もが思いこみがちだが、実はそうではない。昭和の初め、味の素など化学調味料が発明されたとき、鰹節、昆布などの自然だしは消滅かと業界内外が注目した。それから数十年後、現在は両者は競合よりは協調関係にある。しかも自然食ブームが追い風となり、鰹節、昆布だしが優位に立っているのである。

インスタントブームに乗って、鰹節の本体（姿節）に代り、削り節が市場を席巻している。かく（削る）手間が不要で、安直に食べられるから当然である。この当たり前のことを企業化し、鰯節などを削り、花鰹等の名で売り出した先覚者がすでに昭和初期に現われていた。福山市の安部和一氏の名は、ぜひ史上に留めたい。鰹節は、削り節などに姿を変えているが、その未来は明るい。

本書執筆に先立って、社団法人日本鰹節協会のご依頼を受け、十三年の歳月をかけ、協会の皆様方の全面的かつ絶大なるご厚情の下、『鰹節』上下二巻（上・平成元年刊、下・平成八年刊）を書き上げることができた。本書はそれを圧縮し、さらに加筆して、一般の読者に読みやすく書き改めたものである。出版にあたり、日本鰹節協会各位をはじめ、ご指導いただいた全国の方々に深甚なる御礼を申し上げます。なお、モルジブの調査ではたまたまご旅行中の毎日新聞写真部記者・立川汎氏にお目にかかる機会を得、モルジブの鰹節に関するかずかずの貴重な写真を撮影していただいたことは嬉しくありがたいことでした。また、松下幸子先生、岡田道仁先生、上島光男先生からご厚情を賜り、感謝申し上げます。なお、法政大学出版局の松永辰郎氏には多大のご苦労をおかけしたことにお詫びと御礼を申し上げます。

二〇〇〇年十月十日　　宮下　章

著者略歴

宮下　章（みやした　あきら）

1922年長野県伊那谷に生まれる．大倉高商卒業．長野県下の高校で教鞭をとるかたわら，長年にわたり和紙，凍豆腐，海藻，鰹節などの研究をつづけ，全国を調査旅行．食物文化史の研究に専念．
著書：『海藻』『海苔』（法政大学出版局），『凍豆腐の歴史』（全国凍豆腐工業協同組合連合会），『海苔の歴史』（全国海苔問屋協同組合連合会），『御湯花講由来』，『味覚歳時記』（共著，講談社）『鰹節』上下（日本鰹節協会）．

ものと人間の文化史　97・鰹節（かつおぶし）

2000年11月15日　初版第1刷発行
2010年5月25日　　　第3刷発行

発行所　財団法人　法政大学出版局
〒102-0073　東京都千代田区九段北3-2-7
電話03(5214)5540／振替00160-6-95814
印刷／三和印刷　製本／誠製本

Printed in Japan

ISBN 978-4-588-20971-0

ものと人間の文化史

★第9回梓会出版文化賞受賞

人間が〈もの〉とのかかわりを通じて営々と築いてきた暮らしの足跡を具体的に辿りつつ文化・文明の基礎を問いなおす。手づくりの〈もの〉の記憶が失われ、〈もの〉離れが進行する危機の時代におくる豊穣な百科叢書。

1 船　須藤利一編

海国日本では古来、漁業・水運・交易はもとより、大陸文化も船によって運ばれた。本書は造船技術、航海の模様の推移を中心に、漂流、船霊信仰、伝説の数々を語る。　四六判３６８頁　'68

2 狩猟　直良信夫

人類の歴史は狩猟から始まった。本書は、わが国の遺跡に出土する獣骨、猟具の実証的考察をおこないながら、狩猟をつうじて発展した人間の知恵と生活の軌跡を辿る。　四六判２７２頁　'68

3 からくり　立川昭二

〈からくり〉は自動機械であり、驚嘆すべき庶民の技術的創意がこめられている。本書は、日本と西洋のからくりを発掘・復元・遍歴し、埋もれた技術の水脈をさぐる。　四六判４１０頁　'69

4 化粧　久下司

美を求める人間の心が生みだした化粧—その手法と道具に語らせた人間の欲望と本性、そして社会関係。歴史を遡り、全国を踏査して書かれた比類ない美と醜の文化史。　四六判３６８頁　'70

5 番匠　大河直躬

番匠はわが国中世の建築工匠。地方・在地を舞台に開花した彼らの造型・装飾・工法等の諸技術、さらに信仰と生活等、職人以前の独自で多彩な工匠的世界を描き出す。　四六判２８８頁　'71

6 結び　額田巌

〈結び〉の発達は人間の叡知の結晶である。本書はその諸形態および技法を作業・装飾・象徴の三つの系譜に辿り、〈結び〉のすべてを民俗学的・人類学的に考察する。　四六判２６４頁　'72

7 塩　平島裕正

人類史に貴重な役割を果たしてきた塩をめぐって、発見から伝承・製造技術の発展過程にいたる総体を歴史的に描き出すとともに、その多彩な効用と味覚の秘密を解く。　四六判２７２頁　'73

8 はきもの　潮田鉄雄

田下駄・かんじき・わらじなど、日本人の生活の礎となってきた伝統的はきものの成り立ちと変遷を、二〇年余の実地調査と細密な観察・描写によって辿る庶民生活史　四六判２８０頁　'73

9 城　井上宗和

古代城塞・城柵から近世代名の居城として集大成されるまでの日本の城の変遷を辿り、文化の各領野で果たしてきたその役割を再検討。あわせて世界城郭史に位置づける。　四六判３１０頁　'73

10 竹　室井綽

食生活、建築、民芸、造園、信仰等々にわたって、竹と人間との交流史は驚くほど深く永い。その多岐にわたる発展の過程を個々に辿り、竹の特異な性格を浮彫にする。　四六判３２４頁　'73

11 海藻　宮下章

古来日本人にとって生活必需品とされてきた海藻をめぐって、その採取・加工法の変遷、商品としての流通史および神事・祭事での役割に至るまでを歴史的に考証する。　四六判３３０頁　'74

12 絵馬　岩井宏實
古くは祭礼における神への献馬にはじまり、民間信仰と絵画のみごとな結晶として民衆の手で描かれ祀り伝えられてきた各地の絵馬を豊富な写真と史料によってたどる。四六判３０２頁　'74

13 機械　吉田光邦
畜力・水力・風力などの自然のエネルギーを利用し、幾多の改良を経て形成された初期の機械の歩みを検証し、日本文化の形成における科学・技術の役割を再検討する。四六判２４２頁　'74

14 狩猟伝承　千葉徳爾
狩猟には古来、感謝と慰霊の祭祀がともない、人獣交渉の豊かで意味深い歴史があった。狩猟用具、巻物、儀式具、またけものたちの生態を通して語る狩猟文化の世界。四六判３４６頁　'75

15 石垣　田淵実夫
採石から運搬、加工、石積みに至るまで、石垣の造成をめぐって積み重ねられてきた石工たちの苦闘の足跡を掘り起こし、その独自な技術の形成過程と伝承を集成する。四六判２２４頁　'75

16 松　高嶋雄三郎
日本人の精神史に深く根をおろした松の伝承に光を当て、食用、薬用等の実用の松、祭祀・観賞用の松、さらに文学・芸能・美術に表現された松のシンボリズムを説く。四六判３４２頁　'75

17 釣針　直良信夫
人と魚との出会いから現在に至るまで、釣針がたどった一万有余年の変遷を、世界各地の遺跡出土物を通して実証しつつ、漁撈によって生きた人々の生活と文化を探る。四六判２７８頁　'76

18 鋸　吉川金次
鋸鍛冶の家に生まれ、鋸の研究を生涯の課題とする著者が、出土遺品や文献・絵画により各時代の鋸を復元・実験し、庶民の手仕事にみられる驚くべき合理性を実証する。四六判３６０頁　'76

19 農具　飯沼二郎／堀尾尚志
鍬と犂の交代・進化の歩みとして発達したわが国農耕文化の発展経過を世界史的視野において再検討しつつ、無名の農民たちによる驚くべき創意のかずかずを記録する。四六判２２０頁　'76

20 包み　額田巌
結びとともに文化の起源にかかわる〈包み〉の系譜を人類史的視野において捉え、衣・食・住をはじめ社会・経済史、信仰、祭事などにおけるその実際と役割とを描く。四六判３５４頁　'77

21 蓮　阪本祐二
仏教における蓮の象徴的位置の成立と深化、美術・文芸等に見る人間とのかかわりを歴史的に考察。また大賀蓮はじめ多様な品種とその来歴を紹介しつつその美を語る。四六判３０６頁　'77

22 ものさし　小泉袈裟勝
ものをつくる人間にとって最も基本的な道具であり、数千年にわたって社会生活を律してきたその変遷を実証的に追求し、歴史の中で果たしてきた役割を浮彫りにする。四六判３１４頁　'77

23-I 将棋I　増川宏一
その起源を古代インドに、我国への伝播の道すじを海のシルクロードに探り、また伝来後一千年におよぶ日本将棋の変化と発展を盤、駒、ルール等にわたって跡づける。四六判２８０頁　'77

23-II 将棋II 増川宏一
わが国伝来後の普及と変遷を貴族や武家・豪商の日記等に博捜し、遊戯者の歴史をあとづけると共に、中国伝来説の誤りを正し、将棋宗家の位置と役割を明らかにする。 四六判346頁 '85

24 湿原祭祀 第2版 金井典美
古代日本の自然環境に着目し、各地の湿原聖地を稲作社会との関連において捉え直して古代国家成立の背景を浮彫にしつつ、水と植物にまつわる日本人の宇宙観を探る。 四六判410頁 '77

25 臼 三輪茂雄
臼が人類の生活文化の中で果たしてきた役割を、各地に遺る貴重な民俗資料・伝承と実地調査にもとづいて解明。失われゆく道具のなかに、未来の生活文化の姿を探る。 四六判412頁 '78

26 河原巻物 盛田嘉徳
中世末期以来の被差別部落民が生きる権利を守るために偽作し護り伝えてきた河原巻物を全国にわたって踏査し、そこに秘められた最底辺の人びとの叫びに耳を傾ける。 四六判226頁 '78

27 香料 日本のにおい 山田憲太郎
焼香供養の香から趣味としての薫物へ、さらに沈香木を焚く香道へと変遷した日本の「匂い」の歴史を豊富な史料に基づいて辿り、我国風俗史の知られざる側面を描く。 四六判370頁 '78

28 神像 神々の心と形 景山春樹
神仏習合によって変貌しつつも、常にその原型＝自然を保持してきた日本の神々の造型を図像学的方法によって捉え直し、その多彩な形象に日本人の精神構造をさぐる。 四六判342頁 '78

29 盤上遊戯 増川宏一
祭具・占具としての発生を『死者の書』をはじめとする古代の文献にさぐり、形状・遊戯法を分類しつつその〈進化〉の過程を考察。〈遊戯者たちの歴史〉をも跡づける。 四六判326頁 '78

30 筆 田淵実夫
筆の里・熊野に筆づくりの現場を訪ねて、筆匠たちの境涯と製筆の由来を克明に記録しつつ、筆の発生と変遷、種類、製筆法、さらには筆塚、筆供養にまで説きおよぶ。 四六判204頁 '78

31 ろくろ 橋本鉄男
日本の山野を漂移しつづけ、高度の技術文化と幾多の伝説とをもたらした特異な旅職集団＝木地屋の生態を、その呼称、地名、伝承、文書等をもとに生き生きと描く。 四六判460頁 '79

32 蛇 吉野裕子
日本古代信仰の根幹をなす蛇巫をめぐって、祭事におけるさまざまな蛇の「もどき」や各種の蛇の造型・伝承に鋭い考証を加え、忘れられたその呪性を大胆に暴き出す。 四六判250頁 '79

33 鋏（はさみ） 岡本誠之
梃子の原理の発見から鋏の誕生に至る過程を推理し、日本鋏の特異な歴史的位置を明らかにするとともに、刀鍛冶等から転進した鋏職人たちの創意と苦闘の跡をたどる。 四六判396頁 '79

34 猿 廣瀬鎮
嫌悪と愛玩、軽蔑と畏敬の交錯する日本人とサルとの関わりあいの歴史を、狩猟伝承や祭祀・風習、美術・工芸や芸能のなかに探り、日本人の動物観を浮彫りにする。 四六判292頁 '79

35 **鮫** 矢野憲一
神話の時代から今日まで、津々浦々につたわるサメの伝承とサメをめぐる海の民俗を集成し、神饌、食用、薬用等に活用されてきたサメと人間のかかわりの変遷を描く。四六判292頁 '79

36 **枡** 小泉袈裟勝
米の経済の枢要をなす器として千年余にわたり日本人の生活の中に生きてきた枡の変遷をたどり、記録・伝承をもとにこの独特な計量器が果たした役割を再検討する。四六判322頁 '80

37 **経木** 田中信清
食品の包装材料として近年まで身近に存在した経木の起源を、こけら経や塔婆、木簡、屋根板等に遡って明らかにし、その製造・流通に携った人々の労苦の足跡を辿る。四六判288頁 '80

38 **色** 染と色彩 前田雨城
わが国古代の染色技術の復元と文献解読をもとに日本色彩史を体系づけ、赤・白・青・黒等におけるわが国独自の色彩感覚を探りつつ日本文化における色の構造を解明。四六判320頁 '80

39 **狐** 陰陽五行と稲荷信仰 吉野裕子
その伝承と文献を渉猟しつつ、中国古代哲学＝陰陽五行の原理の応用という独自の視点から、謎とされてきた稲荷信仰と狐との密接な結びつきを明快に解き明かす。四六判232頁 '80

40-Ⅰ **賭博Ⅰ** 増川宏一
時代、地域、階層を超えて連綿と行なわれてきた賭博。——その起源を古代の神判、スポーツ、遊戯等の中に探り、抑圧と許容の歴史を物語る。全Ⅲ分冊の〈総説篇〉。四六判298頁 '80

40-Ⅱ **賭博Ⅱ** 増川宏一
古代インド文学の世界からラスベガスまで、賭博の形態・用具・方法の時代的特質を明らかにし、夥しい禁令に賭博の不滅のエネルギーを見る。全Ⅲ分冊の〈外国篇〉。四六判456頁 '82

40-Ⅲ **賭博Ⅲ** 増川宏一
聞香、闘茶、笠附等、わが国独特の賭博を中心にその具体例を網羅し、方法の変遷に賭博の時代性を探りつつ禁令の改廃に時代の賭博観を追う。全Ⅲ分冊の〈日本篇〉。四六判388頁 '83

41-Ⅰ **地方仏Ⅰ** むしゃこうじ・みのる
古代から中世にかけて全国各地で作られた無銘の仏像を訪ね、素朴で多様なノミの跡に民衆の祈りと地域の願望を探る。宗教の伝播、文化の創造を考える異色の紀行。四六判256頁 '80

41-Ⅱ **地方仏Ⅱ** むしゃこうじ・みのる
紀州や飛驒を中心に草の根の仏たちを訪ねて、その相好と像容の魅力を探り、技法を比較考証して仏像彫刻史に位置づけつつ、中世地域社会の形成と信仰の実態に迫る。四六判260頁 '97

42 **南部絵暦** 岡田芳朗
田山・盛岡地方で「盲暦」として古くから親しまれてきた独得の絵解き暦を詳しく紹介しつつその全体像を復元する。その無類の生活暦は、南部農民の哀歓をつたえる。四六判288頁 '80

43 **野菜** 在来品種の系譜 青葉高
蕪、大根、茄子等の日本在来野菜をめぐって、その渡来・伝播経路、品種分布と栽培のいきさつを各地の伝承や古記録をもとに辿り、畑作文化の源流とその風土を描く。四六判368頁 '81

44 つぶて　中沢厚

弥生投弾、古代・中世の石戦と印地の様相、投石具の発達を展望しつつ、願かけの小石、正月つぶて、石こづみ等の習俗を辿り、石塊に託した民衆の願いや怒りを探る。　四六判338頁　'81

45 壁　山田幸一

弥生時代から明治期に至るわが国の壁の変遷を壁塗＝左官工事の側面から辿り直し、その技術的復元・考証を通じて建築史・文化史における壁の役割を浮き彫りにする。　四六判296頁　'81

46 簞笥（たんす）　小泉和子

近世における簞笥の出現＝箱から抽斗への転換に着目し、以降近現代に至るその変遷を社会・経済・技術の側面からあとづける。著者自身による簞笥製作の記録を付す。　四六判378頁　'82

47 木の実　松山利夫

山村の重要な食糧資源であった木の実をめぐる各地の記録・伝承を集成し、その採集・加工における幾多の試みを実地に検証しつつ、稲作農耕以前の食生活文化を復元。　四六判384頁　'82

48 秤（はかり）　小泉袈裟勝

秤の起源を東西に探るとともに、わが国律令制下における中国制度の導入、近世商品経済の発展に伴う秤座の出現、明治期近代化政策による洋式秤受容等の経緯を描く。　四六判326頁　'82

49 鶏（にわとり）　山口健児

神話・伝説をはじめ遠い歴史の中の鶏を古今東西の伝承・文献に探り、特に我国の信仰・絵画・文学等に遺された鶏の足跡を追って、鶏をめぐる民俗の記憶を蘇らせる。　四六判346頁　'83

50 燈用植物　深津正

人類が燈火を得るために用いてきた多種多様な植物との出会いと個個の植物の来歴、特性及びはたらきを詳しく検証しつつ「あかり」の原点を問いなおす異色の植物誌。　四六判442頁　'83

51 斧・鑿・鉋（おの・のみ・かんな）　吉川金次

古墳出土品や文献・絵画をもとに、古代から現代までの斧・鑿・鉋を復元・実験し、労働体験によって生まれた民衆の知恵と道具の変遷を蘇らせる異色の日本木工具史。　四六判304頁　'84

52 垣根　額田巌

大和・山辺の道に神々と垣との関わりを探り、各地に垣の伝承を訪ねて、寺院の垣、民家の垣、露地の垣など、風土と生活に培われた生垣の独特のはたらきと美を描く。　四六判234頁　'84

53-Ⅰ 森林Ⅰ　四手井綱英

森林生態学の立場から、森林のなりたちとその生活史を辿りつつ、産業の発展と消費社会の拡大により刻々と変貌する森林の現状を語り、未来への再生のみちをさぐる。　四六判306頁　'85

53-Ⅱ 森林Ⅱ　四手井綱英

森林と人間との多様なかかわりを包括的に語り、人と自然が共生するための森や里山をいかにして創出するか、森林再生への具体的な方策を提示する21世紀への提言。　四六判308頁　'98

53-Ⅲ 森林Ⅲ　四手井綱英

地球規模で進行しつつある森林破壊の現状を実地に踏査し、森と人が共存する日本人の伝統的自然観を未来へ伝えるために、いま何が必要なのかを具体的に提言する。　四六判304頁　'00

54 **海老**（えび）　酒向昇

人類との出会いからエビの科学、漁法、さらには調理法を語り、めでたい姿態と色彩にまつわる多彩なエビの民俗を、地名や人名、詩歌・文学、絵画や芸能の中に探る。四六判４２８頁　'85

55-Ⅰ **藁**（わら）Ⅰ　宮崎清

稲作農耕とともに二千年余の歴史をもち、日本人の全生活領域に生きてきた藁の文化を日本文化の原型として捉え、風土に根ざしたそのゆたかな遺産を詳細に検討する。四六判４００頁　'85

55-Ⅱ **藁**（わら）Ⅱ　宮崎清

床・畳から壁・屋根にいたる住居における藁の製作・使用のメカニズムを明らかにし、日本人の生活空間における藁の役割を見なおすとともに、藁の文化の復権を説く。四六判４００頁　'85

56 **鮎**　松井魁

清楚な姿態と独特な味覚によって、日本人の目と舌を魅了しつづけてきたアユ――その形態と分布、生態、漁法等を詳述し、古今のアユ料理や文芸にみるアユにおよぶ。四六判２９６頁　'86

57 **ひも**　額田巌

物と物、人と物とを結びつける不思議な力を秘めた「ひも」の謎を追って、民俗学的視点から多角的なアプローチを試みる。『結び』、『包み』につづく三部作の完結篇。四六判２５０頁　'86

58 **石垣普請**　北垣聰一郎

近世石垣の技術者集団「穴太」の足跡を辿り、各地城郭の石垣遺構の実地調査と資料・文献をもとに石垣普請の歴史的系譜を復元しつつ石工たちの技術伝承を集成する。四六判４３８頁　'87

59 **碁**　増川宏一

その起源を古代の盤上遊戯に探ると共に、定着以来二千年の歴史を時代の状況や遊び手の社会環境との関わりにおいて跡づける。逸話や伝説を排して綴る初の囲碁全史。四六判３６６頁　'87

60 **日和山**（ひよりやま）　南波松太郎

千石船の時代、航海の安全のために観天望気した日和山――多くは忘れられ、あるいは失われた船舶・航海史の貴重な遺跡を追って、全国津々浦々におよんだ調査紀行。四六判３８２頁　'88

61 **篩**（ふるい）　三輪茂雄

臼とともに人類の生産活動に不可欠な道具であった篩、箕(み)、笊(ざる)の多彩な変遷を豊富な図解入りでたどり、現代技術の先端に再生するまでの歩みをえがく。四六判３３４頁　'89

62 **鮑**（あわび）　矢野憲一

縄文時代以来、貝肉の美味と貝殻の美しさによって日本人を魅了し続けてきたアワビ――その生態と養殖、神饌としての歴史、漁法、螺鈿の技法からアワビ料理に及ぶ。四六判３４４頁　'89

63 **絵師**　むしゃこうじ・みのる

日本古代の渡来画工から江戸前期の菱川師宣まで、時代の代表的絵師の列伝で辿る絵画制作の文化史。前近代社会における絵画の意味や芸術創造の社会的条件を考える。四六判２３０頁　'90

64 **蛙**（かえる）　碓井益雄

動物学の立場からその特異な生態を描き出すとともに、和漢洋の文献資料を駆使して故事・習俗・神事・民話・文芸・美術工芸にわたる蛙の多彩な活躍ぶりを活写する。四六判３８２頁　'89

75 曲物（まげもの） 岩井宏實

桶・樽出現以前から伝承され、古来最も簡便・重宝な木製容器として愛用された曲物の加工技術と機能・利用形態の変遷をさぐり、手づくりの「木の文化」を見なおす。四六判318頁 '94

76-I 和船I 石井謙治

江戸時代の海運を担った千石船（弁才船）について、その構造と技術、帆走性能を綿密に調査し、通説の誤りを正すとともに、海難と信仰、船絵馬等の考察にもおよぶ。四六判436頁 '95

76-II 和船II 石井謙治

造船史から見た著名な船を紹介し、遣唐使船や遣欧使節船、幕末の洋式船における外国技術の導入について論じつつ、船の名称と船型を海船・川船にわたって解説する。四六判316頁 '95

77-I 反射炉I 金子功

日本初の佐賀鍋島藩の反射炉と精錬方＝理化学研究所、島津藩の反射炉と集成館＝近代工場群を軸に、日本の産業革命の時代における人と技術を現地に訪ねて発掘する。四六判244頁 '95

77-II 反射炉II 金子功

伊豆韮山の反射炉をはじめ、全国各地の反射炉建設にかかわった有名無名の人々の足跡をたどり、開国か攘夷かに揺れる幕末の政治と社会の悲喜劇をも生き生きと描く。四六判226頁 '95

78-I 草木布（そうもくふ）I 竹内淳子

風土に育まれた布を求めて全国各地を歩き、木綿普及以前に山野の草木を利用して豊かな衣生活文化を築き上げてきた庶民の知られざる知恵のかずかずを実地にさぐる。四六判282頁 '95

78-II 草木布（そうもくふ）II 竹内淳子

アサ、クズ、シナ、コウゾ、カラムシ、フジなどの草木の繊維から、どのようにして糸を採り、布を織っていたのか――聞書きをもとに忘れられた技術と文化を発掘する。四六判282頁 '95

79-I すごろくI 増川宏一

古代エジプトのセネト、ヨーロッパのバクギャモン、中近東のナルド、中国の双陸などの系譜に日本の盤雙六を位置づけ、遊戯・賭博としてのその数奇なる運命を辿る。四六判312頁 '95

79-II すごろくII 増川宏一

ヨーロッパの鵞鳥のゲームから日本中世の浄土双六、近世の華麗な絵双六、さらには近現代の少年誌の附録まで、絵双六の変遷を追って時代の社会・文化を読みとる。四六判390頁 '95

80 パン 安達巖

古代オリエントに起ったパン食文化が中国・朝鮮を経て弥生時代の日本に伝えられたことを史料と伝承をもとに解明し、わが国パン食文化二〇〇〇年の足跡を描き出す。四六判260頁 '96

81 枕（まくら） 矢野憲一

神さまの枕・大嘗祭の枕から枕絵の世界まで、人生の三分の一を共に過す枕をめぐって、その材質の変遷を辿り、伝説と怪談、俗信と民俗、エピソードを興味深く語る。四六判252頁 '96

82-I 桶・樽（おけ・たる）I 石村真一

日本、中国、朝鮮、ヨーロッパにわたる厖大な資料を集成してその豊かな文化の系譜を探り、東西の木工技術史を比較しつつ世界史的視野から桶・樽の文化を描き出す。四六判388頁 '97

82-Ⅱ 桶・樽（おけ・たる）Ⅱ 石村真一
多数の調査資料と絵画・民俗資料をもとにその製作技術を復元し、東西の木工技術を比較考証しつつ、技術文化史の視点から桶・樽製作の実態とその変遷を跡づける。 四六判372頁 '97

82-Ⅲ 桶・樽（おけ・たる）Ⅲ 石村真一
樹木と人間とのかかわり、製作者と消費者とのかかわりを通じて桶樽と生活文化の変遷を考察し、木材資源の有効利用という視点から桶樽の文化史的役割を浮彫にする。 四六判352頁 '97

83-Ⅰ 貝Ⅰ 白井祥平
世界各地の現地調査と文献資料を駆使して、古来至高の財宝とされてきた宝貝のルーツとその変遷を探り、貝と人間とのかかわりの歴史を「貝貨」の文化史として描く。 四六判386頁 '97

83-Ⅱ 貝Ⅱ 白井祥平
サザエ、アワビ、イモガイなど古来人類とかかわりの深い貝をめぐって、その生態・分布・地方名、装身具や貝貨としての利用法などを豊富なエピソードを交えて語る。 四六判328頁 '97

83-Ⅲ 貝Ⅲ 白井祥平
シンジュガイ、ハマグリ、アカガイ、シャコガイなどをめぐって世界各地の民族誌を渉猟し、それらが人類文化に残した足跡を辿る。参考文献一覧／総索引を付す。 四六判392頁 '97

84 松茸（まつたけ） 有岡利幸
秋の味覚として古来珍重されてきた松茸の由来を求めて、稲作文化と里山（松林）の生態系から説きおこし、日本人の伝統的生活文化の中に松茸流行の秘密をさぐる。 四六判296頁 '97

85 野鍛冶（のかじ） 朝岡康二
鉄製農具の製作・修理・再生を担ってきた農鍛冶の歴史的役割を探り、近代化の大波の中で変貌する職人技術の実態をアジア各地のフィールドワークを通して描き出す。 四六判280頁 '98

86 稲 品種改良の系譜 菅 洋
作物としての稲の誕生、稲の渡来と伝播の経緯から説きおこし、明治以降主として庄内地方の民間育種家の手によって飛躍的発展をとげたわが国品種改良の歩みを描く。 四六判332頁 '98

87 橘（たちばな） 吉武利文
永遠のかぐわしい果実として日本の神話・伝説に特別の位置を占めて語り継がれてきた橘をめぐって、その育まれた風土とかずかずの伝承の中に日本文化の特質を探る。 四六判286頁 '98

88 杖（つえ） 矢野憲一
神の依代としての杖や仏教の錫杖に杖と信仰とのかかわりを探り、人類が突きつつ歩んだその歴史と民俗を興味ぶかく語る。多彩な材質と用途を網羅した杖の博物誌。 四六判314頁 '98

89 もち（糯・餅） 渡部忠世／深澤小百合
モチイネの栽培・育種から食品加工、民俗、儀礼にわたってそのルーツと伝承の足跡をたどり、アジア稲作文化という広範な視野からこの特異な食文化の謎を解明する。 四六判330頁 '98

90 さつまいも 坂井健吉
その栽培の起源と伝播経路を跡づけるとともに、わが国伝来後四百年の経緯を詳細にたどり、世界に冠たる育種と栽培・利用法を築いた人々の知られざる足跡をえがく。 四六判328頁 '99

91 珊瑚（さんご）　鈴木克美

海岸の自然保護に重要な役割を果たす岩石サンゴから宝飾品として知られる宝石サンゴまで、人間生活と深くかかわってきたサンゴの多彩な姿を人類文化史として描く。　四六判３７０頁　'99

92-Ⅰ 梅Ⅰ　有岡利幸

万葉集、源氏物語、五山文学などの古典や天神信仰に表れた梅の足跡を克明に辿りつつ日本人の精神史に刻印された梅を浮彫にし、梅と日本人の二〇〇〇年史を描く。　四六判２７４頁　'99

92-Ⅱ 梅Ⅱ　有岡利幸

その植生と栽培、伝承、梅の名所や鑑賞法の変遷から戦前の国定教科書に表れた梅まで、梅と日本人との多彩なかかわりを探り、桜との対比において梅の文化史を描く。　四六判３３８頁　'99

93 木綿口伝（もめんくでん）　第2版　福井貞子

老女たちからの聞書を経糸とし、厖大な遺品・資料を緯糸として、母から娘へと幾代にも伝えられた手づくりの木綿文化を掘り起し、近代の木綿の盛衰を描く。増補版　四六判３３６頁　'00

94 合せもの　増川宏一

「合せる」には古来、一致させるの他に、競う、闘う、比べる等の意味があった。貝合せや絵合せ等の遊戯・賭博を中心に、広範な人間の営みを「合せる」行為に辿る。　四六判３００頁　'00

95 野良着（のらぎ）　福井貞子

明治初期から昭和四〇年までの野良着を収集・分類・整理し、それらの用途と年代、形態、材質、重量、呼称などを精査して、働く庶民の創意にみちた生活史を描く。　四六判２９２頁　'00

96 食具（しょくぐ）　山内昶

東西の食文化に関する資料を渉猟し、食法の違いを人間の自然に対するかかわり方の違いとして捉えつつ、食具を人間と自然をつなぐ基本的な媒介物として位置づける。　四六判２９２頁　'00

97 鰹節（かつおぶし）　宮下章

黒潮からの贈り物・カツオの漁法から鰹節の製法や食法、商品としての流通までを歴史的に展望するとともに、沖縄やモルジブ諸島の調査をもとにそのルーツを探る。　四六判３８２頁　'00

98 丸木舟（まるきぶね）　出口晶子

先史時代から現代の高度文明社会まで、もっとも長期にわたり使われてきた刳り舟に焦点を当て、その技術伝承を辿りつつ、森や水辺の文化の広がりと動態をえがく。　四六判３２４頁　'01

99 梅干（うめぼし）　有岡利幸

日本人の食生活に不可欠の自然食品・梅干をつくりだした先人たちの知恵に学ぶとともに、健康増進に驚くべき薬効を発揮する、その知られざるパワーの秘密を探る。　四六判３００頁　'01

100 瓦（かわら）　森郁夫

仏教文化と共に中国・朝鮮から伝来し、一四〇〇年にわたり日本の建築を飾ってきた瓦をめぐって、発掘資料をもとにその製造技術、形態、文様などの変遷をたどる。　四六判３２０頁　'01

101 植物民俗　長澤武

衣食住から子供の遊びまで、幾世代にも伝承された植物をめぐる暮らしの知恵を克明に記録し、高度経済成長期以前の農山村の豊かな生活文化を愛惜をこめて描き出す。　四六判３４８頁　'01

102 **箸**（はし） 向井由紀子／橋本慶子

そのルーツを中国、朝鮮半島に探るとともに、日本人の食生活に不可欠の食具となり、日本文化のシンボルとされるまでに洗練された箸の文化の変遷を総合的に描く。 四六判３３４頁 '01

103 **採集** ブナ林の恵み 赤羽正春

縄文時代から今日に至る採集・狩猟民の暮らしを復元し、動物の生態系と採集生活の関連を明らかにしつつ、民俗学と考古学の両面から山に生かされた人々の姿を描く。 四六判２９８頁 '01

104 **下駄** 神のはきもの 秋田裕毅

古墳や井戸等から出土する下駄に着目し、下駄が地上と地下の他界を結ぶ聖なるはきものであったという大胆な仮説を提出、日本の神々の忘れられた側面を浮彫にする。 四六判３０４頁 '02

105 **絣**（かすり） 福井貞子

膨大な絣遺品を収集・分類し、絣産地を実地に調査して絣の技法と文様の変遷を地域別・時代別に跡づけ、明治・大正・昭和の手づくりの染織文化の盛衰を描き出す。 四六判３１０頁 '02

106 **網**（あみ） 田辺悟

漁網を中心に、網に関する基本資料を網羅して網の変遷と網をめぐる民俗を体系的に描き出し、網の文化を集成する。「網に関する小事典」「網のある博物館」を付す。 四六判３１６頁 '02

107 **蜘蛛**（くも） 斎藤慎一郎

「土蜘蛛」の呼称で畏怖される一方「クモ合戦」など子供の遊びとしても親しまれてきたクモと人間との長い交渉の歴史をその深層に遡って追究した異色のクモ文化論。 四六判３２０頁 '02

108 **襖**（ふすま） むしゃこうじ・みのる

襖の起源と変遷を建築史・絵画史の中に探りつつその用と美を浮彫にし、衝立・障子・屏風等と共に日本建築の空間構成に不可欠の建具となるまでの経緯を描き出す。 四六判２７０頁 '02

109 **漁撈伝承**（ぎょろうでんしょう） 川島秀一

漁師たちからの聞き書きをもとに、寄り物、船霊、大漁旗など、漁撈にまつわる〈もの〉の伝承を集成し、海の道によって運ばれた習俗や信仰の民俗地図を描き出す。 四六判３３４頁 '03

110 **チェス** 増川宏一

世界中に数億人の愛好者を持つチェスの起源と文化を、欧米における膨大な研究の蓄積を渉猟しつつ探り、日本への伝来の経緯から美術工芸品としてのチェスにおよぶ。 四六判２９８頁 '03

111 **海苔**（のり） 宮下章

海苔の歴史は厳しい自然とのたたかいの歴史だった——採取から養殖、加工、流通、消費に至る先人たちの苦難の歩みを史料と実地調査によって浮彫にする食物文化史。 四六判１７２頁 '03

112 **屋根** 檜皮葺と柿葺 原田多加司

屋根葺師一〇代の著者が、自らの体験と職人の本懐を語り、連綿として受け継がれてきた伝統の手わざを体系的にたどりつつ伝統技術の保存と継承の必要性を訴える。 四六判３４０頁 '03

113 **水族館** 鈴木克美

初期水族館の歩みを創始者たちの足跡を通して辿りなおし、水族館をめぐる社会の発展と風俗の変遷を描き出すとともにその未来像をさぐる初の〈日本水族館史〉の試み。 四六判２９０頁 '03

114 古着（ふるぎ） 朝岡康二

仕立てと着方、管理と保存、再生と再利用等にわたり衣生活の変容を近代の日常生活の変化として捉え直し、衣服をめぐるリサイクル文化が形成される経緯を描き出す。四六判292頁 '03

115 柿渋（かきしぶ） 今井敬潤

染料・塗料をはじめ生活百般の必需品であった柿渋の伝承を記録し、文献資料をもとにその製造技術と利用の実態を明らかにして、忘れられた豊かな生活技術を見直す。四六判294頁 '03

116-Ⅰ 道Ⅰ 武部健一

道の歴史を先史時代から説き起こし、古代律令制国家の要請によって駅路が設けられ、しだいに幹線道路として整えられてゆく経緯を技術史・社会史の両面からえがく。四六判248頁 '03

116-Ⅱ 道Ⅱ 武部健一

中世の鎌倉街道、近世の五街道、近代の開拓道路から現代の高速道路網までを通観し、道路を拓いた人々の手によって今日の交通ネットワークが形成された歴史を語る。四六判280頁 '03

117 かまど 狩野敏次

日常の煮炊きの道具であるとともに祭りと信仰に重要な位置を占めてきたカマドをめぐる忘れられた伝承を掘り起こし、民俗空間の壮大なコスモロジーを浮彫りにする。四六判292頁 '04

118-Ⅰ 里山Ⅰ 有岡利幸

縄文時代から近世までの里山の変遷を人々の暮らしと植生の変化の両面から跡づけ、その源流を記紀万葉に描かれた里山の景観や大和・三輪山の古記録・伝承等に探る。四六判276頁 '04

118-Ⅱ 里山Ⅱ 有岡利幸

明治の地租改正による山林の混乱、相次ぐ戦争による山野の荒廃、エネルギー革命、高度成長による大規模開発など、近代化の荒波に翻弄される里山の見直しを説く。四六判274頁 '04

119 有用植物 菅 洋

人間生活に不可欠のものとして利用されてきた身近な植物たちの来歴と栽培・育種・品種改良・伝播の経緯を平易に語り、植物と共に歩んだ文明の足跡を浮彫にする。四六判324頁 '04

120-Ⅰ 捕鯨Ⅰ 山下渉登

世界の海で展開された鯨と人間との格闘の歴史を振り返り、「大航海時代」の副産物として開始された捕鯨業の誕生以来四〇〇年にわたる盛衰の社会的背景をさぐる。四六判314頁 '04

120-Ⅱ 捕鯨Ⅱ 山下渉登

近代捕鯨の登場により鯨資源の激減を招き、捕鯨の規制・管理のための国際条約締結に至る経緯をたどり、グローバルな課題としての自然環境問題を浮き彫りにする。四六判312頁 '04

121 紅花（べにばな） 竹内淳子

栽培、加工、流通、利用の実際を現地に探訪して紅花とかかわってきた人々からの聞き書きを集成し、忘れられた〈紅花文化〉を復元しつつその豊かな味わいを見直す。四六判346頁 '04

122-Ⅰ もののけⅠ 山内昶

日本の妖怪変化、未開社会の〈マナ〉、西欧の悪魔やデーモンを比較考察し、名づけ得ぬ未知の対象を指す万能のゼロ記号〈もの〉をめぐる人類文化史を跡づける博物誌。四六判320頁 '04

122-Ⅱ ものの**け**Ⅱ 山内昶
日本の鬼、古代ギリシアのダイモン、中世の異端狩り・魔女狩り等々をめぐり、自然＝カオスと文化＝コスモスの対立の中で〈野生の思考〉が果たしてきた役割をさぐる。四六判280頁 '04

123 染織（そめおり） 福井貞子
自らの体験と厖大な残存資料をもとに、糸づくりから織り、染めにわたる手づくりの豊かな生活文化を見直す。創意にみちた手わざのかずかずを復元する庶民生活誌。四六判294頁 '05

124-Ⅰ 動物民俗Ⅰ 長澤武
神として崇められたクマやシカをはじめ、人間にとって不可欠の鳥獣や魚、さらには人間を脅かす動物など、多種多様な動物たちと交流してきた人々の暮らしの民俗誌。四六判264頁 '05

124-Ⅱ 動物民俗Ⅱ 長澤武
動物の捕獲法をめぐる各地の伝承を紹介するとともに、全国で語り継がれてきた多彩な動物民話・昔話を渉猟し、暮らしの中で培われた動物フォークロアの世界を描く。四六判266頁 '05

125 粉（こな） 三輪茂雄
粉体の研究をライフワークとする著者が、粉食の発見からナノテクノロジーまで、人類文明の歩みを〈粉〉の視点から捉え直した壮大なスケールの〈文明の粉体史観〉 四六判302頁 '05

126 亀（かめ） 矢野憲一
浦島伝説や「兎と亀」の昔話によって親しまれてきた亀のイメージの起源を探り、古代の亀卜の方法から、亀にまつわる信仰と迷信、鼈甲細工やスッポン料理におよぶ。四六判330頁 '05

127 カツオ漁 川島秀一
一本釣り、カツオ漁場、船上の生活、船霊信仰、祭りと禁忌など、カツオ漁にまつわる漁師たちの伝承を集成し、黒潮に沿って伝えられた漁民たちの文化を掘り起こす。四六判370頁 '05

128 裂織（さきおり） 佐藤利夫
木綿の風合いと強靭さを生かした裂織の技と美をすぐれたリサイクル文化として見なおす。東西文化の中継地・佐渡の古老たちからの聞書をもとに歴史と民俗をえがく。四六判308頁 '05

129 イチョウ 今野敏雄
「生きた化石」として珍重されてきたイチョウの生い立ちと人々の生活文化とのかかわりの歴史をたどり、この最古の樹木に秘められたパワーを最新の中国文献にさぐる。四六判312頁〔品切〕 '05

130 広告 八巻俊雄
のれん、看板、引札からインターネット広告までを通観し、いつの時代にも広告が人々の暮らしと密接にかかわって独自の文化を形成してきた経緯を描く広告の文化史。四六判276頁 '06

131-Ⅰ 漆（うるし）Ⅰ 四柳嘉章
全国各地で発掘された考古資料を対象に科学的解析を行ない、縄文時代から現代に至る漆の技術と文化を跡づける試み。漆が日本人の生活と精神に与えた影響を探る。四六判274頁 '06

131-Ⅱ 漆（うるし）Ⅱ 四柳嘉章
遺跡や寺院等に遺る漆器を分析し体系づけるとともに、絵巻物や文学作品の考証を通じて、職人や産地の形成、漆工芸の地場産業としての発展の経緯などを考察する。四六判216頁 '06

132 まな板　石村眞一
日本、アジア、ヨーロッパ各地のフィールド調査と考古・文献・絵画・写真資料をもとにまな板の素材・構造・使用法を分類し、多様な食文化とのかかわりをさぐる。　四六判372頁　'06

133-Ⅰ 鮭・鱒（さけ・ます）Ⅰ　赤羽正春
鮭・鱒をめぐる民俗研究の前史から現在までを概観するとともに、原初的な漁法から商業的漁法にわたる多彩な漁法と用具、漁場と社会組織の関係などを明らかにする。　四六判292頁　'06

133-Ⅱ 鮭・鱒（さけ・ます）Ⅱ　赤羽正春
鮭漁をめぐる行事、鮭捕り衆の生活等を聞き取りによって再現し、人工孵化事業の発展とそれを担った先人たちの業績を明らかにするとともに、鮭・鱒の料理におよぶ。　四六判352頁　'06

134 遊戯　その歴史と研究の歩み　増川宏一
古代から現代まで、日本と世界の遊戯の歴史を概説し、内外の研究者との交流の中で得られた最新の知見をもとに、研究の出発点と目的を論じ、現状と未来を展望する。　四六判296頁　'06

135 石干見（いしひみ）　田和正孝編
沿岸部に石垣を築き、潮汐作用を利用して漁獲する原初的漁法を日・韓・台に残る遺構と伝承の調査・分析をもとに復元し、東アジアの伝統的漁撈文化を浮彫りにする。　四六判332頁　'07

136 看板　岩井宏實
江戸時代から明治・大正・昭和初期までの看板の歴史を生活文化史の視点から考察し、多種多様な生業の起源と変遷を多数の図版をもとに紹介する〈図説商売往来〉。　四六判266頁　'07

137-Ⅰ 桜Ⅰ　有岡利幸
そのルーツと生態から説きおこし、和歌や物語に描かれた古代社会の桜観から「花は桜木、人は武士」の江戸の花見の流行まで、日本人と桜のかかわりの歴史をさぐる。　四六判382頁　'07

137-Ⅱ 桜Ⅱ　有岡利幸
明治以後、軍国主義と愛国心のシンボルとして政治的に利用されてきた桜の近代史を辿るとともに、日本人の生活と共に歩んだ「咲く花、散る花」の栄枯盛衰を描く。　四六判400頁　'07

138 麴（こうじ）　一島英治
日本の気候風土の中で稲作と共に育まれた麴菌のすぐれたはたらきの秘密を探り、醸造化学に携わった人々の足跡をたどりつつ醱酵食品と日本人の食生活文化を考える。　四六判244頁　'07

139 河岸（かし）　川名登
近世初頭、河川水運の隆盛と共に物流のターミナルとして賑わい、船旅や遊廓などをもたらした河岸（川の港）の盛衰を河岸に生きる人々の暮らしの変遷としてえがく。　四六判300頁　'07

140 神饌（しんせん）　岩井宏實／日和祐樹
土地に古くから伝わる食物を神に捧げる神饌儀礼に祭りの本義を探り、近畿地方主要神社の伝統的儀礼をつぶさに調査して、豊富な写真と共にその実際を明らかにする。　四六判374頁　'07

141 駕籠（かご）　櫻井芳昭
その様式、利用の実態、地域ごとの特色、車の利用を抑制する交通政策との関連から駕籠かきたちの風俗までを明らかにし、日本交通史の知られざる側面に光を当てる。　四六判294頁　'07

142 追込漁（おいこみりょう）　川島秀一
沖縄の島々をはじめ、日本各地で今なお行なわれている沿岸漁撈を実地に精査し、魚の生態と自然条件を知り尽した漁師たちの知恵と技を見直しつつ漁業の原点を探る。四六判368頁 '08

143 人魚（にんぎょ）　田辺悟
ロマンとファンタジーに彩られて世界各地に伝承される人魚の実像をもとめて東西の人魚誌を渉猟し、フィールド調査と膨大な資料をもとに集成したマーメイド百科。四六判352頁 '08

144 熊（くま）　赤羽正春
狩人たちからの聞き書きをもとに、かつては神として崇められた熊と人間との精神史的な関係をさぐり、熊を通して人間の生存可能性にもおよぶユニークな動物文化史。四六判384頁 '08

145 秋の七草　有岡利幸
『万葉集』で山上憶良がうたいあげて以来、千数百年にわたり秋を代表する植物として日本人にめでられてきた七種の草花の知られざる伝承を掘り起こす植物文化誌。四六判306頁 '08

146 春の七草　有岡利幸
厳しい冬の季節に芽吹く若菜に大地の生命力を感じ、春の到来を祝い新年の息災を願う「七草粥」などとして食生活の中に巧みに取り入れてきた古人たちの知恵を探る。四六判272頁 '08

147 木綿再生　福井貞子
自らの人生遍歴と木綿を愛する人々との出会いを織り重ねて綴り、優れた文化遺産としての木綿衣料を紹介しつつ、リサイクル文化としての木綿再生のみちを模索する。四六判266頁 '09

148 紫（むらさき）　竹内淳子
今や絶滅危惧種となった紫草（ムラサキ）を育てる人びと、伝統の紫根染を今に伝える人びとを全国にたずね、貝紫染の始原を求めて吉野ヶ里におよぶ「むらさき紀行」。四六判324頁 '09

149-Ⅰ 杉Ⅰ　有岡利幸
その生態、天然分布の状況から各地における栽培・育種、利用にいたる歩みを弥生時代から今日までの人間の営みの中で捉えなおし、わが国林業史を展望しつつ描き出す。四六判282頁 '10

149-Ⅱ 杉Ⅱ　有岡利幸
古来神の降臨する木として崇められるとともに生活のさまざまな場面で活用され、絵画や詩歌に描かれてきた杉の文化をたどり、さらに「スギ花粉症」の原因を追究する。四六判278頁 '10

150 井戸　秋田裕毅（大橋信弥編）
弥生中期になぜ井戸は突然出現するのか。飲料水など生活用水ではなく、祭祀用の聖なる水を得るためだったのではないか。目的や構造の変遷、宗教との関わりをたどる。四六判260頁 '10